COMMENTAIRES

« Napoleón Gómez est un exemple inspirant d'un homme qui, malgré l'adversité et les menaces, a consacré sa vie à se battre pour obtenir des meilleures conditions de travail pour ses camarades dans les mines. À une époque où certains tentent de faire croire que le syndicalisme est dépassé, son courage et son intégrité sont un modèle. »

THOMAS MULCAIR,
Président du Nouveau Parti Démocratique (NPD) et
Chef de l'Opposition Officielle du Canada

« *L'effondrement de la dignité* est le témoignage d'un homme engagé et déterminé à obtenir l'amélioration des conditions de vie et de travail de ses camarades. Le courage et l'intégrité dont fait preuve Napoléon Gomez Urrutia dans ce combat, fonde le respect de tous les syndicalistes dans le monde et offre un chemin à suivre pour tous les travailleurs à ne jamais se résigner face à l'injustice. »
En solidarité,

JEAN-FRANÇOIS RENUCCI
Secrétaire Général, Fédération Chimie Energie-CFDT, France

« Aussi corrompu que puissent être certaines compagnies et certains États, quand les travailleurs se mettent ensemble, quand la force ouvrière de partout sur la planète pousse dans la même direction, la justice finit par triompher. C'est ce que nous enseigne le livre L'Effondrement de la Dignité. On y puise la force de se battre contre l'arbitraire et pour de meilleures conditions. J'aimerais rendre hommage à son auteur, Napoleon Gomez, un leader fort qui a su canaliser cette puissance pour la mettre au service des travailleurs de son pays et inspirer du même coup les syndicalistes du monde entier. »

GUY FARELL
Adjoint au Directeur Québécois chez Syndicat des Métallos, Canada

« Napoléon Gomez est un ami du Québec, un ami de notre syndicat. Quand il vient nous parler de la bataille qu'il a menée et mène toujours avec ses confrères de Los Mineros pour la dignité des travailleurs, les métallos du Québec sont électrisés. Nous repartons dans nos milieux de travail ragaillardis, convaincus que l'action syndicale peut faire une différence. Avec ce livre, cette expérience d'un grand leader syndical pourra être partagée encore plus largement. Je tiens à le remercier de la générosité dont il fait preuve en témoignant ainsi.

DANIEL ROY
Directeur Québécois des Métallos, Canada

« Napoléon est un héros qui n'a jamais cessé de lutter pour la vie et le bien-être des travailleurs mexicains et de leurs familles. Étant moi-même mineur de charbon et dirigeant syndical, j'ai trouvé à la fois bouleversant et révoltant le récit que donne Napoléon de la catastrophe de Pasta de Conchos. Quiconque s'intéresse à la justice dans l'économie mondiale devrait lire l'histoire de cette héroïque résistance des mineurs mexicains. »

RICHARD TRUMKA
Président de la Fédération Américaine du Travail
et du Congrès des Organisations Industrielles, FAT-COI

« Napoléon n'est pas seulement engagé aux côtés des travailleurs mexicains : sa lutte est globale. *L'Effondrement de la Dignité* doit être considéré par les travailleurs comme une bible, révélant que parmi eux, un leader a non seulement été en proie à l'oppression, mais aussi victime de mensonges proférés à son encontre et de persécution. Les patrons sont malhonnêtes, où que l'on se trouve. Peu importe la langue dans laquelle ils s'expriment, ils ne se soucient guère de ceux qu'ils emploient. Ils chérissent le pouvoir et l'utilisent contre les travailleurs dans leur intérêt personnel. Mais ni les pressions ou les persécutions les plus fortes, ni les calomnies ou les mensonges les plus honteux ne réussiront à altérer la vision des travailleurs à l'égard de Napoleón, leur leader. Lorsque ce livre sera lu par un grand nombre de travailleurs évoluant dans des conditions similaires en Afrique, en Asie et partout ailleurs, ils comprendront que personne n'est jamais seul tant que règne la solidarité. »

Senzeni Zokwana
Ministre de l'Agriculture, des Forêts et de la Pêche. Ancien Président de Syndicat National des Mineurs (NUM) Afrique du Sud

« Un récit captivant sur la résistance face aux grandes sociétés. *L'Effondrement de la Dignité* nous livre le message suivant : nous, le Peuple nous devons contraindre la corporatocratie mondiale à nous servir, en tant que travailleurs et consommateurs. Le contraste entre le Chili et le Mexique, c'est l'appel à l'action saisissant qui a été lancé. »

John Perkins
Auteur de *Les Confessions d'un Assassin Financier* et de *Hoodwinked*, cités dans la liste des meilleures ventes du New York Times

« *L'Effondrement de la Dignité* pose un regard impassible et troublant sur la lutte ouvrière dans notre monde. L'incroyable récit de Gómez sur le combat pour la justice, face à une adversité qui paraît insurmontable, est à la fois un avertissement, une leçon et — en fin de compte — un vibrant appel en faveur de réformes internationales. Une lecture essentielle, pour tout travailleur. »

Thom Hartmann
Célèbre commentateur politique aux États-Unis
Auteur de *The Last Hours of Ancient Sunlight*
(Les dernières heures du soleil ancestral)
cité dans la liste des meilleures ventes du *New York Times*

« *L'Effondrement de la Dignité* est un récit personnel, évocateur et puissant sur le mouvement ouvrier mondial à travers le regard de l'un de ses principaux représentants. »

Auteur de The Silent Takeover: *Global Capitalism and the Death of Democracy*
(L'OPA silencieuse : *le capitalisme mondial & la mort de la démocratie*) et de
The Debt Threat: *How Debt Is Destroying the Developing World*

« Napoleón souligne l'importance de continuer la lutte contre la cupidité et la corruption sur les lieux de travail, en montrant que chaque travailleur mérite d'être traité avec respect et dignité, tout particulièrement les mineurs pour qui la dangerosité du travail est évidente. En tant que mineur et membre du Syndicat national des mineurs pendant près de trente années, je puis affirmer que ce livre est révélateur des injustices sociales constantes dans ce secteur. Cet ouvrage encourage les dirigeants syndicaux et les travailleurs du monde entier à se dresser contre l'exploitation, les conditions de travail médiocres et les bas salaires versés par ceux qui détiennent le capital. »

FRANS BALENI
Secrétaire Général, Syndicat National des Mineurs, NUM
Afrique du Sud

« *L'Effondrement de la Dignité* est un message extraordinaire, personnel et essentiel qui nous vient des terribles fronts de bataille pour les droits des travailleurs, qui luttent contre la cupidité des entreprises, la corruption du gouvernement et la consternante négligence à l'égard de la vie et de la sécurité des mineurs du Mexique. »

CARNE ROSS
Auteur de *The Leaderless Revolution*

« Gómez se base sur son extraordinaire expérience personnelle pour écrire un texte passionnant, intelligent et visionnaire. Son récit, au sujet des conditions de travail atroces et parfois mortelles dans les mines du Mexique, et son analyse pointue du système mondial qui est à l'origine d'une telle inhumanité, font de ce livre une lecture essentielle pour quiconque souhaite comprendre le véritable fonctionnement de l'économie mondiale. »

JEFF FAUX
Fondateur de l'Economic Policy Institute
Auteur de *The Servant Economy* et *The Global Class War*

« *L'Effondrement de la Dignité* évoque la quête d'un homme pour rétablir la dignité dans les mines du Mexique et dans l'esprit de ses camarades mineurs. L'histoire de Napoleón Gómez Urrutia reflète la lutte de l'esprit humain et le combat pour la liberté dans l'économie mondiale d'aujourd'hui. »

R. THOMAS BUFFENBARGER
Président International, Association Internationale des Machinistes et des Travailleurs et Travailleuses de l'Aérospatiale, IAM

« *L'Effondrement de la Dignité* est un témoignage puissant de l'offensive orchestrée par les politiciens corrompus et les hommes d'affaires cyniques afin de faire taire un syndicat et sa figure emblématique. Napoléon Gómez, dirigeant du Syndicat des travailleurs de la mine et de la métallurgie, Los Mineros, nous offre un récit poignant sur les évènements consécutifs à « l'Homicide Industriel » de la mine de Pasta de Conchos, dans lequel soixante-cinq travailleurs ont perdu la vie tragiquement en février 2006. Gómez est devenu la cible d'une offensive antisyndicale brutale dirigée contre cet homme qui défend haut et fort les droits des travailleurs, des salaires justes et des conditions de travail sûres. *L'Effondrement de la Dignité* est aussi l'histoire des travailleurs héroïques, des hommes et des femmes qui ont refusé de renoncer à la lutte pour la dignité et la justice sociale. Fort de vastes ressources naturelles et humaines, le Mexique pourrait aisément permettre à

chacun de ses 115 millions d'habitants de mener une existence prospère. Mais c'est sans compter sur les conspirations entre
la riche élite et les dirigeants politiques, qui abusent, dénaturent et corrompent la société mexicaine, au détriment des droits de l'homme et du développement économique qui pourrait pourtant bénéficier à tout un chacun. Le mouvement syndical international continue de soutenir cette courageuse lutte pour un syndicalisme libre et indépendant au Mexique, et pour une vie meilleure au profit des travailleurs et de leurs familles. Voilà pourquoi nous sommes toujours profondément engagés et pourquoi nous mobilisons nos forces dans le monde entier. »

JYRKI RAINA

Secrétaire Général d'IndustriALL Global Union
Genève, Suisse

« L'injustice ne cesse que lorsqu'une personne rassemble assez de courage pour devenir un héros. Les conditions infrahumaines ne cesseront que lorsque la plupart des gens s'uniront à ce héros pour dire ça suffit. Voici l'histoire de ce héros et de ceux qui ont répondu à son appel. »

KEN NEUMANN

Directeur National du Syndicat des Métallos au Canada

« Écrites d'une plume passionnée et sincère, les mémoires de Napoléon Gómez révèlent un récit profondément personnel de la lutte du Syndicat national des mineurs mexicains. Leur combat aura été un combat épique pour la sécurité et le bien-être des mineurs et de leurs familles, pour la dignité et la justice, à l'encontre des pratiques impitoyables des grandes compagnies minières et des politiciens corrompus. Ce drame inspirateur, empreint de tragédie et de résilience, est une allégorie émouvante de la mondialisation et du pouvoir, et devrait être lu par les dirigeants syndicaux et les activistes du monde entier. »

DANIEL KATZ

Doyen de la Faculté d'Études sur le Monde du Travail,
National Labor College Washington, DC

« *L'Effondrement de la Dignité* est une histoire qui devait être racontée. C'est une histoire de corruption, de cupidité, d'intimidation, de morts et d'abus de pouvoir, mais c'est aussi une histoire de courage, de solidarité, qui défie les probabilités. Napoleón Gómez est un patriote et son histoire est source d'inspiration pour ceux qui luttent pour un monde plus juste. Le leadership de Napoleón est un cas exemplaire sur ce que la solidarité mondiale permet d'accomplir à travers l'intelligence, l'honnêteté et l'intégrité. Le mouvement ouvrier international compte des héros dont nous saluons le leadership. Napoleón Gómez est un de ces héros, et il est aussi mon ami et mon frère. »

STEPHEN HUNT
Directeur du District 3 du Syndicat des Métallos, Canada

« Parmi les outils les plus importants pour instaurer une démocratie durable dans une société ouverte, on relève l'organisation des syndicats et le respect de l'humanité. Pour faire la différence, nous devons avoir le courage de nous battre pour le bien et lutter contre le mal. De bonnes conditions de travail sont indispensables au développement d'un monde globalisé et elles sont un pilier essentiel à l'établissement de la démocratie et de l'État-Providence. »

CAROLINE EDELSTAM
Co-fondatrice et Vice-présidente, The Harald Edelstam Foundation
Stockholm, Suède

« Napoleón et sa famille sont une véritable source d'inspiration pour les mineurs du monde entier. Je ne suis pas seulement le dirigeant du Syndicat des mineurs d'Australie, je suis aussi mineur, mineur de charbon. Les mineurs de charbon sont un peu particuliers ; partout dans le monde, quand une famille est touchée, chacun de nous éprouve de la peine. Nous continuons à partager la douleur des familles de Pasta de Conchos, et nous rendons un sincère hommage à Napoleón pour avoir livré cette bataille et pour les nombreuses victoires qu'il a remportées. »

ANDREW VICKERS
Président, Syndicat des Mineurs d'Australie, CFMEU

« En tant que travailleur dans l'industrie sidérurgique canadienne, j'ai suivi la lutte de Los Mineros pour les droits des travailleurs et leur dignité au Mexique. *L'Effondrement de la Dignité* met en garde les dirigeants et les activistes syndicaux d'Amérique du Nord — et du monde entier d'ailleurs — face aux tactiques et aux stratégies brutales employées par les gouvernements et les multinationales qui cherchent à réduire les salaires, modifier radicalement les conditions de travail, diminuer les droits des travailleurs et détruire la résistance des syndicats.

Pour les syndicalistes d'Amérique du Nord, ce livre n'est pas seulement un appel à la conscience, il est aussi une source d'inspiration et de courage qui nous parle d'un syndicat, de son leader Napoleón Gómez, et de la solidarité face à l'adversité accablante. »

KEN GEORGETTI
Ancien Président du Congrès du Travail du Canada, CTC

L'EFFONDREMENT DE LA DIGNITÉ

L'histoire d'une tragédie minière et la lutte contre
la cupidité et la corruption au Mexique

NAPOLEÓN GÓMEZ

INTERNATIONAL LABOUR MEDIA GROUP LTD

Titre original: El Colapso de la Dignidad: La historia de una tragedia minera y la lucha en contra de la avaricia y corrupción en México

Première édition

Copyright © 2014 Napoleón Gómez Urrutia

Imprimé à aux États-Unis d'Amérique

10 9 8 7 6 5 4 3 2 1

ISBN 978-1-939529-22-0

Produit par International Labour Media Group Ltd
www.labourmediagroup.com
info@labourmediagroup.com

Traduit de l'espagnol (Mexique) par Alba-Marina Escalón
Relecture: Hélène Boccage
Photographie : Tom Hawkins

À la mémoire de mon père, Napoleón Gómez Sada, qui a été ma source d'inspiration ; à ma femme, Oralia, ma compagne et mon amie inconditionnelle pendant ces années de combat ; à mes enfants, qui croient en moi ; à mes frères et sœurs des syndicats du monde entier ; aux membres courageux et loyaux de notre syndicat Los Mineros ; à ceux qui risquent leur vie en travaillant dans des conditions dangereuses pour subvenir aux besoins de leur famille ; à tous ceux qui défendent leurs idéaux.

TABLE DES MATIERES

PRÉFACE

Voici le livre extraordinaire d'un homme extraordinaire.

— LEO W. GERARD

Voici le livre extraordinaire d'un homme extraordinaire. Dans ces pages, qui sont à la fois mémoire, histoire et analyse politique, Napoleón Gómez Urrutia raconte la guerre menée par le gouvernement mexicain contre le Syndicat national des travailleurs des mines, de la métallurgie, de l'acier et affiliés du Mexique (Los Mineros) et les huit années de résistance du syndicat.

Tout commence par la terrible catastrophe qui s'est produite à l'aube le 19 février 2006 : la mine souterraine de charbon de Pasta de Conchos explose, tuant soixante-cinq hommes sur le coup. Le récit révèlera que la mort des mineurs n'est pas accidentelle, mais qu'elle n'est autre que le fruit de la corruption et de la négligence de Grupo México et des autorités gouvernementales. Les évènements sont racontés à travers le regard des travailleurs mexicains et de leurs familles, alors qu'ils se heurtent à la puissance de l'État mexicain au service d'une compagnie minière multinationale contrôlée par un millionnaire cupide.

Mais on comprend rapidement que l'histoire ne s'arrête pas là. Les travailleurs de Pasta de Conchos s'avèreront être les pions d'une campagne calomnieuse menée par l'élite dirigeante nationale afin de détruire les syndicats démocratiques des travailleurs mexicains, en commençant par Los Mineros, que dirige Napoleón Gómez.

Depuis les années 70, les gouvernements du PRI puis du PAN n'ont eu de cesse de chercher à affaiblir les syndicats et réduire les coûts de la main-d'œuvre pour pouvoir maintenir ce modèle économique fondé sur les bas salaires et orienté vers l'exportation, entériné par l'Accord de Libre-Échange Nord-Américain (ALÉNA) en 1995. Cette politique a encore accentué les écarts de rémunération entre le Mexique et les États-Unis, puisque dans l'industrie manufacturière, le niveau des salaires réels des travailleurs mexicains, qui se situait à 23 pour cent du niveau des États-Unis en 1975, ne représentait plus que 12 pour cent en 2007.

Au Mexique, le gouvernement et les employeurs contrôlent la plupart des organisations de travailleurs à travers le système des « contrats de protection », appelés « syndicats d'entreprise » au Canada et aux États-Unis. Quelques syndicats démocratiques résistent toutefois encore au contrôle du gouvernement et revendiquent une amélioration des salaires et des conditions de vie pour leurs membres.

Ce n'est pas un hasard si les mineurs sont les figures de proue de cette résistance. Partout dans le monde — et depuis la grève des mineurs britanniques dans les années 70, jusqu'à celle de Pittson aux États-Unis, en passant par la lutte anti-apartheid en Afrique du Sud, dirigée par le Syndicat national des mineurs, et les mines de nickel de l'Ontario où ont travaillé les membres de ma famille — le courage et la détermination des mineurs ont toujours fait d'eux les chefs de file du mouvement ouvrier. Au Mexique, ce n'est pas seulement le mouvement ouvrier, mais aussi la Révolution Mexicaine elle-même qui sont nés dans la mine de Cananea, redevenue un champ de bataille dans la première décennie du XXIᵉᵐᵉ siècle.

Los Mineros a refusé de se soumettre aux élites, et les membres ont même exigé des augmentations salariales proportionnelles aux bénéfices de l'entreprise, une amélioration du système de santé et des mesures de protection, ainsi que l'élimination de la sous-traitance. En 2005, suite à une grève de quarante-six jours organisée dans l'usine sidérurgique de

Las Truchas à Lázaro Cárdenas, le syndicat a obtenu une augmentation des salaires de 8 pour cent et une augmentation des bénéfices de 34 pour cent, en plus d'une prime de 7250 pesos et du versement de la totalité des salaires impayés. À l'évidence, cela représentait une menace pour le modèle néolibéral.

Napoleón nous raconte comment le président Vicente Fox et ses conseillers, en étroite collaboration avec les géants de l'industrie minière, ont planifié une offensive contre les dirigeants de Los Mineros, pourtant élus démocratiquement. Le plan prévoyait d'ôter toute légitimité à la direction syndicale ; d'entamer des procédures judiciaires à l'encontre de Gómez et d'autres dirigeants syndicaux ; de mettre en place une campagne massive de relations publiques financée par les entreprises ; d'imposer des « syndicats d'entreprise » sur plusieurs lieux de travail, et de soutenir les détracteurs au sein même du syndicat — tout cela avec le soutien des forces armées. Ces attaques ont eu des répercussions terribles dans les rangs de Los Mineros, notamment les décès de quatre personnes imputables à la police et aux hommes de main des entreprises.

Cette offensive sans précédents, orchestrée par l'État et le secteur privé, et l'exil forcé de son dirigeant au Canada, n'ont pourtant pas eu raison du syndicat Los Mineros qui leur a non seulement survécu, et qui plus est a obtenu, année après année, les plus fortes augmentations salariales jamais atteintes par un syndicat au Mexique (plus de 8 pour cent par an en moyenne, pendant les sept dernières années), tout en organisant des milliers de nouveaux travailleurs, alors que Fox et Calderón, son successeur, allaient finir dans les poubelles de l'histoire en tant que présidents du Mexique. Comment expliquer une telle tournure des événements ?

Selon moi, il y a trois raisons. Tout d'abord, le courage et la persévérance des membres de Los Mineros pour tenter de contourner des écueils de taille, parfois mortels. Je parle de la ténacité des travailleurs de Pasta de Conchos et de Lázaro Cárdenas, dont la grève a abouti alors même que les hélicoptères de la police avaient ouvert le feu sur eux, faisant deux morts et des dizaines de blessés ; je parle des travailleurs de Cananea qui ont continué à faire grève malgré l'offensive de 4000 policiers et hommes de mains de la compagnie minière ; je parle des dirigeants syndicaux de Los Mineros qui ont préféré passer des années sous les verrous, pour de fausses accusations, plutôt que de trahir leur syndicat ; je parle de la ténacité de Napoleón Gómez, qui garde encore la tête haute malgré les nombreuses menaces pesant sur lui et sa famille.

La deuxième raison réside dans les qualités humaines des personnes à la tête de Los Mineros. Durant ces dix dernières années, j'ai passé beaucoup de temps aux côtés de Napoleón et des membres de son Comité exécutif, qui sont de véritables visionnaires. Los Mineros ne craint pas d'utiliser la grève comme arme. Mais à la différence de n'importe quel autre syndicat au Mexique, les membres adaptent leurs revendications salariales aux bénéfices de l'entreprise et négocient d'une main ferme tout en se montrant flexibles lorsqu'une entreprise rencontre de vraies difficultés. C'est la raison pour laquelle — malgré la violence des attaques du gouvernement et de certaines compagnies minières — Los Mineros maintient de bonnes relations de travail avec des dizaines d'employeurs, qu'il s'agisse de sociétés nationales ou de multinationales. Los Mineros a également fait preuve de courage et de créativité en lançant des campagnes pour organiser des travailleurs non-syndiqués dans l'industrie minière et manufacturière, en tissant des alliances avec les communautés rurales et les comités locaux des travailleurs de l'industrie. Ils ont défié le gouvernement et les syndicats contrôlés par les entreprises au Mexique, sur les questions de politique salariale, de responsabilité et de démocratie syndicale. Le service juridique du syndicat a remporté une série de batailles, l'une des plus importantes victoires ayant eu lieu en mai 2012, lorsque la Cour Suprême de Justice du Mexique a déclaré inconstitutionnel le refus du gouvernement de reconnaître le résultat des élections du syndicat, ce qui allait à l'encontre des engagements pris par le pays afin de respecter les Conventions de l'Organisation internationale du Travail (OIT).

La troisième raison du succès de la résistance de Los Mineros est la solidarité mondiale. Dès ses débuts à la tête du syndicat, Napoleón a démontré son attachement à renforcer les relations internationales de son syndicat ainsi que les structures syndicales à l'échelle mondiale. C'est pourquoi il a activement soutenu le processus d'affiliation à la Fédération Internationale des Organisations de travailleurs de la Métallurgie (FIOM) et à la Fédération Internationale des Travailleurs de l'Industrie Chimique, Energie, Mines et Industries diverses (ICEM selon son acronyme anglais), qui ont fusionné en 2012 pour former IndustriALL Global Union, une organisation mondiale forte de 50 millions de membres, où Napoleón a été élu au sein du Comité exécutif. Le mouvement syndical international lui a témoigné son soutien en organisant des délégations, des campagnes et des journées d'action mondiales afin de mettre au grand jour les violations systématiques des droits des travailleurs par le gouvernement mexicain.

Le plus important pour mon syndicat, les Métallos, c'est que Napoleón ait compris d'emblée que les travailleurs de l'industrie en Amérique du Nord, soumis au régime de l'ALÉNA qui cherche à réduire les salaires en tout point du globe, ne pourront survivre que si l'on travaille main dans la main pour mettre en place une institution unique capable d'organiser, de négocier et de mobiliser le pouvoir politique de nos membres au Canada, au Mexique et aux États-Unis. C'est dans cette perspective que les Métallos et Los Mineros ont négocié une alliance stratégique en 2005, qui s'est étendue et renforcée pour devenir une Alliance de Solidarité nord-américaine en 2011. Aujourd'hui, nos organisations travaillent en coordination dans le cadre des négociations de conventions collectives avec des employeurs communs, afin de garantir le droit à la santé et à la sécurité, à l'éducation et à une politique économique équitable. Nos membres se réunissent, manifestent, organisent et négocient ensemble dans l'État de Michoacán, dans l'Indiana et au Québec, dans l'État de Sonora et en Arizona, dans l'État de Durango et dans l'Ontario, dans l'État d'Hidalgo et l'Illinois, dans l'État de Coahuila et en Colombie

Britannique. Nous sommes sur la bonne voie pour atteindre notre objectif d'entité unique, qui tirerait parti du pouvoir de tous les travailleurs de l'industrie en Amérique du Nord.

Cette histoire est collective ; elle nous est racontée par les travailleurs, mais c'est aussi, bien sûr, l'histoire de Napoleón, l'histoire d'un homme dont la modestie est authentique, un homme qui n'a pas cherché le pouvoir mais qui, le moment venu, a su mettre à profit tout son talent et toutes ses capacités pour user de ce pouvoir au bénéfice des membres de son syndicat et des travailleurs du monde entier. C'est aussi l'histoire de l'épouse de Napoleón, Oralia Casso de Gómez, qui a soutenu son mari au nom du peuple mexicain et des membres de Los Mineros, alors que leur famille était victime de menaces et de séparations forcées parce qu'elle luttait pour la justice et les droits des travailleurs.

Ce fut un honneur pour moi d'être présent aux côtés d'Oralia, lorsque le Comité exécutif de la FAT-COI a attribué à Napoleón, en 2011, le prestigieux Prix Meany-Kirkland des Droits de l'Homme « en reconnaissance de son courageux engagement à défendre les aspirations des travailleurs mexicains à un niveau de vie plus élevé, la démocratisation des syndicats et la promotion de l'État de droit et d'un meilleur avenir pour son pays… »

C'est pour toutes ces raisons qu'à mes yeux, Napoleón est un héros. Et c'est pour toutes ces raisons que ceux qui s'intéressent à l'avenir des travailleurs doivent lire et étudier ce livre.

Leo W. Gerard
Président international
Syndicat des Métallos
Pittsburgh, novembre 2012

PROLOGUE

Au fond de l'implacable désert d'Atacama au Chili, au nord de la ville de Copiapó, se trouve une petite mine d'or et de cuivre. Aujourd'hui fermée, la mine de San José a été le théâtre de l'un des sauvetages les plus dramatiques de l'histoire. Au mois d'octobre 2010, le monde entier a retenu sa respiration lorsque trente-trois mineurs chiliens, qui avaient été retrouvés miraculeusement vivants dix-sept jours après l'effondrement de la mine, ont été remontés à la surface, un par un, au terme d'une opération de sauvetage ô combien longue et difficile. Des milliers de chaînes de télévision et d'écrans dans le monde entier ont retransmis les images des visages des mineurs, noircis et marqués par l'épuisement, mais heureux de retrouver enfin leurs amis et leur famille.

Pendant les jours qui ont suivi la tragédie du 5 août 2010, de nombreuses familles de mineurs se sont réunies près de l'entrée de la mine et y ont installé un campement qu'elles allaient elles-mêmes appeler « Campamento Esperanza ». Alors que les exploitants de la mine avaient annoncé que l'air et les réserves seraient épuisés au bout de quarante-huit heures, les proches des mineurs n'ont pourtant pas quitté le site, attendant désespérément de bonnes nouvelles. Ce n'est que deux semaines plus tard que l'espoir a pu renaître, lorsque quelques lettres griffonnées à l'encre rouge sur un bout de papier, sont remontées d'un conduit foré jusqu'à la cavité où les mineurs étaient supposés s'être réfugiés : « Estamos bien en el refugio los 33 » — Nous allons bien, dans le refuge, les 33.

Malgré la joie éprouvée à ce moment-là, nous n'avions pas encore la certitude que les mineurs seraient sauvés. Certains estimaient qu'il faudrait encore au moins quatre mois pour forer un conduit suffisamment large pour qu'un homme puisse y passer, d'autres craignaient pour la santé mentale des mineurs, si ces derniers étaient amenés à rester confinés sous terre encore un long moment, et l'on a même évoqué la possibilité d'un éventuel effondrement de la mine. Néanmoins, l'opération de sauvetage San Lorenzo — baptisée ainsi du nom du saint patron des mineurs — a suivi son cours et le forage a pu être achevé en moins de deux mois. Le calvaire a pris fin le mardi 12 octobre avec la descente, en dix-huit minutes, d'un premier secouriste à bord de la nacelle qui allait remonter, un à un au cours des prochaines vingt-quatre heures, les rescapés piégés sous terre depuis soixante-neuf jours.

Cette émouvante victoire a été applaudie dans le monde entier. Cependant, pour un groupe de personnes au Mexique qui avait vécu une situation similaire quatre ans plus tôt, la joie des mineurs chiliens et de leurs familles avait un goût amer. En 2006, à des milliers de kilomètres au nord de la mine de San José, un effondrement semblable avait eu lieu dans une mine de charbon appelée Pasta de Conchos, non loin de la ville de Nueva Rosita, dans l'état de Coahuila au nord-est du Mexique. Le 19 février à l'aube, une terrible explosion de gaz méthane a provoqué un éboulement qui a bloqué la seule entrée de la mine. Quelques mois après le désastre, deux corps ont été récupérés alors que soixante-trois autres se trouvaient — et se trouvent encore aujourd'hui — de l'autre côté de l'éboulement, ensevelis dans la galerie principale de la mine.

Alors que les mineurs de Pasta de Conchos se trouvaient à un peu moins d'une centaine de mètres sous terre — soit sept fois moins que les mineurs chiliens qui allaient être sauvés quelques mois plus tard — Grupo México, l'entreprise qui exploitait la mine, a été incapable d'organiser un plan de sauvetage efficace. Dans la mine de San José, suite aux fortes pressions exercées par les familles des travailleurs, les syndicats et les communautés, le gouvernement et la compagnie minière ont fini par intervenir. Bien que peu enthousiastes au début, ils ont dépensé des millions de dollars et déployé des prouesses d'ingénierie pour réussir à pénétrer dans la galerie où étaient piégés les mineurs. Le président conservateur Sebastián Piñera s'est rendu sur place pour accueillir un à un les rescapés, entouré d'une horde de journalistes et des familles.

Quatre ans auparavant, à Pasta de Conchos, seuls les camarades des hommes piégés dans la mine avaient répondu présents pour tenter de sauver leurs collègues, en se servant uniquement des outils qu'ils avaient sur place. Ni le président Vicente Fox, ni Germán Feliciano Larrea, le PDG de Grupo México, ne se sont rendus sur les lieux du désastre. Quelques fonctionnaires du ministère du Travail et des représentants de l'entreprise ont très rapidement gagné Coahuila, mais il n'a pas fallu longtemps pour comprendre qu'ils étaient là, non pas pour sauver des vies, mais pour procéder à l'évaluation des dégâts et camoufler leur négligence et leur irresponsabilité criminelle dans le cadre des événements honteux qui avaient conduit à l'explosion. Le paysage dans la région de Pasta de Conchos était plus plat, moins rude, et beaucoup plus accessible que le territoire escarpé et rocailleux auquel les sauveteurs des mineurs chiliens allaient devoir se mesurer quelques années plus tard. Les efforts de sauvetage ont été stoppés après cinq jours à peine et les mineurs ont été abandonnés à leur sort, sans que l'on sût s'ils étaient vivants ou morts.

Certains de ces mineurs étaient membres du Syndicat national des travailleurs des mines, de la métallurgie, de l'acier et affiliés du Mexique (*Los Mineros*, ou le *Syndicat des mineurs* au fil des pages suivantes), que je dirigeais déjà cinq ans avant l'explosion. Pendant tout ce temps-là, et malgré nos plaintes constantes et les conflits contre Grupo México, j'ai été le témoin direct des abus systématiques et de l'exploitation auxquels étaient soumis nos membres, à Pasta de Conchos et ailleurs. Le Parti d'Action Nationale (PAN) de Vicente Fox avait pris le pouvoir en l'an 2000, et son administration se distinguait par ses liens étroits avec les intérêts industriels, notamment de nombreux propriétaires de mines et d'usines sidérurgiques dans lesquelles travaillaient nos camarades. Son gouvernement a affiché un favoritisme sans vergogne envers ces entreprises et a exercé une pression constante pour ramener les salaires au niveau le plus bas possible. Le gouvernement du PAN les a autorisées à s'approprier d'immenses concessions et à les exploiter sans se soucier des questions de sécurité, d'équité ou d'impact environnemental.

Bien avant la catastrophe, les membres et les dirigeants de la section syndicale de Pasta de Conchos avaient déjà dénoncé à plusieurs reprises les mauvaises conditions dans la mine de charbon, réalisant qu'il s'agissait d'une véritable bombe à retardement. Leurs longs rapports n'ont pas eu d'effet face à l'acharnement anti-syndical du ministère du Travail de Fox ; les exploitants de la mine rédigeaient simplement d'autres rapports avec des inspecteurs du gouvernement pour démontrer l'absence de tout problème grave de sécurité.

Pendant des années précédant la catastrophe de 2010, les mineurs chiliens s'étaient eux aussi plaints des mauvaises conditions de sécurité dans la mine de San José. Celle-ci avait déjà été le théâtre de plusieurs décès et mutilations, et avait été fermée brièvement, avant d'être rouverte sans qu'il ait été remédié aux sérieux problèmes de sécurité. La Compagnie minière San Esteban, propriétaire de la mine, n'avait pas non plus aménagé d'échelles de secours, qui sont pourtant obligatoires dans toutes les mines du Chili. Si ces échelles avaient été installées dans la mine de San José, les mineurs auraient probablement pu s'échapper plus vite.

Certains ont accusé le gouvernement chilien d'utiliser le sauvetage de la mine de San José à des fins d'autopromotion, mais l'intérêt que l'on a porté à la catastrophe a entraîné la mise en place d'importantes réformes. Le président Piñera a renvoyé certains des responsables chargés de la surveillance de la mine et la Compagnie minière San Esteban est encore aujourd'hui au bord de la faillite en raison des indemnités conséquentes dont elle est redevable envers le gouvernement et des trente-trois procès intentés contre elle par les mineurs rescapés. Enfin, plusieurs autres petites mines du désert d'Atacama ont été fermées de peur qu'un incident similaire ne se produise.

Le gouvernement mexicain et les exploitants de la mine de Pasta de Conchos savaient bien qu'en se lançant dans un sauvetage qui pouvait durer aussi longtemps et tant attirer l'attention, ils risquaient d'affronter une vague de critiques et de réformes. On avait confirmé la mort de deux hommes à Pasta de Conchos, et longue était la liste des négligences commises dans la gestion du lieu de travail. Si un seul des soixante-cinq mineurs était remonté à la surface en vie, il aurait sûrement donné des détails sur ces irrégularités et les médias l'auraient écouté. Voilà pourquoi il était plus facile, à cette époque, de fermer la mine, de verser une somme d'argent dérisoire — quelques milliers de pesos — à chacune des familles, et de tourner la page. Pour aider les gens à oublier leur arrogance et leur irresponsabilité, il leur a fallu faire diversion. Et c'est vers moi qu'ils se sont tournés, en ma qualité de dirigeant du Syndicat des mineurs.

C'était un choix évident : j'étais déjà leur bête noire, à si souvent clamer, dans le passé, que notre organisation ne serait pas un syndicat complaisant et soumis comme tant d'autres au Mexique. Germán Larrea, PDG de Grupo México, l'entreprise qui exploitait la mine de Pasta de Conchos, et ses amis au sein de l'administration Fox, se sont empressés de rendre publique une série de fausses accusations portées contre moi-même et contre le Comité exécutif national du syndicat, vendant leurs mensonges à des médias contrôlés par les entreprises. Ils pensaient que nous capitulerions immédiatement, mais, comme vous le verrez tout au long de ces pages, nous avons déjoué avec honnêteté et engagement chacune de leurs tactiques perverses, et notre lutte continue.

Pendant les sept années qui ont suivi la tragédie de Pasta de Conchos, notre syndicat et la classe ouvrière mexicaine tout entière ont été la cible d'attaques lâchement orchestrées par un vaste groupe de gens d'extrême droite, issus des secteurs public et privé. Travaillant de concert, un groupe d'hommes d'affaires, de dirigeants corrompus et

d'hommes politiques appartenant aux hautes sphères du gouvernement
mexicain, ont cherché à démolir les syndicats démocratiques en faisant
appel à des individus peu scrupuleux pour exécuter leurs ordres et miner
le leadership de l'un des syndicats qui a le plus lutté pour préserver son
indépendance dans l'histoire du Mexique. La liste des agresseurs inclut
les noms de Vicente Fox et de Felipe Calderón. En prenant ses fonctions en décembre 2000, Fox avait clairement annoncé que son gouvernement « appartiendrait aux hommes d'affaires, et serait dirigé par des
hommes d'affaires, pour des hommes d'affaires ». Et il a tenu promesse,
trahissant ainsi tous les citoyens qui avaient voté pour lui avec l'espoir
d'assister à une reprise économique, au développement, à la création
d'opportunités et à la construction d'un meilleur avenir pour tout le
pays. Et le président qui lui a succédé n'a guère été meilleur que son
prédécesseur. Calderón, un fondamentaliste religieux, se plaisait à com-
parer les syndicats à un cancer, qui ronge la société et dont il faut vite se
débarrasser.

Ce livre raconte notre lutte, qui n'a jamais faibli depuis sept ans. Une
histoire de répressions, d'accusations et d'emprisonnements arbitraires,
de sombres conspirations, de grèves, mais aussi de solidarité et de courage. Ce livre est le fruit de mes propres expériences, de mes réflexions et
des longues conversations que j'ai tenues avec les grands dirigeants de
ce monde, avec mes camarades ouvriers mexicains, avec ma femme et
le reste de ma famille. J'espère avoir su condenser et rapporter tout ce
que nous avons vécu dans nos luttes, et avoir levé le voile sur les incroyables délits et actes criminels d'une petite élite, les actions qui ont été si
longtemps occultées dans la plupart des couvertures médiatiques pro-
posées au sujet de « l'Homicide Industriel » de Pasta de Conchos, les
grèves syndicales récurrentes, et les fausses accusations portées contre
moi-même et mes collègues. Dans cette histoire, il y a des innocents et
des coupables, et j'espère ouvrir ici une nouvelle perspective sur ce conflit et encourager celles et ceux qui ont crû, à leur insu, aux mensonges

proférés par les hautes sphères de l'État mexicain, à reconsidérer le conflit minier sous un angle nouveau, plus étendu et plus objectif.

Les actes d'agression dirigés contre le Syndicat national des mineurs et contre ma personne montrent bien combien le capitalisme sauvage et acharné mine les droits des travailleurs, en particulier ceux des classes sociales marginales. Nous n'avons pas uniquement lutté pour préserver un syndicat mexicain ; notre but était également de protéger et défendre les droits et la dignité humaine. Nous voulons montrer au monde que nous autres, les mineurs et les métallos mexicains, nous ne céderons pas face à cet ennemi, aussi puissant soit-il sur le plan économique, et même si la terrible mafia d'entreprise et l'appareil politique tout entier sont contre nous. Abdiquer reviendrait à souiller l'héritage laissé par des leaders exceptionnels, comme mon père, qui ont lutté avant nous et dont certains ont sacrifié leur vie pour défendre les droits des travailleurs. Nous sommes fiers de notre grand réseau d'alliés à travers le globe — dont la plupart nous appelle simplement « Los Mineros » — et des grands progrès que nous avons accomplis.

J'ai souffert d'atrocités pendant les sept années de ce conflit, à l'instar de nombreux autres membres du syndicat. Nous avons perdu des camarades, nous avons souffert de violence physique de la part de la police et des forces de l'ordre, nous avons été la cible de menaces, nous avons dû travailler dans des lieux aux conditions de sécurité désastreuses et certains d'entre nous ont perdu leur emploi. Malgré tout cela, nous continuons la lutte contre ces hommes politiques et ces hommes d'affaires qui souhaitent que nous disparaissions afin de pouvoir exploiter les travailleurs mexicains jusqu'à la dernière goutte de sang et extraire au maximum les ressources naturelles du pays. Nous savons que nous luttons pour une cause juste, voilà pourquoi il nous semble inconcevable de ne pas nous opposer à ce type d'exploitation dégradante. Cela reviendrait à sonner le glas pour l'un des syndicats les plus forts de l'histoire mexicaine et représenterait une victoire pour les forces conservatrices globales qui essaient de réprimer les mouvements syndicaux libres et démocratiques.

Voici l'histoire de Los Mineros et de comment nous avons fait bloc après la catastrophe afin de lutter contre l'injustice avec plus de force que jamais. Nous voulons que notre combat soit un appel aux travailleurs d'autres continents qui se heurtent aux mêmes défis que nous. Nous voulons que ce conflit serve d'exemple et démontre qu'en travaillant ensemble pour la défense de la dignité, du respect et des droits de l'homme, nous pouvons faire face à nos ennemis, aussi puissants soient-ils. Voici notre message d'espoir. Voici notre vision d'un meilleur avenir pour tous.

REMERCIEMENTS

J'aimerais exprimer mes plus sincères remerciements aux personnes qui m'ont guidé tout au long de ce livre et qui ont partagé ce voyage avec moi. Je remercie tous ceux qui m'ont soutenu à travers leurs idées, leur passion et leur créativité lors de l'écriture de *L'Effondrement de la Dignité*. Merci de m'avoir permis de partager la vérité sur la situation des mineurs et de leurs familles, et sur leur lutte pour la défense de l'emploi et des droits de l'Homme au Mexique.

Je voudrais également remercier les lecteurs de ce livre, qui pourront partager et diffuser ce message d'optimisme, de vérité et d'espoir avec les autres.

Unis, nous pouvons changer le monde. Ensemble, nous pouvons faire la différence.

UN

L'HÉRITAGE

Les paroles sont petites, les exemples sont immenses.

— PROVERBE SUISSE

J'ai passé mon enfance dans la ville de Monterrey, dans l'État de Nuevo León. J'étais l'avant-dernier d'une fratrie de cinq enfants et dès le premier jour d'école, nos parents nous ont fait comprendre l'importance d'une bonne éducation. Ainsi, nous savions depuis notre plus tendre enfance qu'il était de notre responsabilité d'acquérir le maximum de connaissances pour devenir ensuite des membres utiles, capables et heureux de contribuer à notre société. Telles étaient les premières leçons de mon père, le charismatique Napoleón Gómez Sada, mineur syndiqué au Mexique.

Mon père a commencé sa carrière dans la fonte de métaux dans les années 1930, à l'âge de dix-huit ans, en raffinant du plomb, du zinc, de l'argent, de l'or et d'autres métaux précieux dans une usine à Monterrey. C'était un travailleur dévoué et pendant mon enfance, il a commencé à s'impliquer de plus en plus au sein du Syndicat national des mineurs. Le syndicat avait été fondé en 1934, mais il ne s'est véritablement consolidé qu'après des dizaines d'années d'efforts de la part des mineurs, notamment la grève historique de 1906 dans la mine de Cananea, qui allait servir de tremplin à la Révolution mexicaine de 1910 — la première révolution du XXème siècle, avant même la Révolution Russe de 1917. Après vingt ans de travail, mon père est devenu le secrétaire général de la section 64, la division locale du Syndicat des mineurs à Monterrey.

Un jour que mon père travaillait dans la fonderie — tout au début de sa carrière — un four a explosé et a tué deux de ses collègues. Il était si près qu'il a été gravement brûlé aux deux jambes et a dû passer six mois à l'hôpital pour s'en remettre. Il a ensuite été transféré à l'entrepôt où il s'occupait de l'outillage ainsi que des matières premières extraites de la mine. Je suis sûr que cette expérience proche de la mort était présente dans son esprit lorsqu'il luttait, dans ses dernières années, aux côtés de ses camarades syndicalistes pour une réforme des normes de sécurité.

Comme nous étions une famille nombreuse à la charge d'un seul travailleur, nous devions composer avec très peu de moyens. J'ai toujours été scolarisé dans des écoles publiques. Mon père et ma mère Eloísa (ou Lochis, comme il l'appelait) souffraient en nous voyant gérer nos ressources avec parcimonie, tandis que eux luttaient pour soutenir la famille. Plutôt que de nous acheter des biens matériels, mes parents nous ont appris que c'est la connaissance, l'éducation et la culture qui nous permettent d'apprécier ce qui est important dans la vie : l'histoire, l'art, un bon plat, une bonne bouteille de vin, et même une pièce de théâtre ou un film qui fait réfléchir.

Mon père refusait le luxe et vivait dans la simplicité et la modestie. Il avait du goût mais il en usait avec humilité. Son élégance discrète découlait d'une volonté de profiter des plaisirs de la vie, avec modération. Il n'a jamais eu l'opportunité d'aller à l'université, contrairement à mes frères et à moi, mais il a toujours été avide de connaissances. Pendant son temps libre, il lisait et étudiait autant qu'il le pouvait. Sa bibliothèque personnelle était remplie d'ouvrages, soulignés par endroits, évoquant des thèmes tels que la Révolution mexicaine ou la Seconde

Guerre mondiale, mais aussi de classiques de la littérature tels que *Don Quichotte* et la *Divine Comédie* de Dante.

Lors de la Convention nationale des mineurs tenue en mai 1960, mon père a été élu secrétaire général du Syndicat national des travailleurs de la mine, de la métallurgie et de la sidérurgie et ma famille a dû déménager de Monterrey à Mexico. Ce fut le début d'une nouvelle étape dans la vie de mon père, qui allait devenir un des dirigeants syndicaux les plus importants au Mexique. Mes frères aînés étaient déjà partis de la maison, mais mon frère cadet Roberto et moi avons dû déménager avec nos parents. Je n'avais aucunement envie de quitter mon école et mes amis, mais j'étais parfaitement conscient de l'honneur que cela représentait pour mon père. Qui plus est, j'ai rapidement compris que la ville de Mexico avait bien plus à offrir en termes d'opportunités éducatives.

Mon père était né pour diriger un syndicat, et il devint un de mes héros. Sa sensibilité face aux besoins économiques et sociaux des travailleurs et de leurs familles, en plus de son intelligence, de sa détermination et de son naturel spontané, firent de lui un dirigeant très apprécié parmi les membres du syndicat. Il avait un grand sens de l'humour, qu'il savait modérer avec discipline et fermeté. Voilà pourquoi il était aimé et apprécié de tous les travailleurs qu'il représentait.

Après deux années passées à Mexico, ma passion pour l'économie — micro et macro — me poussa à m'inscrire à la faculté d'économie de l'Université nationale autonome du Mexique (UNAM). Ma vie étudiante était ponctuée de passionnantes analyses et de débats sur les évènements politiques, économiques et sociaux du moment : la Révolution cubaine, l'assassinat de John F. Kennedy, la venue à Mexico du président français Charles de Gaulle, et bien d'autres thèmes liés aux luttes sociales et à l'étude des effets du capitalisme et du socialisme dans la réalité collective du Mexique, de l'Amérique du Nord, de l'Amérique latine, de l'Afrique, de l'Europe, de l'Asie et du monde entier.

Tout au long de mes études, ma passion pour l'économie n'a jamais faibli. Je voulais vraiment comprendre comment les fondements économiques pouvaient changer la réalité, que ce soit dans le cas d'une entreprise, d'un pays ou d'un continent. Malgré la comptabilité, les statistiques et l'économétrie, qui n'étaient pas mon fort, je n'ai jamais raté de partiel et j'ai obtenu mon diplôme avec les félicitations du jury.

Ma carrière d'économiste a débuté en 1965, lors de ma quatrième année à l'UNAM, quand on me proposa un poste d'analyste au département d'études économiques de la Banque du Mexique, au sein de la Banque centrale de la Nation. L'année suivante, ma dernière année d'études, Horacio Flores de la Peña — un de mes professeurs, considéré comme l'un des cinq économistes les plus importants d'Amérique latine — m'a proposé un poste d'analyste et de chercheur au ministère du Patrimoine National. Il était à la tête de la direction générale du Comité fédéral de contrôle et de surveillance des organismes décentralisés et des entreprises de participation de l'État. Là, mon rôle était d'analyser la situation économique des entreprises propriété de l'État, en réalisant un diagnostic des problèmes et en établissant des recommandations stratégiques afin d'améliorer leur efficacité et leur productivité.

Une fois diplômé de l'UNAM, j'ai continué à travailler pendant deux ans pour Flores de la Peña puis j'ai commencé à éprouver certaines préoccupations d'ordre intellectuel et j'ai voulu changer de vie. La fin des années soixante était une époque agitée. Dans les universités américaines, françaises, britanniques, allemandes, italiennes, mexicaines, et un peu partout dans le monde, des manifestations étudiantes éclataient pour protester contre les guerres colonialistes, les inégalités, la répression et la discrimination raciale. Certains de mes amis à l'UNAM sont partis pour les États-Unis ou la France, et moi j'étais fasciné par l'idée d'aller à l'étranger à une époque à la fois si passionnante et tumultueuse.

J'ai entrepris des recherches pour partir étudier aux États-Unis, en Angleterre ou en France, où étaient allés la plupart de mes amis. Lorsqu'il a eu vent de mon projet, Flores de la Peña m'a convoqué dans son bureau et d'un ton paternel, m'a prodigué quelques conseils : « Si tu as envie de poursuivre tes études d'économie, le mieux serait que tu ailles à l'École des hautes études à Paris. Tu pourrais aussi aller en Angleterre, à la London School of Economics ou à l'Université d'Oxford, où l'on étudie la théorie économique ainsi que le développement, les politiques publiques et la planification, des matières qui t'intéressent. Toutes ces options sont très bonnes, mais la décision te revient. »

Je suis sorti de son bureau de bonne humeur. Sur le chemin du retour, je repassais dans ma tête la conversation avec le prestigieux économiste. Comment aurais-je pu ne pas suivre ses conseils ! Si tôt arrivé chez moi, une petite maison où je vivais seul, j'ai appelé ma petite amie, Oralia, qui achevait prochainement ses études à l'école d'art de Monterrey, et je lui ai dit : « On se marie et on part à Oxford. Commence à te renseigner sur les cours que tu pourrais suivre là-bas. » Je savais qu'elle aussi voulait continuer ses études — probablement en art ou en histoire — et qu'elle pourrait facilement obtenir une bourse.

Par bonheur, Oralia s'est embarquée avec moi dans cette aventure. Le British Council a rapidement validé ma demande de bourse, qui me permettait ainsi de poursuivre mes études à Oxford. Nous nous sommes mariés à Monterrey, notre ville natale, et peu de temps après, nous traversions l'Atlantique.

Les deux premières années passées à Oxford avec ma femme Oralia ont compté parmi les expériences les plus importantes de ma vie, tant au niveau universitaire que pour bien d'autres raisons. La première année, j'ai décroché mon diplôme en Développement Économique. Les études que j'ai suivies à cette fin m'ont beaucoup appris sur le potentiel de l'économie à transformer les pays, les sociétés et les individus. Après avoir achevé ce cursus, et pendant qu'Oralia poursuivait ses études d'art, j'ai commencé à me préparer à entreprendre une maîtrise d'économie. À notre arrivée en Angleterre, Oralia avait demandé à intégrer un programme de trois ans à la Ruskin School of Art et elle a pu concrétiser ses ambitions grâce à une bourse accordée par le ministère de l'Éducation au Mexique.

En 1970, nous sommes revenus au Mexique car la bourse du British Council n'était valable que deux ans. Nous nous sommes réinstallés à Mexico et j'ai commencé à travailler à la faculté d'économie de l'UNAM en tant que professeur à temps complet et coordinateur du département des séminaires. C'est à cette époque qu'est né notre premier enfant, Alejandro. Plus tard, en 1972, j'ai retraversé l'Atlantique car on m'invitait à participer à un séminaire d'un mois à l'Université des sciences économiques de Berlin. À l'issue du séminaire, je suis passé par Oxford. Oralia et moi avions décidé d'y revenir pour y poursuivre nos études, et pendant ce court séjour, je me suis vu confirmer l'octroi des deux bourses que nous avions sollicitées, de même que mon inscription au programme de doctorat qui démarrait à l'automne 1972. L'UNAM, le ministère de l'Éducation et bien d'autres institutions nous avaient offert leur soutien généreux, à travers des bourses et des rémunérations supplémentaires à Oxford.

Notre deuxième séjour à Oxford a été tout aussi enrichissant que le précédent, même si notre vie avait déjà changé radicalement. À cette époque, notre premier fils, Alejandro, était déjà à nos côtés mais Oralia allait bientôt donner naissance au deuxième, Ernesto, à Oxford. Avec un enfant et un bébé, il n'était pas aisé de s'occuper de la maison et de fréquenter l'université. Oralia et moi devions nous relayer pour que chacun puisse avoir du temps à consacrer à ses études.

À la fin de l'année 1974, nous avons décidé de revenir à Mexico parce que la bourse était arrivée à échéance avant que j'ai pu terminer ma thèse de doctorat en économie. Je ne souhaitais pas quitter le milieu universitaire et j'espérais pouvoir enseigner à temps complet à la faculté d'économie de l'UNAM, une façon de remercier l'université de l'aide financière reçue. Mais l'université ne m'a pas proposé de poste à temps complet. En revanche, on m'a parlé d'un poste au ministère du Patrimoine National, présidé par mon ancien mentor, Horacio Flores de la Peña, qui avait été promu et assumait désormais cette prestigieuse fonction.

En décembre 1976, José López Portillo, entamait son mandat présidentiel au Mexique. La nouvelle administration m'a proposé un poste d'assistant du directeur ou sous-directeur de la Planification au sein de la Direction générale des études et des projets. J'y ai travaillé jusqu'en 1978, lorsque l'on m'a proposé le poste de directeur corporatif pour la planification et le développement au sein d'une nouvelle entité publique appelée Sidermex, qui regroupait les trois compagnies sidérurgiques de l'État — Altos Hornos de México, Fundidora Monterrey et la Siderúrgica Lázaro Cárdenas — Las Truchas (aujourd'hui ArcelorMittal) ainsi que 98 filiales.

J'ai ainsi quitté le domaine de la macro-économie pour celui de la micro-économie et j'ai voulu boucler la boucle en transposant sur un terrain plus concret les connaissances théoriques que j'avais accumulées. Je voulais appliquer au monde de l'entreprise les théories de l'activité et de la planification économiques nationales qui m'avaient été enseignées. C'est ainsi que j'ai acquis une base solide pour assumer le rôle de dirigeant syndical que j'allais accepter deux ans plus tard.

En 1979, j'ai reçu un appel de David Ibarra Muñoz, qui était alors secrétaire des Finances et du Crédit Public. Il m'a dit que la Casa de la Moneda rencontrait de sérieux problèmes. Agustín Acosta Lagunes, l'ancien directeur, dont l'inefficacité et l'incapacité étaient remarquables, avait laissé s'envenimer les opérations et les conflits avec le syndicat. La Monnaie avait perdu de vue ses objectifs et quelqu'un devait reprendre en main cette entité. (Après cet échec, l'ancien directeur allait pourtant être promu au poste de sous-secrétaire de l'Inspection fiscale au ministère des Finances, puis de gouverneur de l'État de Veracruz. C'est pourtant bien ainsi que fonctionne le plus souvent la politique au Mexique). Ibarra Muñoz m'a expliqué qu'ils voulaient que j'occupe le poste de directeur général, même si ce n'était que pour six mois. Je me suis dit qu'en acceptant je serais par la suite récompensé et promu à un meilleur poste dans la fonction publique. Quoique satisfait de mon travail au sein de Sidermex, j'avais hâte de relever cet important défi qui se présentait à moi. Grâce à l'incroyable travail de mes collègues à la Casa de la Moneda — le Comité de direction, les artistes et les graveurs, les courtiers et tous les autres employés –, la Casa de la Moneda de México est devenue l'une des plus performantes au monde. La quantité de monnaies frappées a sensiblement augmenté, tout comme la qualité des graphismes. La proportion des minéraux utilisés dans la production a été améliorée et nous n'avions jamais exporté autant de monnaie dans l'histoire du Mexique, produisant des pièces pour plus d'une vingtaine de pays.

Ce qui, à l'origine, ne devait être qu'un emploi temporaire à la Casa de la Moneda, m'a finalement occupé pendant douze ans. Par ailleurs, en 1987, alors que je travaillais dans cette institution de renommée historique, un troisième enfant est venu agrandir notre famille. Nous l'avons appelé Napoleón.

Après presque dix années au service de la Casa de la Moneda, j'ai fait mes premiers pas en politique. J'ai été invité à donner une conférence dans mon État, à l'Université autonome de Nuevo León (UANL) pour parler des politiques de développement économique du Mexique. À l'issue de la conférence, un groupe de professeurs et d'étudiants m'a invité chez un étudiant en droit du nom de Leonardo Limón, qui était président de la fédération d'étudiants de la faculté de droit de l'UANL. Je pensais qu'il s'agissait d'une simple réunion sociale mais l'objectif de la soirée s'avéra être beaucoup plus politique.

Limón, sa petite amie et un groupe de jeunes professeurs de l'université étaient à la recherche d'un nouveau visage capable de faire évoluer la situation politique stagnante de l'État de Nuevo León. Pendant la réunion, le projet « Napoleón pour Nuevo León » m'a été soumis. Ils voulaient que je me porte candidat aux prochaines élections de gouverneur de l'État. Je participerais en tant que membre du PRI — le parti politique au pouvoir au Mexique depuis 1929 — et les universitaires formeraient un comité qui ferait connaître mon bilan en termes de changements démocratiques et rallierait le soutien des syndicats, des groupes politiques et de l'électorat.

Ils m'ont expliqué que les habitants de Nuevo León étaient déçus par leurs élus, qui ne semblaient pas dignes de représenter l'État. Qui plus est, ils en soupçonnaient certains d'être intimement liés à des affaires de corruption. Les opportunités et les possibilités d'évoluer au sein de l'entité se faisaient de plus en plus rares et la région n'intéressait pas vraiment le gouvernement fédéral. Moi, j'acquiesçais en silence, en écoutant leur description de la situation politique de l'État. Comme aucune de ces problématiques ne m'était étrangère, j'ai décidé d'accepter leur offre.

J'ai réaffirmé mon engagement en faveur de la campagne lorsque, deux semaines plus tard, je me suis entretenu avec Luis Donaldo Colosio, alors président national du PRI, pour connaître son opinion au sujet de ma candidature. J'avais connu Colosio avant qu'il ne prenne les rênes du PRI. C'était un homme passionné, très souriant sous sa moustache, qui aimait profondément le Mexique et son peuple. Lorsque je lui ai parlé de ma possible candidature, il m'a encouragé à continuer la campagne et, d'un ton jovial, il a ajouté que si je gagnais, je serais à l'origine d'une méthode démocratique de sélection des candidats au sein du PRI — ce qui allait devenir impossible sous le mandat du président Carlos Salinas qui prétendait diriger un gouvernement démocratique alors qu'il surveillait de près tous ceux qui exerçaient une quelconque forme de pouvoir dans le pays, y compris les gouverneurs.

Sous la bannière « Napoleón pour Nuevo León », mes collègues et partisans m'ont aidé à organiser une tournée dans l'État et à mettre en place une série de réunions. Tout cela devait se faire pendant le weekend car je devais, malgré la campagne, continuer à occuper mon poste à la Casa de la Moneda. Ma campagne était axée sur le soutien aux investissements et à l'emploi, et plaidait pour la création de nouvelles opportunités qui apporteraient des bénéfices aux investisseurs, aux travailleurs et à l'État en général.

Chaque week-end de l'année 1990, nous avons sillonné l'État de Nuevo León pour rencontrer les maires, les leaders paysans, les agriculteurs engagés, les industriels, les politiciens et les leaders étudiants. L'objectif était de leur montrer que s'ils votaient pour moi, je serais un gouverneur honnête et fidèle à leur cause, contrairement aux gouverneurs précédents qui avaient été élus grâce à l'influence du président. La plupart de ces réunions ont porté leurs fruits. Dans les yeux de ces gens que je voulais représenter, je pouvais voir l'espoir d'un vrai changement démocratique. Pendant toute cette période, j'étais en communication constante avec Colosio et je le tenais informé de nos avancées.

Au début de l'année 1991, j'ai rencontré Pedro Aspe qui était alors le secrétaire général des Finances et du Crédit Public du Mexique et présidait le Comité de direction de la Casa de la Moneda, pour lui demander un congé sans solde de deux mois afin de pouvoir me consacrer pleinement à la campagne politique. Il n'y voyait aucun inconvénient, mais il devait poser la question au président Salinas. J'ai senti que la réponse d'Aspe cachait quelque chose qui allait au-delà du simple besoin de consulter son supérieur. Le président avait intérêt à savoir qui allait gouverner l'État de Nuevo León et Aspe allait peut-être commettre une erreur monumentale en soutenant ma candidature. Pour noircir le tableau, on savait que le président punissait immédiatement ce genre de faux pas et récompensait ses plus fidèles adeptes en leur offrant des postes de haut rang au sein du gouvernement, ou en leur vendant, au rabais, les banques et les entreprises qui avaient appartenu au peuple mexicain.

Je savais très bien que Salinas ne soutiendrait jamais ma candidature, mais Aspe m'a informé rapidement que le président me donnait la permission de m'absenter temporairement de la Casa de la Moneda. Après presque un an de pré-campagne, je me suis entretenu avec Salinas à son bureau de Los Pinos pour réaffirmer mon intention de me présenter aux élections. Je connaissais Salinas depuis l'UNAM, où il avait lui aussi fait ses études d'économie. Il savait très bien que je parcourais l'État de

Nuevo León tous les week-ends, et même s'il s'agissait d'une réunion informelle entre deux connaissances, je voulais lui dire, personnellement et officiellement, que j'avais élaboré un plan d'action et que je voulais relever le défi de servir l'État de Nuevo León. Salinas m'a reçu dans son bureau, m'a offert un café et m'a invité à m'asseoir sur l'un de ces fauteuils près de l'immense baie vitrée qui donne sur le jardin de Los Pinos. Pendant près de quarante-cinq minutes, nous avons eu une conversation cordiale au sujet de l'état général de l'économie et de la situation politique du Mexique et Salinas m'a félicité pour mon travail à la Casa de la Moneda. Vers la fin de la conversation, je lui ai déclaré mon intention de devenir le prochain gouverneur de l'État de Nuevo León. Salinas a soudain changé d'attitude et il est devenu plus arrogant. Il m'a dit que je devais continuer sur ma lancée et que lui ne se mêlerait pas de la sélection du candidat au sein du parti. Salinas n'avait aucun problème pour parler et débattre de la démocratie, mais dès qu'il s'agissait de la faire respecter, là, c'était une autre histoire.

Peu de temps après, Colosio m'a invité à dîner avec lui dans les bureaux du PRI. Sur un ton de mise en garde, il m'a expliqué que le parti avait instauré une nouvelle méthode pour élire ses candidats au poste de gouverneur. Pour la première fois, le parti allait sélectionner son candidat parmi cinq prétendants à ce poste, les pré-candidats, qui devaient — en principe — réaliser un mois de campagne dans le Nuevo León. Pendant cette période, tous les candidats seraient égaux en termes d'exposition médiatique. À la fin de la campagne, les membres du PRI choisiraient librement la personne qui, selon eux, aurait le plus de chance de gagner.

Au début, cette proposition m'a semblé bonne. Habituellement, les candidats au poste de gouverneur étaient choisis par les hauts membres du PRI, qui ne se souciaient même pas de consulter le reste des militants pour prendre des décisions et qui, en général, recevaient des ordres directement du président. Pendant que le groupe des cinq pré-candidats écoutait à nouveau les explications de Colosio au sujet du système de sélection lors d'une réunion officielle, la semaine suivante, bon nombre d'entre nous étions sceptiques. Colosio nous disait qu'en cas de réussite, le système s'imposerait comme une nouvelle méthode transparente de sélection des candidats. Nous avons alors jeté un coup d'œil en direction d'un de nos collègues pré-candidats : Sócrates Rizzo, maire de Monter-rey. Tout le monde savait bien qu'il était proche du président et qu'il était crucial pour lui d'avoir un allié dans le Nuevo León. Une partie de sa famille venait de cette région et, plus important encore, il entretenait de bonnes relations avec de nombreux hommes d'affaires de cet État, parmi lesquels Roberto González Barrera, président de Grupo Maseca (fabricant de farine et de tortillas de maïs), qui deviendrait bientôt le propriétaire de la gigantesque banque Banorte, achetée au gouverne-ment de Salinas en 1992. Rizzo semblait être l'homme de confiance choisi par Salinas pour préserver ses intérêts dans l'État de Nuevo León.

Avant que les candidats ne s'inscrivent officiellement, l'un d'entre nous a raconté que « son petit doigt » avait dit au candidat Ricardo Canavati Tafich que les élections étaient arrangées en faveur de Rizzo. Moi aussi j'avais de sérieux doutes sur le prétendu « nouveau système démocratique de sélection ». Mes doutes se sont amplifiés lorsque Sali-nas a demandé à ce que Canavati soit remplacé par Napoleón Cantú Serna, secrétaire général du gouvernement de Nuevo León. Désormais, je ne devais pas seulement affronter le candidat favori du président, Sócrates Rizzo, je devais aussi trouver le moyen de me distinguer de « l'autre Napoleón ».

Malgré tout, j'ai décidé de me porter candidat. Je disposais d'une excellente équipe de campagne, et je croyais sincèrement que l'on pou-vait obtenir le soutien des gens de Nuevo León pour mener à bien notre plan de développement de l'État. De plus, Colosio — dont le soutien m'a toujours semblé honnête — m'a convaincu que même si je n'étais pas choisi, ma participation me serait utile si je profitais de ma cam-pagne pour appuyer publiquement mes idées de changement, qui se rapportaient non seulement à l'État de Nuevo León mais aussi à tout le

Mexique. Colosio avait toujours été un fervent partisan de la lutte pour l'égalité et la justice dans son pays.

À mesure qu'avançait la campagne, nous ressentions de plus en plus l'influence de Salinas et nous ne nous demandions plus qui serait le candidat choisi. Les médias favorisaient clairement Rizzo, même s'il n'avait plus mis les pieds dans cet État depuis plus de vingt ans. Certaines personnes ont subi de fortes pressions pour soutenir Rizzo et ses supports de campagne politique le présentaient comme « Sócrates Rizzo, l'ami de Salinas ». Il semblait évident qu'à travers la série de privatisations d'entreprises et de banques d'État, Salinas avait acheté les hommes d'affaires de Nuevo León pour favoriser son ami.

Environ deux semaines après le début de la campagne, j'ai dit à Colosio et j'ai déclaré à un journaliste que si les règles du Parti n'étaient pas respectées et si les médias ne faisaient rien pour empêcher ce favoritisme à l'égard de Rizzo, je renoncerais ouvertement à ma pré-candidature. J'ai évoqué l'évidente partialité, contraire aux bases établies par le système de sélection. Les déclarations issues de notre entretien ont été publiées et leur seul effet a été un appel immédiat de Colosio, qui m'a demandé et conseillé de ne pas renoncer. Il m'a assuré qu'il ferait tout son possible pour que le PRI respecte les nouvelles règles de sélection. Je suis convaincu qu'il avait de bonnes intentions, mais je savais que son influence était limitée du fait de l'immense pouvoir exercé par le président. À la fin de la campagne, Rizzo a été sélectionné comme candidat du PRI, avant de devenir, finalement, gouverneur de l'État de Nuevo León.

Mais s'il était aussi important pour Salinas que Sócrates Rizzo soit élu gouverneur, pourquoi n'a-t-il pas usé de son immense influence pour le choisir directement, comme avaient fait tous ses prédécesseurs ? Tout simplement parce que Salinas voulait imposer sa volonté, mais sous couvert d'une élection populaire. Par la suite, le président s'efforcerait de préserver cette apparente démocratie, même lorsqu'il manigançait pour s'assurer que le PRI lui obéisse au doigt et à l'œil, de même qu'à ses associés. Une telle hypocrisie était caractéristique du personnage, qui saluait les habitants de Nuevo León d'un « *Hola paisano* », comme s'il était originaire de cet État, alors que tout le monde savait qu'il était natif de Mexico DF et qu'il était loin d'être un humble paysan de la région.

Il ne fait pas de doute que Rizzo avait besoin du soutien du président pour gagner les élections, ce qui s'est vérifié par la suite lorsque Rizzo a été contraint d'abandonner son poste de gouverneur en 1996, deux ans avant le terme de son mandat. Le départ de Rizzo est une conséquence directe de la fin du mandat de Salinas, en 1994. Sans le soutien de Los Pinos, les hommes d'affaire de Nuevo León ne pouvaient plus s'en remettre à l'habileté de Rizzo pour servir leurs intérêts. Ils ont donc fait pression pour qu'il démissionne.

Mes expériences dans cette campagne n'ont fait que confirmer les doutes que j'avais au sujet de l'influence puissante de Salinas et du comportement des hommes politiques et des hommes d'affaires au Mexique. Tout au long de ma carrière, j'allais voir et revoir ce genre de collaborations dont le seul but est d'obtenir des bénéfices pour l'élite, au détriment du peuple mexicain, dont on s'approprie les ressources.

Luis Donaldo Colosio a été assassiné le 23 mars 1994. Cet homme qui avait tout fait pour que le processus d'élection au sein du PRI se fasse dans l'égalité et la transparence, avait été élu candidat du PRI à la présidence du pays, avant d'être brutalement abattu de deux balles, une dans la tête et une autre dans le ventre, lors d'un meeting de campagne organisé dans un quartier pauvre de Tijuana, dans l'État de Basse-Californie.

Je suis retourné à la Casa de la Moneda pour le restant de l'année 1991, mais j'ai démissionné début 1992, après douze années de service. Le travail étant de nature plutôt administrative, je sentais à cette époque que j'avais atteint tous les objectifs que je m'étais donnés. J'avais été président de l'Organisation mondiale des directeurs de Monnaies pendant deux ans, de 1986 à 1988 — je suis le seul latino-américain à avoir été élu à ce poste — et grâce à moi la Casa de la Moneda mexicaine a connu sa meilleure époque. Après mon départ, je suis devenu directeur général de la Compagnie minière Autlán, qui appartenait encore au gouvernement mexicain, tout comme le groupe d'entreprises subventionnées. Je suis resté peu de temps à ce poste : un an et demi plus tard, l'entreprise a été privatisée et j'ai démissionné pour que les nouveaux propriétaires puissent en prendre la direction.

Je ne savais pas précisément ce que je voulais faire ensuite, mais ma passion pour la politique était née et je savais que je voulais aider la démocratie mexicaine à se libérer de l'emprise de la corruption. Avec cet objectif en tête, j'ai commencé à travailler plus souvent avec le Syndicat des mineurs que mon père avait dirigé. Après un passage en milieu universitaire et dans l'administration publique, je commençais à découvrir ce qui deviendrait ma véritable vocation.

Pendant des années, j'avais tout fait pour aider mon père. Il était devenu un personnage public très admiré lors des mouvements sociaux au Mexique, et il avait honoré deux mandats de sénateur et un de député fédéral, tout cela en assurant sa fonction de secrétaire général du Syndicat des mineurs. Il a également été, à trois reprises, président du Congrès du travail mexicain, une fédération qui regroupe plus d'une trentaine de syndicats ouvriers. Il a été très gratifiant pour moi d'aider mon père dans sa fonction de secrétaire général du Syndicat des mineurs, même si je n'ai jamais accepté d'être rémunéré pour mes services. J'ai traduit des articles, j'ai aidé à diffuser des informations statistiques sur les marchés et sur les tendances des prix des métaux, les prévisions d'inflation et l'évolution de la politique fiscale. J'ai également rédigé et donné des cours et j'ai prononcé des discours dans le cadre de conférences nationales et internationales, pour représenter le syndicat. Avec un collègue de la faculté d'économie de l'UNAM, j'ai contribué à la création et la publication de la première revue officielle du syndicat : la revue « Minero », connue aujourd'hui sous le nom *Carta Minera*. Depuis le début de mes études, et pendant que je travaillais à la Casa de la Moneda, j'exerçais également en tant que consultant

du syndicat, mais sur un second plan. Je me suis impliqué dans le syndicat, non seulement par fidélité envers mon père mais aussi par respect
pour les dangereux travaux que les mineurs réalisaient au quotidien et
par envie de lutter pour la justice.

La plupart des membres du syndicat me connaissaient depuis tout
petit, quand j'écoutais de loin les réunions syndicales qui avaient souvent lieu chez nous. Avant même d'être élu à la tête de la section Local
64 du Syndicat des mineurs, mon père avait déjà organisé un groupe
politique au niveau de sa section et ses camarades se réunissaient le soir
dans le salon de la maison pour évoquer, autour d'une ou deux bières, les
stratégies à adopter afin de renforcer la confiance et la solidarité au sein
du syndicat. Adulte, j'ai continué à les aider de façon officieuse, à titre
de consultant du syndicat, et les membres ont alors appris à mieux connaître encore l'enfant curieux que j'avais été et qui écoutait en cachette
les conversations des adultes. C'est ainsi qu'à mesure que mon respect
pour eux grandissait, leur confiance en moi se renforçait. Mon père a
suivi mon travail d'un œil attentif et souvent critique. Même s'il ne me
l'a jamais dit ouvertement, j'ai toujours su qu'il était fier du travail que
je faisais. Cette fierté, je l'ai découverte à travers les témoignages des
autres. Une fois, il a dit à Oralia et à des collègues du syndicat qu'il était
persuadé que je ferais de grandes choses, et pas seulement pour Los
Mineros. Évidemment, j'aurais préféré l'entendre de sa voix mais mon
père me témoignait son respect différemment : par exemple, lorsqu'il
prenait mon avis avant toute décision importante, y compris lorsqu'il a
fallu lui trouver un remplaçant à la tête du syndicat national.

Je suis devenu un membre officiel du syndicat en 1995 lorsque
Grupo Peñoles, la deuxième compagnie minière la plus importante au
Mexique, m'a proposé un poste lié à l'administration, à la comptabilité
et aux opérations menées dans le cadre d'un projet de nouvelle mine à
ciel ouvert à Santiago Papasquiaro, une ville située sur les flancs de la
Sierra Madre, dans l'État de Durango. La mine s'appelait La Ciénaga.
Cette fonction me permettrait de continuer à vivre à Mexico. J'ai décidé

d'accepter l'offre, mais en posant toutefois comme condition que tous les nouveaux ouvriers qui seraient employés dans la mine puissent être affiliés au syndicat, y compris moi-même. La compagnie a accepté et c'est ainsi que j'ai commencé officiellement ma carrière de membre actif du Syndicat des mineurs. Quelques mois plus tard, le syndicat me nommait délégué spécial du Comité exécutif national, dans la section 120 de la Ciénaga de Nuestra Señora.

À mesure que s'accentuait mon engagement au sein du Syndicat des mineurs, le sentiment d'avoir trouvé ma véritable vocation devenait plus fort. En plus d'aider mon père qui, à son tour, m'apprenait beaucoup, je mettais ma passion pour l'économie au service de ces travailleurs qui m'inspiraient tant de respect. J'étais de plus en plus actif au sein du syndicat, et je participais désormais à la négociation des conventions collectives, dans un souci permanent de protection de la dignité des travailleurs et de maintien d'un équilibre entre leurs droits et les objectifs de la compagnie.

En l'an 2000, l'état de santé de mon père a commencé à se dégrader. Il avait quatre-vingt-six ans et, suite à une pneumonie, les médecins lui ont diagnostiqué un cancer du poumon. Mon père n'avait jamais fumé mais il avait passé plusieurs années dans la fonderie de plomb et de zinc de Grupo Peñoles à Monterrey. Alors que son état empirait, il était évident que le syndicat aurait bientôt besoin d'un nouveau secrétaire général. Il a commencé à s'entretenir avec des personnes qui briguaient sa place, parmi lesquelles Elías Morales, un membre du Comité exécutif du syndicat qui, pour avoir trahi la cause ouvrière au Mexique, allait devenir l'ennemi juré des membres affiliés à l'organisation.

Comme moi, Morales venait de Monterrey. Assoiffé de pouvoir, il avait la réputation d'être un opportuniste. Il employait tous les moyens pour gravir les échelons et asseoir toujours davantage son pouvoir. Il pouvait feindre une attitude servile et flatteuse ou accuser ses collègues de crimes qu'ils n'avaient pas commis. Tout le monde savait que son objectif était de prendre la place de mon père en devenant dirigeant national du syndicat. Certains travailleurs ont même rapporté que lors d'une des dernières visites de mon père aux installations de SICARTSA, l'usine sidérurgique située à Lázaro Cárdenas, dans l'État de Michoacán, Morales a poussé mon père sur le bord des marches d'un escalier abrupt, avec l'intention de faire passer sa chute pour un accident. Mon père n'est pas tombé, mais Morales a continué d'attaquer. Sachant que mon père était diabétique, il lui proposait constamment des sucreries, des desserts et des repas riches en graisse. Il est même allé jusqu'à imiter certains gestes de mon père pour tenter de gagner la confiance des travailleurs à travers ce mimétisme maladroit et grossier.

Alors qu'il était alité et que son état empirait à vue d'œil, mon père a continué à convoquer des réunions avec les membres du comité exécutif national et, un jour, c'est l'odeur de la trahison qu'il y a sentie. En aparté, mon père a confié à l'un de ses collaborateurs les plus proches au sein du Comité exécutif que certains membres du syndicat étaient devenus étonnamment très proches des compagnies minières. Mon père craignait — à juste titre — qu'après sa mort, ces hommes, sous la baguette de Morales, négocient avec les compagnies minières pour tirer un maximum de profit au détriment du reste des travailleurs. Ses collègues partageaient les préoccupations de mon père au sujet de ces pseudo-dirigeants syndicaux, et se demandaient qui serait digne de le remplacer. Les évènements qui se produiraient par la suite ne feraient que confirmer les doutes de mon père.

À cette époque, personne (et moi encore moins) n'avait envisagé que je puisse suivre les pas de mon père. Je ne pensais alors qu'aux plans que j'avais avec ma famille : Oralia et moi rêvions d'une nouvelle aventure et nous avions l'espoir d'emmener de nouveau nos enfants à l'étranger. La richesse culturelle de l'Europe nous manquait et nous espérions pouvoir les éduquer là-bas. Mais les jours de mon père étaient comptés et le Comité exécutif commença à me voir comme l'option la plus sûre. Il fut donc proposé de me désigner comme remplaçant du secrétaire général. Ils savaient bien que je ne trahirais jamais les travailleurs parce qu'en plus d'être leur collègue, j'étais aussi leur frère et leur ami. En cela, j'étais différent des autres dirigeants syndicaux qui convoitaient sa place.

Même si la plupart des travailleurs avaient l'air de m'apprécier et de me témoigner du respect, mon père insistait pour que dès le début, ma perspective ne soit pas celle de le remplacer de façon permanente. Dès nos premières conversations à ce sujet, mon père a manifesté son opposition. À plusieurs reprises, il nous a dit, à ses collègues et à moi-même, que cette décision était inappropriée et pouvait donner à ses ennemis des motifs pour attaquer. Il m'a aussi dit que le monde politique était rude, marqué par les trahisons, les luttes de pouvoir et d'intérêts. Il m'a recommandé de suivre mon propre chemin dans la vie professionnelle, car s'engager directement dans la direction du syndicat représenterait une lourde charge pour ma famille.

À cette époque, j'étais totalement d'accord avec lui et j'espérais qu'au terme de son mandat, nous aurions trouvé un successeur approprié. Le poste de remplaçant du secrétaire général était pour moi une mission temporaire, l'occasion d'aider mon père à protéger le syndicat pendant qu'il en abandonnait la direction, et protéger l'organisation de ces gens qui ne cherchaient qu'à en tirer profit. À l'origine, j'envisageais donc de mener à bien ma mission, pour ensuite vaquer à mes projets personnels.

Au début du mois de mars de l'an 2000, le Comité exécutif national du syndicat a convoqué une réunion plénière dans le bureau de mon père, au siège central du Syndicat des mineurs de Mexico. Une majorité des treize membres du Comité présents voulait me nommer remplaçant du secrétaire général ; et j'étais prêt à assumer cette responsabilité. Mais de nombreux traîtres étaient aussi présents à cette réunion, parmi lesquels Elías Morales, qui avait bien l'intention de devenir secrétaire après la mort de mon père. La tension dans la salle était palpable. Pendant la réunion, le Comité exécutif proposa ma candidature pour le poste de remplaçant du secrétaire général. Dès que mon nom fut prononcé, tous les regards se tournèrent vers Morales. Tous savaient quelle était son ambition et que cette proposition ne faisait que contrarier ses aspirations. Assis juste en dessous de la tête de cerf empaillée qui décorait le mur de la salle, Morales avait l'air perturbé. Il gardait le silence alors que le rouge lui montait au visage.

Mais mon père n'était toujours pas très convaincu à l'idée que je sois le deuxième aux commandes. « Vous avez bien réfléchi ? » demandait-il à ses collègues, sans cacher son inquiétude. Après de longues conversations, il a fini par accepter cette solution à contrecœur, comme étant la meilleure pour le syndicat. Ainsi seulement nous pouvions empêcher avec certitude que l'avenir de l'organisation soit mis en péril ou compromis. Cependant, avant d'accepter, il m'a pris en aparté pour m'avertir à nouveau du grand poids qui pèserait désormais sur mes épaules.

Finalement, Constantino Romero, le secrétaire aux actes, a proposé de réaliser le vote à main levée pour formaliser mon élection conformément aux statuts du syndicat. Tous les membres ont levé la main en signe d'approbation, même Morales qui a dû, malgré lui, suivre les autres en ma faveur. Il était si lâche qu'il n'avait pu montrer sa consternation.

Lorsque je suis arrivé chez moi après la réunion, j'étais accablé par le sentiment de responsabilité qui retombait sur moi, mais j'étais aussi très ému de relever le défi d'être à la hauteur de mon père. Mentalement, j'avais déjà commencé à réfléchir à la manière dont je continuerai sur les fondements que mon père avait établis, et comment j'allais transformer le syndicat en une organisation moderne et efficace au service des intérêts des travailleurs. J'ai raconté à Oralia ce qu'avaient proposé les dirigeants syndicaux. Sa réaction enthousiaste m'a surpris car cela impliquait de changer nos plans. « Je te soutiendrai, quoi que tu décides de faire, » m'a-t-elle dit. « Mais combien de temps ça va durer ? »

Je répondis : « C'est juste le temps de trouver quelqu'un de confiance. Une fois que l'on aura trouvé quelqu'un qui s'engage à respecter la volonté des membres, nous pourrons poursuivre nos plans. »

À ce moment-là, je ne pouvais pas prévoir les évènements dramatiques qui allaient me pousser à rester au poste de secrétaire général du Syndicat des mineurs. J'étais au contraire ravi de pouvoir donner une continuité à l'héritage de mon père, particulièrement lorsque cela supposait d'éviter que le syndicat ne tombe entre les mains d'hommes comme Elías Morales et Raúl Hernández, qui étaient non pas du côté des travailleurs mais du côté des entreprises corrompues. J'ai dit au Comité que j'acceptais le poste et ils ont décidé de mettre en place ma commission, comme le stipulent les statuts, en abandonnant ma base syndicale à La Ciénaga, pour ainsi pouvoir me concentrer sur mes nouvelles responsabilités à Mexico. Cela a été une décision difficile mais après l'avoir prise, j'ai passé les mois suivants à travailler avec mon père pour me préparer à exercer les devoirs de remplaçant du secrétaire général.

Pendant les jours qui suivirent la réunion plénière au cours de laquelle j'avais été élu à cette nouvelle fonction de remplaçant, Morales a soudain abandonné son poste de membre du Conseil général de surveillance et justice. Il a dit à tout le monde que sa fille était malade, mais en réalité, il avait été aperçu dans les bureaux de Grupo México — la compagnie minière la plus importante du Mexique, qui emploie des milliers de membres du syndicat — et au ministère du Travail. La situation était très claire : indigné de n'avoir pas été élu, Morales conspirait avec les hommes d'affaires dont il espérait imposer les intérêts à travers le syndicat. Il avait sans doute pensé qu'il obtiendrait le soutien de l'organisation, qu'il en prendrait le contrôle avant de vendre les conventions collectives des travailleurs pour son bénéfice personnel.

Lors de la Convention nationale du Syndicat des mineurs de mai 2000, Morales fut expulsé du syndicat avec deux autres traîtres – Benito Ortiz Elizalde et Armando Martínez Molina — accusés de trahison, de corruption et d'espionnage pour le compte des entreprises qui les utilisaient pour tenter de détruire l'organisation. Malheureusement, cela ne permit pas même de mettre en sourdine les perverses ambitions de Morales contre le Syndicat des mineurs. Le traître que l'on expulsait reviendrait à la charge.

Mon père est mort à l'aube le 11 octobre 2001. Ma sœur nous avait appelés, ma femme et moi, pour nous prévenir qu'il avait du mal à respirer. Nous avons couru pour arriver à temps, et mon père a expiré dans sa propre chambre.

C'était un vendredi. Le lundi précédant, mon père avait dit à ma sœur qu'il avait vu ma mère, morte deux ans auparavant, près de l'escalier. Mon père a raconté à ma sœur qu'en voyant ma mère, il lui avait parlé : « Lochis, comment tu vas ? Je serai bientôt près de toi, mais j'ai encore quelques choses à régler. » Les jours qui suivirent, mon père s'était assuré que tout était en ordre. Le vendredi, il était prêt à partir.

Un jour, je lui avais demandé s'il avait peur de la mort, et lui m'avait répondu que non. Il m'a dit qu'il était satisfait de ce qu'il avait fait dans sa vie, qu'il était fier de sa famille et d'avoir consacré sa vie à aider les autres. Une autre fois, assis sur un banc à Taxco, dans l'État de Guerrero, une pittoresque ville minière près de Mexico, il m'a confessé qu'il se demandait parfois s'il n'avait pas trop laissé de côté les membres de sa famille pour consacrer tant de temps aux travailleurs. Il avait l'air de s'en vouloir de ne pas leur laisser de fortune.

Ce jour-là, je lui ai dit pour la première fois combien j'étais fier de lui. « Dans chaque mineur, je verrai ton image, » lui ai-je dit. « Je vais sentir ta présence et je vais faire de mon mieux pour les aider et aider leurs familles de la même façon que toi tu as fait toute ta vie, papa. Sois certain, tu as été un homme extraordinaire. Tu as toujours été un homme généreux, un grand exemple, et un père formidable. »

Alors que nous pleurions la mort de Napoleón Gómez Sada, en octobre 2001, le syndicat a organisé une Convention nationale extraordinaire pour élire un successeur. Les délégués ont décidé à l'unanimité que ce serait moi qui prendrait le poste de secrétaire général par intérim jusqu'à la prochaine Convention générale ordinaire qui aurait lieu en mai 2002. C'est à ce moment-là que le syndicat élirait son nouveau dirigeant.

Jusqu'à ce jour-là, ma responsabilité serait de lutter pour les droits des 250 000 membres du Syndicat des mineurs. Je me suis juré à moi-même que je tiendrais la parole donnée à mon père et que j'honorerais sa mémoire dans chacun de mes actes.

DEUX

UN NOUVEAU LEADER

Il faut donner au travail sa dignité.

— JOSÉ MARTÍ

Durant les premiers jours passés dans la peau du nouveau secrétaire général du Syndicat des mineurs, je portais sur mes épaules le poids de la disparition de mon père. Il me manquait terriblement et j'ai commencé à prendre conscience de la difficulté et de l'importance du travail qu'il avait si bien accompli pendant les quarante dernières années de sa vie. J'ai alors décidé de mettre en pratique l'un des multiples conseils qu'il m'avait prodigués : la meilleure façon de comprendre les besoins et les problèmes des travailleurs est de parler personnellement et directement avec eux. En face à face. J'ai alors programmé une tournée dans toutes les mines et les usines métallurgiques et sidérurgiques du pays. Je voulais parler directement avec les membres du syndicat pour savoir quelles étaient leurs préoccupations et chercher des solutions. Je voulais aussi gagner la confiance nécessaire pour bien accomplir mon travail de secré-taire général. Mon intention était d'effectuer ces déplacements tout au long de l'année en me rendant dans chacune des quatre-vingt-dix-sept sections du syndicat qui existaient alors. J'ai décidé de commencer par les seize sections de l'État de Coahuila, où se concentrent près de 95 pour cent des réserves de charbon du Mexique et, dès lors, la plupart des mines de ce minerai, de même qu'Altos Hornos de Mexico, la plus grande aciérie du pays.

Chaque semaine je quittais pendant quelques jours le siège du syndicat situé à Mexico pour partir en déplacement. Lorsque je me rendais sur ces lieux de travail et que j'assistais aux réunions et aux assemblées pour écouter les idées des travailleurs, presque tous ceux que je rencontrais s'approchaient pour témoigner leur gratitude à l'égard de mon père, pour tout ce qu'il avait accompli au cours de sa vie. Ils me parlaient de leurs enfants qui avaient pu aller à l'université grâce à une bourse que mon père leur avait trouvée, de leurs parents ou de leurs épouses dont mon père avait sauvé la vie en luttant pour des services médicaux de qualité, de leur maison qu'ils avaient pu conserver grâce à l'intervention de mon père, qui leur avait trouvé un crédit alors que leur situation financière était désespérée. Je me sentais à la fois humble et ému en entendant l'aide qu'il avait apportée à un travailleur ou sa famille. Depuis, mon père m'a accompagné dans tous mes déplacements, et me sert d'inspiration et de modèle.

Malgré le soutien des travailleurs qui, dans leur majorité, me connaissaient depuis tout petit et avaient confiance en moi pour assurer honnêtement la continuité de mon père, ma nomination en tant que secrétaire général du syndicat a fait des vagues. Il a y eu des traîtres, comme Elías Morales ou Benito Ortiz, qui avaient été expulsés du syndicat du fait de leur proximité avec les compagnies minières, il y a aussi eu ceux qui disaient que j'avais simplement hérité du poste de mon père sans le mériter. Incités, par des entreprises telles que Grupo México et Grupo Villacero, à remettre en cause ma position à la tête du syndicat, ces sujets et certaines petites factions qui les soutenaient ont déclaré à la presse que mon élection était en quelque sorte illégitime. Mais aucun de ces lâches n'a eu le courage de me dire cela en face : ils se contentaient de diffuser des mensonges dans mon dos pour satisfaire leurs alliés et les complices des grandes sociétés.

Dans leurs critiques à mon sujet, ils parlaient de la direction du syndicat comme d'un objet qui pouvait se léguer d'une génération à une autre. Mais la réalité est bien différente : le syndicat appartient aux milliers de membres qui le composent et ce sont eux qui élisent librement leurs dirigeants. Pour ma part, j'ai succédé à mon père non par népotisme, mais parce qu'ils me connaissaient, ils avaient confiance en moi et étaient témoins du travail volontaire que j'avais accompli pour le syndicat depuis que j'étais étudiant. Ils pouvaient se fier aux connaissances que j'avais accumulées au sein du syndicat, tout au long de mon parcours universitaire et pendant que je travaillais dans la fonction publique, et aussi au lien de parenté qui m'unissait au dirigeant qu'ils respectaient. Les membres du Comité exécutif du syndicat connaissaient bien les mauvaises intentions de Morales et de certains personnages qui s'étaient montrés critiques à l'égard de mon élection. Tout le monde savait qu'ils recherchaient leur propre profit et non celui des travailleurs.

Malgré ces attaques, les membres de la base ont continué de me témoigner un soutien constant et solide, conscients de mes bonnes intentions. Lorsque je parlais avec les travailleurs, dans plusieurs endroits du Mexique, j'insistais toujours sur ma volonté de lutter pour eux alors que de nombreux dirigeants syndicaux n'en faisaient rien. Très vite, nos camarades se sont rendu compte que, tout comme mon père, j'avais le courage de faire face aux compagnies minières lors des processus de négociation, de promouvoir des stratégies sur la base d'arguments valables, alors même que le gouvernement faisait entrave à une progression des salaires et des avantages.

C'est avec grande responsabilité que j'ai assumé mon nouveau travail. Ainsi, lorsque je ne me déplaçais pas dans les mines et sur les sites industriels, je maintenais ma base d'opérations au siège central du syndicat à Mexico. Mon bureau était situé au troisième étage d'un immeuble qui donnait sur une rue très animée, la rue Dr. José María Vértiz. C'est ici que je rencontrais les délégués des sections locales pour tenter de trouver des solutions à leurs nombreux problèmes. Je soutenais leurs efforts afin de négocier des conventions collectives et améliorer les conditions de travail. Je rencontrais également des représentants du gouvernement et des délégués du Congrès du travail, et leur réitérais le compromis de notre syndicat en faveur des travailleurs et de leurs familles. Le reste du temps, je faisais des recherches sur l'histoire des mouvements syndicaux au Mexique et dans le monde, préparant ainsi mes discours et les négociations à venir.

Ma routine à Mexico était très structurée et formelle, reflétant la tradition de discipline et de respect que devaient maintenir les dirigeants au sein du syndicat. Chaque matin en arrivant au bureau, nous (les treize membres du Comité exécutif) nous réunissions pendant une heure pour discuter des affaires les plus importantes de la journée. A l'issue de cette réunion, je retrouvais mon assistant et commençait une série de réunions avec les représentants des compagnies minières, du gouvernement ou des différentes sections du syndicat. À la fin de la journée, avec la même formalité que lorsque j'arrivais le matin, deux rangées de travailleurs montaient la garde jusqu'à ce que je sorte du bâtiment.

La confiance que j'ai réussi à instaurer au sein du syndicat pendant mes deux premiers mois comme secrétaire général, nous a permis de reprendre du terrain dans le domaine des négociations salariales et de la révision des conventions collectives. Nous avons pu récupérer jusqu'à 100 pour cent des pertes salariales dues aux grèves et nous avons augmenté significativement les salaires et les avantages sociaux dans la plupart des cas. Grâce à ces acquis, les membres du syndicat m'ont encore davantage soutenu. Dans toutes les situations, j'ai travaillé aux côtés des douze membres restants du Comité exécutif du syndicat et j'ai toujours été là pour tenter de remédier à leurs inquiétudes. J'avais entièrement confiance en la plupart d'entre eux, mais au fond nous avions tous peur de compter parmi nous un traître comme Elías Morales, qui attendait l'occasion pour se vendre et se soumettre à l'insatiable ambition des sociétés. Sur le ton de la blague, nous disions que nous étions comme Jésus et les douze disciples, dans l'attente du prochain Judas.

Compte tenu de ce qui s'était passé avec le président Salinas de Gortari lorsque j'avais posé ma candidature au poste de gouverneur, je savais bien qu'en tant que dirigeant du Syndicat des mineurs, j'allais devoir faire face aux rapports étroits qui unissaient le gouvernement mexicain et les grandes sociétés. En 1988, la gauche mexicaine avait manqué une belle opportunité pour faire renaître dans le pays l'espoir d'un véritable changement. Cette année-là, une alliance politique s'était séparée du PRI — le parti politique qui avait dominé le Mexique jusqu'alors — et avait nommé un candidat présidentiel qui respectait véritablement les idéaux du progrès : Cuauhtémoc Cárdenas. Cette alliance allait devenir le Parti pour la Révolution Démocratique (PRD) mais en 1988, ce parti, connu encore sous le nom de Front Démocratique National (FDN), n'avait toujours pas réussi à se structurer efficacement. La rivalité entre Cárdenas et le candidat du PRI, Carlos Salinas, était serrée et même si Salinas s'était proclamé vainqueur, beaucoup ont considéré qu'il s'agissait d'une imposture et que Cárdenas avait remporté les élections. Mais le FDN n'a pas su défendre convenablement son candidat ni revendiquer sa probable victoire, et au lieu de prendre des mesures politiques effectives, il s'est contenté de simples manifestations sans conséquences. Salinas est arrivé à la tête du gouvernement, et c'est sous son mandat que s'est ouverte l'ère de la privatisation des richesses nationales.

Douze ans après, en l'an 2000, le paysage politique s'est à nouveau transformé avec l'arrivée de Vicente Fox à la présidence, et de son agressif parti conservateur, le PAN (Partido de Acción Nacional). Les inégalités, la corruption et la répression sociale contre la classe ouvrière ont alors progressé. La société mexicaine actuelle témoigne de la situation difficile que doit affronter le peuple aujourd'hui, sous un gouvernement qui utilise les ressources de la nation pour son propre bénéfice.

Vicente Fox et sa femme, Marta Sahagún, ont profité du soutien reçu par le secteur industriel pour accélérer leur ascension à la présidence. Les trois présidents précédents avaient en fait déjà commencé à imposer des mesures néolibérales, mais avec l'arrivée du PAN au pouvoir, la situation a empiré. Le gouvernement n'éprouvait même plus le besoin de feindre une sympathie ou de faire l'éloge des idéaux de gauche et du nationalisme.

Parmi les grandes sociétés qui ont tiré profit des confortables relations nouées avec le nouveau gouvernement du PAN, bon nombre de compagnies minières et sidérurgiques y ont vu un moyen d'attaquer le Syndicat des mineurs avec plus de vigueur. À la tête de ce groupe figurait Grupo México, qui opère dans un grand nombre de mines au Mexique comme aux États-Unis et au Pérou, et compte de nombreux membres de notre syndicat. Son propriétaire, Germán Feliciano Larrea Mota Velasco, fait partie des premières fortunes du pays. Chaque année, son nom apparaît dans le classement Forbes des hommes les plus riches du monde et il siège au Conseil d'administration de Televisa et de Banamex, une filiale de Citigroup. En 2013, Larrea était le troisième homme le plus riche du Mexique et le 40ème à l'échelon mondial.

En 1989 et 1990, Grupo México, qui appartenait encore à Jorge Larrea Ortega (le père de Germán Larrea), a acquis deux compagnies minières : Compañía Mexicana de Cobre et Compañía Mexicana de Cananea. Ces compagnies, qui étaient aux mains de l'État mexicain, ont été mises en vente par le président Salinas. Bien que Grupo México n'ait pas participé dès le début à l'appel d'offre, il a fini par les acquérir. Dans le cas de la Compagnie minière de Cananea, le groupe Protexa de Monterrey avait remporté le marché avec une offre de 975 millions de dollars. Grupo Peñoles était arrivé deuxième, avec une offre de 650 millions de dollars. Cependant, les deux propositions ont été annulées et l'appel d'offre a été déclaré nul et non avenu lorsque, quinze jours plus tard, le vainqueur (Protexa) n'était pas parvenu à réunir les fonds nécessaires pour concrétiser l'achat.

Au lieu de vendre la compagnie minière au groupe qui figurait en deuxième place, le gouvernement a décidé de ne pas valider l'offre et de lancer un deuxième appel. C'est finalement Grupo México qui a remporté le marché avec une offre de 475 millions de dollars — moins de la moitié de ce que le groupe Protexa avait proposé quelques mois auparavant. La proposition a été jugée suffisante et Grupo México a pris possession des compagnies minières. Nul doute qu'une dévaluation aussi conséquente du prix de vente de ces entreprises masquait des alliances conclues dans l'ombre entre l'administration Salinas et Grupo México. Le prix dérisoire a évidemment bénéficié à Grupo México, mais il impliquait une immense perte pour les anciens propriétaires de ces compagnies, le peuple mexicain.

À la sombre époque des privatisations de la Compagnie mexicaine de cuivre de Nacozari, dans l'État de Sonora, et de la Compagnie mexicaine de Cananea, le syndicat alors sous la direction de mon père avait négocié un accord avec Grupo México et le gouvernement mexicain, dans lequel l'entreprise s'engageait à verser 5 pour cent des actions de chacune de ces compagnies minières — estimées à cette époque à 11,5 et 18,5 millions de dollars respectivement, soit 55 millions de dollars en 2005 — à un trust contrôlé par le Syndicat des mineurs, dont le but était soutenir des programmes socio-éducatifs conçus par l'organisation syndicale au profit de ses membres. Telle était la solution retenue par Grupo México et le gouvernement afin d'éviter les mouvements de protestation, qui s'indignaient de leur complicité avec l'administration Salinas dans l'affaire des privatisations.

Au décès de mon père, près de douze ans avaient passé depuis la signature de cet accord et Grupo México, sous la direction de Germán Larrea, n'avait jamais versé le pourcentage d'actions correspondant. Garantir l'obtention de ces ressources a été l'une de mes nombreuses prérogatives en tant que nouveau secrétaire général. Je savais aussi qu'il était de mon devoir d'étendre et d'améliorer les programmes sociaux instaurés par mon père au profit des travailleurs.

« Minero Educado » a été l'un des premiers programmes sociaux que j'ai mis en place, mais sa création a suscité la colère des cadres mexicains à notre égard. Le programme résultait d'un accord passé entre le syndicat et l'Institut technologique de Monterrey afin de mettre en place un système de bourses pour les mineurs et leurs familles dans 16 cursus différents. La première année, nous avons inscrit à l'institut plus de sept-cent membres du syndicat dans tout le pays. Le programme rencontrait un certain succès et un jour, Albert Bailleres et Jaime Lomelín — respectivement président et directeur exécutif de Grupo Peñoles, la deuxième compagnie minière la plus importante au Mexique — m'ont adressé un message me priant instamment de ne pas favoriser l'éducation des travailleurs car le coût de la main-d'œuvre s'en trouverait accru : ils se mettraient à exiger une hausse de leurs salaires et de leurs avantages, et ils seraient mieux préparés pour négocier. Il s'agissait de nous inciter à stopper le programme, mais je n'ai pu trouver de meilleur argument que le leur pour poursuivre sur ma lancée.

Dans le cadre d'une réunion ultérieure avec Bailleres et Lomelín, tous deux ont argué qu'en poursuivant l'éducation des mineurs, ceux-ci auraient plus de chance de trouver un autre travail et ils finiraient par quitter l'industrie. Je leur ai répondu qu'en premier lieu, la plupart ne quitterait pas l'industrie en raison de profondes racines familiales dans ce secteur, et quand bien même ils le feraient, quel serait le problème ? D'une façon ou d'une autre, en leur offrant de nouvelles opportunités nous permettions à un plus grand nombre de travailleurs mexicains d'être plus heureux et productifs.

Cette attitude insolente et élitiste affichée par les patrons de Grupo Peñoles se retrouve partout dans les hautes sphères des milieux d'affaires mexicains et elle caractérise de nombreux fonctionnaires du PAN. C'est précisément à cette philosophie que nous nous confrontons dans chacune des luttes syndicales que nous entreprenons et qui nous amènent à sans cesse prouver que nos mineurs sont en droit d'exiger des conditions de sécurité appropriées, des salaires justes et une éducation, et d'espérer un avenir meilleur.

Contre vents et marées, j'ai créé plusieurs autres programmes pendant les premières années du XXIème siècle : « Minero Seguro », qui offre des assurances-vie individuelles et collectives aux mineurs et à leurs familles, ainsi que des aides spéciales au profit des travailleurs qui exercent une activité aussi dangereuse ; « Minero con Casa » garantit un logement décent à chaque travailleur de l'industrie minière, métallurgique et sidérurgique du pays, et « Minero Sano » contribue à l'amélioration des conditions de sécurité et d'hygiène des affiliés.

Le Syndicat des mineurs a également commencé à créer des opportunités permettant aux membres de participer à la vie politique et au changement démocratique. Durant mes premières années à la tête du syndicat, nous avons créé une organisation politique nationale appelée Cambio Democrático Nacional (CADENA, *le changement démocratique national*) dont l'objectif était d'introduire les travailleurs dans la vie politique en leur permettant de participer pleinement à la vie publique et sociale dans plusieurs États et régions.

Tous ces programmes s'ajoutent aux avantages établis dans les conventions collectives. Nombre de nos propositions ont été refusées, car beaucoup de sociétés préfèrent laisser les mineurs dans l'ignorance pour mieux les exploiter. Mais nous avons accompli des progrès considérables. Je sais que mon père aurait été fier. En mai 2002, les délégués de la Convention générale ordinaire m'ont élu secrétaire général du Syndicat des mineurs à l'unanimité.

Pendant ces années, l'une de mes principales motivations résidait dans la singularité de notre syndicat. Au Mexique comme ailleurs, nombre d'entités syndicales n'ont de syndicat que le nom et génèrent des bénéfices exclusivement pour ceux qui les dirigent, les patrons des entreprises et

ceux qui se font appeler dirigeants syndicaux. (Au Canada, on les appelle
« syndicats jaunes » - « *yellow unions* » - ou « syndicats traîtres » - « *rat
unions* »).

L'une des pratiques les plus insidieuses consiste à recourir à ce que
l'on nomme des « contrats de protection », conclus entre les dirigeants
des syndicats et l'entreprise, au titre desquels le représentant syndical
perçoit une compensation financière pour étouffer les objections des
travailleurs. Si ces derniers sollicitent une augmentation de 6 pour cent
mais que l'entreprise ne peut accorder que 4 pour cent, le faux dirigeant syndical doit alors convaincre les travailleurs que la société n'est pas
en mesure d'accéder à leur requête. S'ils insistent, le dirigeant syndical
allié au patronat continuera de rejeter les revendications en disant qu'ils
s'exposent à un risque de perte d'emploi. Le dirigeant syndical, ses collaborateurs, ainsi que les membres qui les soutiennent, bénéficieront
alors de contreparties économiques.

Si les travailleurs qui appartiennent à ce genre de syndicats n'ont que
rarement conscience de cette réalité, ils ont encore moins la possibilité
de consulter leurs conventions collectives ou d'élire leurs représentants.
S'ils essayent de créer ou de s'affilier à un syndicat légitime, ils doivent
faire face à l'employeur, au syndicat de l'entreprise et aux autorités du
travail. Les salariés qui luttent pour un syndicat indépendant finissent
par être victimes de harcèlement, de menaces, de licenciement ou de
violence physique de la part des sbires de l'entreprise.

Les membres du Syndicat des mineurs, quant à eux, signent uniquement des conventions collectives qui présentent des bénéfices tangibles
pour les membres sur l'ensemble du territoire national. C'est en partie
pour cela que nous représentons une menace. Les grands conglomérats
miniers nous voient comme un « mauvais exemple » pour les autres
syndicats du pays qui pourraient s'inspirer de nous pour défendre et
protéger les droits des travailleurs, et pour négocier des salaires décents,
garants de meilleures conditions de vie.

Voilà la différence la plus importante et la véritable raison pour laquelle, depuis plus de dix ans, nous obtenons des augmentations des salaires et des avantages sociaux nettement supérieures à l'indice d'inflation, dépassant même largement les limites imposées par le gouvernement pour d'autres syndicats. J'ai réussi à négocier, pour Los Mineros, des augmentations de l'ordre de 14 pour cent par an, contre 3 pour cent à peine pour les autres syndicats. C'est la base sur laquelle repose l'immense soutien et la loyauté des membres du syndicat envers leurs dirigeants. Nous ne faisons pas que défendre la dignité et les droits des travailleurs ; dans bien des cas, les membres ont doublé leurs revenus en l'espace de cinq ans.

À l'été 2003, Germán Larrea de Grupo México m'a téléphoné à mon bureau pour m'inviter à déjeuner. J'ai accepté car il dirige la compagnie minière la plus importante au Mexique, avec laquelle nous avions signé 11 conventions collectives, et je l'avais déjà rencontré à trois ou quatre reprises. Il m'a dit qu'il avait besoin de me parler de certaines choses qui le préoccupaient. Sachant pertinemment que Larrea était un individu égoïste et sans scrupules, doublé d'un mauvais caractère, j'ai accepté de déjeuner avec lui principalement afin de le blâmer, en personne, de n'avoir pas versé les actions conformément aux engagements pris par son entreprise à l'issue de la privatisation des deux compagnies minières en 1990. Je lui ai proposé de fixer la date et l'heure de notre rendez-vous.

Nous nous sommes rencontrés deux jours plus tard, au restaurant de l'Hôtel Four Seasons à Mexico. Larrea est un homme charpenté, de grande taille, aux yeux et à la peau clairs. Il portait un costume gris et avait un air arrogant. Il m'attendait, assis à table. Avant de commencer à manger, il m'a demandé si je souhaitais boire du vin et j'ai accepté. Il a choisi une bouteille de Château Haut-Brion 1981, dont le nombre de zéros contenus dans le prix m'avait frappé. Mais cela ne devait pas signifier grand-chose pour un homme comme Larrea qui, selon ses collaborateurs, possède des chevaux valant plus de 50 millions de dollars et se rend fréquemment à l'hippodrome de Las Américas à Mexico pour y parier d'incroyables sommes d'argent. Et ce ne sont là que quelques exemples du train de vie mené par cet homme.

Un jeune sommelier français a apporté le vin et Larrea a pris la bouteille dans sa main, puis a dit brusquement : « Il est trop froid ». Et sur le même ton : « Mettez-le vingt secondes au micro-ondes — pas une de plus — sinon je ne vous règle pas. » Pris de panique, le jeune homme est retourné en cuisine avant de revenir, quelques secondes après, tenant la bouteille entre ses mains, comme s'il portait un nouveau-né. Larrea l'a saisie de nouveau, et a déclaré d'un ton suffisant : « Ok, ça va. Ouvrez-le et servez. » En silence, je me demandais ce qu'il avait pu advenir d'un vin aussi cher dans un four à micro-ondes, mais j'ai préféré me taire et observer la scène avec une certaine ironie.

Larrea a fait mine de goûter le vin puis a approuvé : « Servez-en une coupe à mon invité ». Après avoir senti l'arôme du vin et bu une petite gorgée, je lui ai dit : « C'est un vin merveilleux, qui serait parfait à n'importe quelle température. » Afin de contenir le ton sarcastique qui s'échappait de ma voix, je lui ai demandé : « Comment se fait-il que tu t'y connaisses tant en termes de température idéale de vin ? Tu as un thermomètre à la place des mains ? Larrea s'est mis à m'expliquer qu'en raison d'une série de facteurs comme l'âge, la région et je ne sais plus quoi encore, ce genre de vin devait se servir à seize degrés et non pas à quatorze comme venait de faire le sommelier. De nouveau, je me demandais en silence comment ses mains pouvaient être si sensibles pour distinguer une différence de deux degrés. Larrea a poursuivi ses explications et m'a raconté qu'il avait longtemps été responsable, chez Grupo México, de la cave à vins de son père, qui avait pour habitude d'offrir à Noël et lors d'occasions spéciales des caisses entières du meilleur vin français à ses amis les plus proches, parmi lesquels de nombreux politiciens.

À la fin du repas, et sur un ton encore civilisé malgré nos divergences, je lui ai rappelé la dette que sa société avait envers le syndicat. J'ai insisté sur le fait qu'il valait mieux qu'il reconnaisse ses obligations. Cela nous éviterait d'avoir à intenter une action en justice, même si nous étions tout à fait disposés à le faire, lui ai-je assuré. Il m'a répondu d'un air dédaigneux que, quoi que nous fassions, il ne remettrait aucune action ni ne payerait le prix correspondant car nos droits sur les mines avaient expiré. Cette réponse était tout à fait caractéristique d'un homme pour qui la corruption est une pratique courante au sein de la société. Il n'avait aucun intérêt à s'acquitter de ses obligations légales et morales car il n'en tirait aucun bénéfice. Nous nous sommes quittés dans un silence tendu, sans arriver à aucune conclusion.

De retour au bureau, j'ai appelé un ami fin connaisseur en vins pour lui demander s'il trouvait normal de mettre une bouteille d'un tel cru au micro-ondes. Je ne lui ai pas raconté avec qui j'avais déjeuné, mais il m'a répondu qu'on ne faisait pas cela avec ce genre de vin, et que la personne avait tout bonnement essayé de m'impressionner. J'avoue que je n'ai pas pu m'empêcher de rire de Larrea, en pensant à toutes ces excentricités et ces erreurs que commettent chaque jour même ceux qui se prennent pour les plus puissants de ce monde.

En janvier 2005, plus de trois ans après la mort de mon père, Grupo México a finalement reconnu sa dette envers le syndicat, dette qu'il s'était engagé à acquitter au cours du processus de privatisation de la Compañía Mexicana de Cobre de Nacozari et de la Compañía Mexicana de Cananea. Durant ce mois, il a remis au syndicat l'équivalent de 55 millions de dollars, qui nous a permis de créer le Trust des Mineurs dont bénéficient nos membres. En 2005, cinq mille travailleurs de Cananea et de Nacozari ont perçu 80 000 pesos chacun en moyenne, en fonction de leur ancienneté et de leur salaire.

Contraindre Grupo México à remettre cet argent a constitué une grande victoire que nous avons célébrée sans savoir qu'elle entraînerait de lourdes conséquences pour moi-même et les autres dirigeants du syndicat. C'était une époque où nous progressions à grands pas en établissant des alliances avec d'autres syndicats et des fédérations syndicales. En 2003, nous nous sommes affiliés à la Fédération Internationale des Organisations de travailleurs de la Métallurgie (FIOM) qui comptait alors plus de 25 millions de membres dans plus de cent pays à travers le monde. En 2005, lors du Congrès mondial de Vienne, en Autriche, j'ai été élu membre du Comité exécutif mondial pour la période 2005–2009.

Début 2005, j'ai rencontré Leo W. Gerard, le président international du Syndicat des Métallos, et certains de ses collègues à Phoenix, dans l'Arizona. Je m'étais déjà entretenu avec Gerard au téléphone et j'avais été impressionné par son intelligence et son engagement exemplaire en faveur de la démocratie, mais c'était la première fois que j'allais le rencontrer en personne. Gerard est un homme de grande taille qui en impose par sa présence ; il s'est exprimé durant la réunion, tel un véritable visionnaire du mouvement syndical mondial. Après des heures de discussion, nous en sommes arrivés à la conclusion que si nous ne formions pas une alliance internationale stratégique, l'immense pression exercée par les multinationales et les gouvernements conservateurs du monde entier finirait par faire disparaître les syndicats en dix ans tout au plus. Nous savions que pour nous battre, nous devions réunir nos organisations respectives dans un dessein commun.

Plus tard, cette même année, le Syndicat des mineurs a témoigné sa solidarité à l'égard des Métallos, lors d'une grève de travailleurs de l'industrie sidérurgique convoquée dans l'Arizona et au Texas pour protester contre l'American Smelting and Refining Company (ASARCO) qui, à cette époque, était une filiale de Grupo México. La grève, qui a duré quatre mois, avait été organisée pour protester contre les mêmes problèmes qui caractérisaient l'industrie de notre pays : bas salaires, déficit de sécurité dans les mines, les usines et les fonderies, réduction des avantages, mauvais traitement des salariés, dommages environnementaux, et l'attitude arrogante et despotique des chefs d'entreprise. Nous avons témoigné notre soutien à travers des conférences de presse, des rapports, des négociations et même à travers des manifestations qui ont eu lieu à Mexico, dans l'État de Sonora et à la frontière américaine.

Ces collaborations ont débouché sur la signature d'un accord visant à créer l'Alliance Stratégique de Solidarité entre les Métallos et le Syndicat des mineurs en mai 2005, dans le cadre de la Convention Internationale des Métallos à Las Vegas. Cet accord stipulait que pour relever les défis de la mondialisation et des politiques adoptées par les sociétés trans-nationales, les syndicats devaient concevoir et développer des straté-gies d'intégration et un moyen de se défendre collectivement, par-delà les frontières. Après tout, si les multinationales unissaient leurs forces, pourquoi les syndicats ne pouvaient-ils pas en faire autant ? Cette idée semble fondamentale, à une époque où les provocations et les attaques à l'égard du syndicalisme mondial se multiplient, entraînant bien souvent des divisions internes.

À chaque occasion qui m'était donnée, j'ai essayé d'expliquer aux opposants des syndicats l'importance de ce mouvement au Mexique. Le 13 septembre 2004, Oralia et moi-même avons été conviés à un dîner privé à Los Pinos, la résidence officielle du président mexicain Vicente Fox et de sa femme Marta Sahagún. Trois autres dirigeants syndicaux et leurs épouses seraient présents, tout comme Carlos María Abascal, le ministre du Travail et Eduardo Sojo Aldape, le conseiller économique en chef de la présidence. J'avais déjà côtoyé le président Fox à plusieurs reprises, mais c'était la première fois que je le rencontrais dans un cadre intimiste. La réunion n'avait pas de but précis, elle était prétexte à une discussion informelle qui permettrait à Fox et à sa femme d'avoir une vision plus claire des opinions politiques des dirigeants syndicaux.

Oralia et moi-même sommes arrivés à Los Pinos où nous avons été conduits vers une salle à manger privée donnant sur les jardins. Les murs étaient décorés d'œuvres d'art mexicaines et, en entrant, le président nous a offert une tequila d'agave bleu de Jalisco spécialement élaborée pour lui. Abascal, le ministre du Travail, que j'avais déjà rencontré à plusieurs occasions, n'avait pas l'air à l'aise. Quoi que conservateur et fermement opposé à la cause syndicale, il était d'un naturel doux et craignait probablement que le repas ne se solde par une dispute étant donné nos divergences d'opinion. Il savait pertinemment que dès que l'on aborderait la question du travail, on serait en désaccord. Moi, je défendais la dignité des travailleurs alors que Fox s'intéressait davantage aux intérêts d'hommes d'affaires comme Larrea, dont l'argent l'avait propulsé au rang qu'il occupe aujourd'hui. Abascal, à l'image du président, voyait les choses sous un angle commercial mais il a tout fait pour se positionner comme médiateur — il s'est d'ailleurs comparé à un conseiller conjugal et s'est vanté d'avoir toujours réussi à réconcilier les deux parties, avant d'insister sur le fait que Germán Larrea et moi-même n'allions pas être son premier échec.

On nous a servi un potage au maïs et à la fleur de calebasse, une salade de cactus, de l'échine de bœuf en sauce avec du guacamole. Le repas était délicieux, mais je n'ai pas pu m'empêcher de penser que c'était l'occasion parfaite pour le président d'empoisonner plusieurs dirigeants syndicaux à la fois. Bien que méfiant, j'ai mangé assez tranquillement et au milieu du dîner, j'ai dit qu'il serait intéressant pour le Mexique d'observer les expériences et les modèles d'autres régions plus avancées, comme les pays scandinaves. J'ai dit que je considérais nécessaire d'analyser scrupuleusement les enseignements que l'on pouvait tirer des pays qui avaient bien progressé en matière de développement économique et de politiques sociales dans les domaines de l'éducation, la productivité, l'organisation syndicale, l'efficacité, l'emploi, la santé et le logement. J'ai également évoqué les analyses conduites par l'Organisation internationale du Travail (OIT), l'Organisation pour la Coopération et le Développement Économiques (OCDE), la Fédération Internationale des Organisations de travailleurs de la Métallurgie (FIOM) et la Fédération Internationale des Travailleurs de l'Industrie Chimique, Énergétique, des Mines et des Industries diverses (ICEM), selon lesquelles ces pays affichent les plus bas niveaux de corruption. J'ai également fait remarquer que dans ces pays l'accès aux ressources va de pair avec la distribution des richesses et que les taux de syndicalisation y sont les plus élevés au monde. « Ce qui m'amène à penser que nous aussi, nous pourrions avoir un gouvernement honnête, efficace et un pourcentage de syndicalisation qui pourrait se situer entre 85 et 90 pour cent de la main-d'œuvre. » Ni Fox, ni aucun autre n'a fait de commentaire à ce sujet. Seule Marta Sahagún a fini par dire : « Oui, mais ce sont des pays très lointains, et ils ont des traditions différentes. » « C'est vrai, ai-je répondu — mais ce sont de bons exemples de progrès et je suis sûr que nous pourrions tirer profit de leurs expériences et de leurs politiques. » Et c'est ici que la discussion a pris fin.

Même si, par politesse, la femme du président Fox avait pris soin d'éviter les questions centrales qui nous occupent chaque jour au syndicat, je savais bien que les représentants du gouvernement assis à la table ce soir-là avaient des convictions différentes et s'opposaient à l'idée que le Mexique suive l'exemple de pays affichant des politiques sociales plus progressistes. Je ne me doutais pas, à ce moment-là, que le Syndicat des mineurs représentait une véritable menace pour les intérêts du président Fox et des hommes d'affaires comme Larrea et d'autres magnats mexicains qui soutenaient le PAN.

Au mois de juin 2005, Carlos María Abascal a été promu « *Secretario de Gobernación* » (« *secrétaire du gouvernement* », un poste équivalent à celui de ministre de l'Intérieur), autrement dit, le deuxième homme politique le plus important au Mexique. Abascal s'est toujours opposé au syndicat et provenait d'un milieu conservateur — son père a été l'un des fondateurs du PAN et ancien dirigeant des Cristeros, un groupe fondamentaliste des années 20 et 30 qui assassinait, au nom du Christ-Roi, les ennemis de la religion. Toute sa carrière au sein du gouvernement avait été une sorte d'imposture. Il avait été promu de façon vertigineuse jusqu'au rang de ministre du Travail simplement parce qu'il avait présidé COPARMEX, la confédération patronale mexicaine. Pour Fox, le fait qu'Abascal ait été à la tête de cette gigantesque association d'employeurs — l'antithèse d'un syndicat — le qualifiait d'emblée pour occuper le poste de ministre du Travail. Abascal ne savait pas grand-chose sur le fonctionnement du gouvernement ni en matière de droit du travail. Il était en revanche tout à fait favorable aux entreprises et opposé aux syndicats. Ce qui était suffisant. Nous avons toujours maintenu une entente cordiale, même si nos opinions étaient radicalement différentes. De plus, Abascal me respectait suffisamment pour me prévenir de la tempête qui se profilait à l'horizon.

Le 1ᵉʳ décembre 2005 à Saltillo, dans l'État de Coahuila, Carlos María Abascal, qui représentait alors le président Fox, a rencontré certains membres du cabinet présidentiel qui assistaient à la prise de pouvoir du nouveau gouverneur, Humberto Moreira Valdés. Il s'est approché pour me saluer, m'a entraîné dans un coin, loin des autres invités, pour me parler de certaines choses en privé. Après m'avoir dit que le gouvernement fédéral s'inquiétait de l'importance croissante du Syndicat des mineurs et de son expansion qui était telle qu'il dépassait progressivement les autres mouvements, il m'a dit que certains employeurs n'appréciaient guère le combat que nous menions pour organiser et recruter un nombre croissant de travailleurs. Ils étaient particulièrement contrariés par l'augmentation des salaires et des avantages sociaux qui empêchait le gouvernement de maintenir une politique de recrutement à bas coûts, qui permettait de conserver un niveau de compétitivité et d'augmenter rapidement les profits. Abascal a ajouté que certains hommes d'affaires de la Chambre des mines avaient aussi manifesté leur réticence à l'égard de nos stratégies, de nos revendications salariales et de l'expansion de nos idées et convictions ce qui, encore une fois, allait compliquer leur plan de croissance. J'ai regardé Abascal dans les yeux et je lui ai répondu : « Avant tout, je suis un économiste. » Je lui ai dit que je pourrais prouver que les sociétés exagéraient les risques d'impact de nos stratégies dans les politiques économiques et le contrôle de l'inflation, et que le seul objectif que nous avions en tête était l'amélioration du bien-être des travailleurs et de leurs familles. Je lui ai assuré que les augmentations salariales n'entraînaient pas d'inflation si elles restaient proportionnelles à la productivité. En revanche, elles augmentent le pouvoir d'achat de la population, ce qui aide à stimuler la demande et renforce le marché intérieur. Je lui ai assuré que notre stratégie était appropriée et juste pour tous, et j'ai ajouté qu'étant donné que la productivité des mineurs avait considérablement augmenté ces cinq dernières années, il n'y avait aucune raison pour que leur niveau de vie n'augmente pas à son tour. De plus, la reprise de la demande en métaux et la flambée des prix étaient un fait sans précédent dans l'histoire, ce qui permettait de partager les bénéfices obtenus avec les travailleurs et leurs familles sans que cela ne déséquilibre les finances des entreprises. Je lui ai répété que je pouvais prouver toutes ces affirmations.

La stratégie salariale des entreprises et du gouvernement, lui ai-je dit, se base sur une exploitation absurde et irrationnelle des travailleurs, des ressources naturelles et des ressources financières, qui empêche les chefs d'entreprise de se projeter au-delà de leurs intérêts et de leurs propres profits.

Si nos plans sociaux en matière d'éducation, de formation, de santé, de logement et d'assurance-vie représentaient un obstacle pour les plans de l'entreprise, il se devait alors de m'expliquer ce qu'ils cherchaient vraiment pour satisfaire leurs ambitions. Je l'ai prévenu que ce type de politiques de contrôle salarial était généralement lié à des abus qui, tôt ou tard, se transformaient en conflits qui, à leur tour, devenaient des crises sociales. Pour réussir une transformation sociale, le gouvernement mexicain devait s'allier aux syndicats démocratiques, responsables et modernes. Je lui ai répété que nous étions ouverts au dialogue si celui-ci se basait sur le respect, la justice et l'équité.

Abascal m'a finalement demandé si je m'étais récemment entretenu avec Larrea, Bailleres, Villarreal ou Guajardo, ce à quoi j'ai répondu par la négative. C'est alors qu'il m'a averti : « Fais très attention à eux parce qu'ils se sont vus et ont fait part de leur mécontentement et de leur préoccupation au président Fox. » Immédiatement, j'ai demandé quelle avait été la réaction de Fox aux commentaires de ce groupe d'hommes d'affaires. « Tu sais bien que le président les écoute et les respecte beaucoup parce qu'ils l'ont toujours soutenu, lui et son gouvernement. »

« J'imagine bien, ai-je répondu, mais dans ce cas, ce qu'ils disent est faux, ils déforment la réalité. La seule chose qu'ils veulent c'est nous empêcher d'améliorer la qualité de vie des travailleurs et de leurs familles et les maintenir sous le joug afin de perpétuer les stratégies d'exploitation. »

« Le gouvernement du PAN parle toujours du bien commun, du bien-être du peuple et de l'équité sociale pour tous, mais quand il s'agit de défendre les intérêts des travailleurs, ces idées disparaissent. » À la fin, j'ai rappelé à Abascal, fervent catholique, que l'Église catholique reconnaissait la valeur du travail et le respect des travailleurs et que ces valeurs devaient continuer à exister parce qu'elles primaient sur toutes les richesses, qui ne sont qu'une accumulation de biens matériels. Pour clore notre conversation, je lui ai dit que se signer tous les jours, aller à la messe, recevoir la communion chaque dimanche et arriver au bureau avec une bible et un rosaire dans la main n'était pas suffisant pour faire de quelqu'un un être vertueux, surtout si le jour suivant, cette même personne arrive avec un gourdin pour frapper les travailleurs, supprimer leurs droits fondamentaux et leur chance de mener une vie meilleure. Avant que l'on se quitte, il m'a conseillé d'aller voir ces hommes d'affaires. « Rencontre-les et cherchez une solution avant que la situation ne s'envenime, » m'a-t-il dit. Et comme pour m'avertir : « Je sais pourquoi je te dis tout cela. » Puis il est parti.

Je savais bien entendu que le secrétaire du gouvernement devait être au fait des affaires politiques du pays étant donné qu'au Mexique, il a presque autant de pouvoir qu'un vice-président aux États-Unis. En réalité, Abascal avait fait un geste pour empêcher le long conflit qu'il voyait poindre à l'horizon, et contre lequel il ne voulait ou ne pouvait rien faire.

TROIS

TOMA DE NOTA

L'homme est le fruit de ses propres actions.

— BENEDETTO CROCE

Lorsque Fox a demandé à Carlos María Abascal de quitter ses fonctions au ministère du Travail pour devenir ministre de l'Intérieur, je me suis méfié de la personne que Fox avait choisie pour le remplacer. Je connaissais Abascal, son style m'était devenu familier et je savais comment le prendre. Ce n'était pas le cas de son successeur, Francisco Javier Salazar, alors sous-ministre du Travail.

J'avais rencontré Salazar, ancien ingénieur chimiste, dans le bureau d'Abascal au cours des négociations concernant le paiement des actions que Grupo México devait au syndicat. Notre première rencontre ne m'avait pas donné bonne impression. Ce petit homme corpulent et sournois, originaire de l'État conservateur de San Luis Potosí, avait le regard fuyant et n'inspirait pas confiance. On aurait dit que son rôle était de défendre les intérêts de Grupo Mexico et non ceux de la classe ouvrière mexicaine. Je me doutais bien que Grupo México et d'autres entreprises avaient dû proposer et soutenir sa nomination à la tête du ministère du Travail.

Salazar avait aussi des raisons personnelles de défendre Germán Larrea et son entreprise. Le nouveau ministre du Travail était propriétaire de deux sociétés — Latinoamericana de Productos Químicos et Productos Químicos de San Luis — fournissant Grupo México en matières premières. Salazar, alias *Capablanca* (Cape blanche), était aussi un fondamentaliste religieux, soupçonné d'appartenir à *El Yunque* (L'enclume), une société secrète d'extrême droite et pro-catholique issue du mouvement des Cristeros dans les années 20. Ce groupe violent, connu pour être lourdement armé, comptait dans ses rangs de nombreux hommes politiques haut placés.

Les Mexicains allaient donc passer d'un ministre du Travail, ex-président du Conseil du patronat — allié inconditionnel des grandes sociétés — et fils d'un militant de droite, à un ministre du Travail fondamentaliste religieux à tendance anti-syndicaliste, soupçonné d'appartenir à un groupe secret d'extrême droite. Cela n'avait rien de surprenant. Que pouvait-on attendre d'autre de la part d'un président qui avait brandi un drapeau de la Vierge de Guadalupe lors d'un meeting lié à sa campagne en 2000, en déclarant qu'il puisait en elle l'inspiration pour sa carrière politique ?

En février 2006, deux mois et demi après la mise en garde d'Abascal, les dirigeants syndicaux mexicains devaient se réunir dans la capitale, dans les locaux du Congrès du travail, la principale fédération syndicale du Mexique, connue à l'origine sous le nom de Bloc d'Unité Ouvrière, BUO. Ce Congrès avait été fondé en 1966 pour permettre aux travailleurs d'être plus présents sur la scène politique et rendre les syndicats mexicains plus performants. Mais au fil du temps, il a commencé à appuyer les politiques de travail du gouvernement, agissant comme une entreprise plutôt qu'une alliance de syndicats. Proche du PRI à ses débuts, le Congrès s'est aligné en 2006 sur l'agenda politique du PAN, au détriment des travailleurs.

L'objectif de cette réunion était d'élire un nouveau groupe de dirigeants et célébrer les quarante ans de l'organisation. Conscient du récent rapprochement du Congrès avec la politique réactionnaire de Fox, j'ai décidé de me présenter dans l'espoir de faire changer les choses. J'étais certain que les autres dirigeants syndicaux s'inquiétaient eux aussi du tour que prenaient les événements et que je pourrais compter sur leur soutien.

À l'origine, le président du Congrès était élu pour six mois seulement, afin de permettre à de nombreux dirigeants d'occuper cette fonction et contribuer par leurs idées et leurs expériences. Peu à peu, ce mandat est devenu annuel, avec la possibilité d'une réélection. Cette année-là, le président était Víctor Flores, secrétaire général du Syndicat des cheminots. Comme il en était à son deuxième mandat, j'avais la certitude qu'il serait remplacé et je m'en réjouissais. Il s'était en effet montré beaucoup plus fidèle au gouvernement et aux intérêts des entreprises qu'aux travailleurs qu'il était censé représenter. De concert avec le gouvernement, il avait vendu des chemins de fer nationaux à des entreprises étrangères comme l'Union Pacific et la Kansas City Southern Railways, ainsi qu'à des entreprises mexicaines comme Grupo México et Grupo Peñoles. Au cours de ces privatisations, 100 000 personnes avaient perdu leur emploi et Flores avait œuvré aux côtés du gouvernement pour licencier tout autre travailleur qui protesterait contre ces ventes.

Le 14 février 2006, nous nous sommes réunis à l'hôtel Meliá avec des membres du Syndicat des mineurs et d'autres dirigeants du Congrès pour débattre des possibles successeurs de Flores. Étaient présents Isaías González Cuevas, de la Confédération révolutionnaire des ouvriers et paysans (CROC, en espagnol), Cuauhtémoc Paleta de la Confédération régionale des ouvriers mexicains (CROM) ; Joel López Mayrén de la Confédération ouvrière révolutionnaire (COR), Mario Suárez, de la Confédération révolutionnaire des travailleurs (CRT) et d'autres personnes, toutes prêtes à élire démocratiquement un nouveau groupe à la direction du Congrès. Autour d'un petit-déjeuner, nous avons parlé des différents candidats et de l'élection qui aurait lieu le lendemain. Tous les membres du Congrès ayant été invités à cette réunion,

certaines personnes ont particulièrement brillé par leur absence : ni
Víctor Flores, ni la moitié des délégués que nous attendions n'avaient
daigné venir. Manquaient également à l'appel quelques représentants de
la Confédération des travailleurs du Mexique (CTM) — la plus grande
fédération syndicale du pays — et de certaines autres organisations. Cela
nous semblait particulièrement étrange étant donné qu'ils avaient eux-
mêmes organisé cette élection.

Très vite une information s'est mise à circuler. Les dirigeants de
certains petits syndicats ont rapporté que Flores et les autres délégués
absents avaient tenu une réunion secrète la veille au soir dans le bureau
du ministre de l'Intérieur Abascal afin d'y réélire Flores, puis ils s'étaient
rendus au bureau de Salazar au ministère du Travail pour émettre sur
le champ une *toma de nota*. Ce document, par lequel le gouvernement
reconnaît la légitimité d'un dirigeant syndical, s'obtient au terme d'une
procédure qui prend généralement plusieurs mois, voire plusieurs
années. Ici, il avait été obtenu en un rien de temps pour permette à
Flores d'être déclaré président du Congrès sans délai, avec le soutien
inconditionnel de Fox.

Les dirigeants qui nous ont raconté les faits avaient été retenus au
beau milieu de la réunion ; Flores voulait les convaincre de le soutenir,
mais ils s'y étaient refusés. La nouvelle de la trahison avait provoqué un
tollé général et l'espoir d'un changement de direction avait cédé la place
à la colère.

Le lendemain, nous avons convoqué une réunion dans le « bunker
», le siège du Congrès. Les rapports confirmaient que Flores avait été
réélu président et que la *toma de nota* avait été émise dans les bureaux
du ministère du Travail par Carlos Abascal. Nous savions également que
les membres qui n'étaient pas venus la veille se cachaient dans un hôtel
proche, le *Lepanto*, qu'on disait appartenir à Victor Flores lui-même,
et qu'ils ne viendraient pas. Quoi qu'il en soit, nous étions si déçus de
la tournure des évènements que nous avons attendu un certain laps de
temps avant de commencer la réunion.

Lorsque la réunion a officiellement commencé, nous avons décidé de faire bloc face au gouvernement et de refuser tout soutien à la présidence de Flores. Puis nous avons procédé à une élection légitime, comme nous l'avions planifié à l'origine. Isaías González, dirigeant de la Confédération révolutionnaire des ouvriers et paysans (CROC), a été élu ce jour-là président du Congrès. J'ai moi-même été nommé premier vice-président et Cuauhtémoc Paleta, de la Confédération régionale des ouvriers mexicains (CROM), second vice-président.

Il avait été question que je sois nommé président du Congrès, mais j'ai refusé au dernier moment. L'avertissement d'Abascal résonnait encore dans mes oreilles : le gouvernement mexicain ainsi que certaines compagnies très puissantes n'appréciaient guère le Syndicat des mineurs, ni la détermination avec laquelle nous luttions pour faire respecter leurs droits. Je savais très bien que notre syndicat pouvait être attaqué frontalement et je ne voulais pas être une cible facile qui mettrait en péril l'intégrité du Congrès.

Nous sommes finalement restés sur place jusqu'au week-end pour organiser — sans Flores ni ses alliés — une commémoration officielle des quarante ans du Congrès. Après la cérémonie, qui s'est déroulée dans la cour, nous avons repris nos activités habituelles au sein des syndicats. Nous avons réaffirmé notre engagement à rester soudés et avons invité d'autres organisations ouvrières du pays à se joindre à notre lutte pour la liberté et la démocratie syndicales, que les évènements récents avaient mis à mal. Notre devise était alors : « Une agression contre un syndicat, c'est une agression contre nous tous. »

Le gouvernement de Vicente Fox avait réussi à imposer Víctor Flores à la direction du Congrès sans le vote démocratique des membres de l'organisation. Le marché qu'avaient conclu Flores, Abascal et Fox était le suivant : s'il restait à la tête du Congrès et qu'il obtenait l'approbation officielle du gouvernement, Flores soutiendrait le projet de réforme du travail proposé par Fox qui, jusque-là, n'était pas parvenu à le faire adopter par la Chambre des députés, ni par le Sénat. Flores et ses partisans ne semblaient pas avoir conscience des profondes divisions que cela provoquerait au sein de l'organisation. Pourtant, lorsque je repense à cette affaire, je me dis que c'est peut-être cela même que recherchait Abascal. Il serait bien plus facile pour nos opposants de négocier avec le Congrès du travail si celui-ci était divisé et miné par des polémiques internes.

Cette affaire a conduit à la scission immédiate du Congrès et la création, proposée par un bon nombre de participants, d'une large coalition de syndicats et de confédérations nationales destinée à démocratiser la direction et les mouvements syndicaux dans leur globalité. L'Union nationale des travailleurs (UNT), le Syndicat mexicain des électriciens (SME), le Syndicat national des travailleurs de la sécurité sociale (SNTSS), le Syndicat des travailleurs de l'Université autonome de Mexico (STUNAM), ainsi que d'autres syndicats qui luttaient depuis longtemps pour la liberté et l'autonomie des travailleurs, ont convenu de boycotter les réunions du Congrès et couper tous les ponts avec Flores et ses acolytes, qui n'étaient rien de plus que des suppôts de Vicente Fox.

Le vendredi 17 février, tout était prêt pour la célébration qui aurait lieu le lendemain. Vers 16 h, avec certains de mes collègues de la nouvelle coalition syndicale, nous avons donné une conférence de presse à l'hôtel Marquís Reforma pour dénoncer la réélection de Flores et remettre en cause la rapidité avec laquelle il avait obtenu la *toma de nota*. Après la conférence, j'ai décidé de revenir au siège du Syndicat des mineurs pour y prendre des documents que je voulais étudier durant le week-end. J'étais dans la voiture lorsque mon portable a sonné, il devait être 17 h 30. C'était un des membres du syndicat qui m'appelait et il avait l'air hors de lui. Un groupe de plus de 300 assaillants, dont certains appartenaient à des gangs, dirigé par d'anciens mineurs parmi lesquels Elías Morales — l'homme qui avait trahi mon père et essayé de prendre sa place après sa mort — avait pris d'assaut le siège du Syndicat des mineurs, armé de bâtons, de pierres, de couteaux et d'armes à feu, et essayait de s'emparer du bâtiment par la force. D'après mon

interlocuteur, Morales était en train de se proclamer nouveau secrétaire général du syndicat en brandissant une *toma de nota* censée justifier ses propos, et il accusait la direction syndicale de malversation
eu égard aux 55 millions de dollars qui avaient été versés au Trust des
Mineurs par Grupo México en 2005.

Apparemment, ni les secrétaires ni le personnel du syndicat n'avaient
réussi à empêcher l'entrée des assaillants. Morales et sa bande étaient en
train de voler des documents, de détruire les bureaux et d'intimider phy-
siquement les employés. La police n'avait envoyé que deux patrouilles,
qui avaient rapidement abandonné les lieux, sous prétexte d'aller chercher des renforts. Évidemment, elles n'étaient pas revenues.

J'ai essayé de calmer mon camarade, en lui disant de ne pas s'opposer
aux assaillants. Ils étaient armés et il ne servait à rien de mettre la vie de
quiconque en danger. Mais je n'arrivais pas à le croire. Comment Morales,
qui avait été expulsé par le syndicat quelques années auparavant, accusé
de trahison, de corruption et d'espionnage en faveur des entreprises,
pouvait-il avoir l'insolence de se prétendre à la tête du syndicat ? Comment pouvait-il faire croire que l'argent du Trust des Mineurs — que
nous avions géré avec tant de précaution dans l'intérêt de l'organisation
et de chacun de nos membres — avait fait l'objet de malversation ? Je
n'y voyais qu'une possibilité : Morales avait le soutien de gens haut placés au sein du gouvernement et des compagnies minières réactionnaires
qui souhaitaient m'écarter du chemin et prendre le contrôle du syndicat.
J'étais devenu un obstacle à leurs intérêts car je défendais réellement les
droits des travailleurs. Selon leur point du vue, myope et étriqué, j'étais
allé trop loin en matière de droits du travail, voilà pourquoi ils voulaient
détruire le syndicat et m'en expulser de force. Morales était pour eux le
remplaçant idéal. Abascal avait bien raison : la situation s'était vraiment
corsée, mais tout n'était pas encore incontrôlable.

Dans la voiture, j'ai raconté à mes collègues ce qui se passait. Je voulais arriver au siège du syndicat le plus tôt possible mais ils s'y sont refusés, jugeant cela bien trop dangereux. Nous avons alors changé de cap

et nous nous sommes rendus chez moi. Je me voyais déjà en train de dénoncer à la presse cette agression sans précédent et défendre les dirigeants syndicaux face aux fausses accusations de malversation des fonds du Trust des Mineurs.

Nous avons appelé nos collègues qui étaient encore au siège du Congrès et les avons priés de se rendre au syndicat pour aider à y rétablir l'ordre. Morales a su que les mineurs étaient en chemin, et en moins d'une heure, lui et son groupe de gros bras avaient quitté le bâtiment. Des femmes secrétaires et des membres du personnel administratif sans défense avaient été violemment frappés et de nombreux documents et objets de valeur avaient disparu. Mais en plein chaos, des membres du syndicat étaient néanmoins parvenus à capturer quatre assaillants qu'ils avaient enfermés dans le bâtiment en vue de les interroger.

Au terme d'un interrogatoire poussé, les quatre hommes ont fini par avouer qu'ils avaient été embauchés par la Délégation Iztapalapa à Mexico, pour 300 pesos (moins de 25 dollars) et qu'on leur avait laissé choisir entre de la marijuana, de la cocaïne, des amphétamines ou de l'alcool pour se donner du courage et accomplir leur mission : voler des documents, prendre le contrôle des bureaux et imposer Morales comme le nouveau secrétaire général. Sous l'emprise de l'alcool et de la drogue, les quatre détenus pouvaient à peine articuler, mais ils ont avoué qui les avait engagés et cela s'était fait à travers plusieurs intermédiaires. Nous savions très bien que l'AFI (l'agence fédérale d'enquêtes que Fox avait créée à l'instar du FBI américain) et le ministère de l'Intérieur avaient planifié cette opération. La réaction de la police face à cette situation avait été lamentable et le recours à un gang de criminels pour attaquer était une stratégie classique du gouvernement mexicain. L'attaque avait sûrement été organisée à l'avance pour nous intimider et coïncider avec la réunion du 13 février, juste avant l'élection du président du Congrès, qui avait reçu le soutien du gouvernement Fox à travers l'intervention d'Abascal et la coopération des compagnies anti-syndicalistes et de certains membres du Congrès du travail.

Le double-langage employé dans leurs déclarations publiques traduisait, une fois encore, l'hypocrisie de Fox et d'Abascal. D'un côté, ils évoquaient l'autonomie des syndicats, les principes démocratiques et la liberté, et d'un autre ils envoyaient leurs sbires saccager le siège du Syndicat des mineurs. Le gouvernement de Fox était réactionnaire et antisyndical, et tout en se proclamant défenseur de la foi chrétienne et de l'Église, il opprimait les défavorisés.

Cette après-midi-là, j'ai dénoncé à la presse les attaques lâches dont nous avions été victimes et j'ai directement incriminé Morales, le gouvernement de Fox et Grupo México. Pendant ce temps vers 20 h, des membres du syndicat qui incluaient notre équipe de conseillers juridiques ont emmené les quatre hommes au siège de la police de la Huitième délégation pour porter plainte et exiger que les hommes soient interrogés afin de savoir avec précision les circonstances de l'attaque. La plainte a été enregistrée par les policiers mais aucun d'eux n'a semblé intéressé par l'affaire. Lorsque nos membres se sont plaints du fait que la police avait abandonné les lieux au moment de l'attaque, alors qu'elle avait été priée d'intervenir, les policiers ont assuré n'avoir reçu aucune notification à ce sujet. Après minuit, une fois les déclarations enregistrées, nos collègues et nos avocats sont partis en laissant les quatre détenus aux mains de la police, dans l'espoir que les recherches préliminaires reprennent le lendemain.

Après un nombre incalculable d'interviews et l'une des soirées les plus longues jamais vécues depuis ma nomination à la tête du syndicat, le sentiment de rage et d'impuissance qui s'était emparé de moi m'a tenu éveillé toute la nuit durant.

Le samedi matin, un des avocats du syndicat m'a téléphoné. La police avait libéré les quatre assaillants le matin même car Morales s'était présenté à la Délégation à 6 h 30 en arborant une *toma de nota* qui faisait de lui le dirigeant de notre syndicat. Je savais que ce document était contrefait puisque pour certifier la légitimité de sa nomination, il lui aurait fallu obtenir les signatures de certains membres du Comité exécutif et être élu pendant la Convention nationale qui n'avait pas encore eu lieu. Il aurait dû être membre actif du syndicat et être à jour de ses cotisations. Morales, qui se disait être le nouveau secrétaire général, avait osé lever les charges contre les quatre suspects et retiré la plainte déposée par le syndicat. À notre grande surprise, le bureau du procureur du district a ensuite reconnu la levée des charges et rejeté la plainte, laissant ces crimes atroces dans l'impunité la plus totale, simplement parce que Morales et d'autres fonctionnaires hauts placés, comme Salazar et Abascal, étaient derrière toute cette affaire. Lorsque nous l'avons appris, les assaillants avaient déjà été remis en liberté. Nous avons redéposé une plainte contre les quatre hommes, avec peu d'espoir de voir la police procéder à une véritable enquête.

L'affaire semblait tout droit tirée du livre *México Negro*, où il est question d'un territoire où le gouvernement et les entreprises travaillent en tandem pour satisfaire leurs buts communs. C'était ce monde-là que nous refusions et tout ce que nous pouvions faire était de dénoncer sans relâche, à travers des communiqués de presse, cette violation de la loi. Morales ne s'était jamais soucié du syndicat et n'avait jamais témoigné de véritables convictions en matière de défense des travailleurs.

Dès que j'ai eu vent de l'attaque, j'ai pressenti qu'il s'agissait d'une action préméditée, d'un plan impliquant le ministère du Travail de Fox. Et mes doutes se sont vérifiés lorsque Morales a été imposé à la tête du syndicat et les prisonniers libérés. La mise en garde d'Abascal était devenue réalité : une conspiration et une grande offensive avaient été préparées dans le plus grand secret pour porter atteinte au Syndicat national des mineurs.

Los Mineros était devenu le syndicat démocratique qui s'opposait avec le plus de virulence aux changements de la législation du travail proposés par le gouvernement Fox, des changements qui portaient préjudice à la liberté et aux droits des travailleurs. Et à présent, c'est moi qu'ils venaient chercher. En veillant à ce que nos mineurs soient dûment rémunérés et traités dans la dignité, nous faisions un travail trop positif à leurs yeux. Les compagnies minières du Mexique, qui ne supportaient pas d'avoir à sacrifier une infime partie de leurs bénéfices florissants pour résoudre les problèmes de sécurité, de santé et d'hygiène des travailleurs, ni d'avoir à verser des compensations aux mineurs à qui elles devaient pourtant leur richesse, ont donc décidé de reprendre en main cette affaire. Elles se sentaient si menacées par notre syndicat qu'elles avaient décidé de mentir ouvertement et d'organiser une fausse élection pour m'éliminer et me remplacer par ce sombre personnage qui avait été expulsé du syndicat pour avoir négocié, en privé, avec Grupo México. La *toma de nota* expresse que Morales avait obtenue dans la matinée du vendredi instituait un Comité exécutif totalement nouveau à la tête du syndicat. Ce scénario avait fait naître un sentiment de révolte parmi les travailleurs, mais ce n'était rien à côté des difficultés qui allaient s'abattre sur nous par la suite.

Le sous-ministre Emilio Gómez Vives et le directeur général du Registre et des Associations du ministère du Travail, José Cervantes Calderón, qui avaient la réputation d'être des hommes corrompus au service de Grupo México, ont présenté cinq documents comportant des signatures falsifiées et stipulant que nous étions destitués, moi-même et d'autres membres du Comité exécutif, sous le prétexte d'avoir mal géré les fonds du Trust des Mineurs. Pour nous remplacer, les documents désignaient Morales, Martín Perales et Miguel Castilleja ainsi que d'autres individus encore, tous sous le contrôle direct et le financement de Grupo México — mais aucun d'eux n'était membre actif du syndicat. Cette nomination avait eu lieu dans le mépris le plus total des statuts, de l'histoire et du fonctionnement interne du syndicat.

Loin d'être un représentant des mineurs, Morales n'était qu'un traître et un fantoche aux mains des entreprises et du gouvernement. Il puisait sa seule motivation dans le ressentiment qui le rongeait depuis qu'il avait été expulsé du syndicat lors de la Convention nationale de l'an 2000. Il n'avait jamais été un vrai syndicaliste, mais il était disposé à profiter de l'occasion pour se venger.

Comme le démontre cette situation, la *toma de nota* est une relique de l'ère fasciste pouvant facilement être détournée. Cet instrument de contrôle politique, inventé sous les régimes de Mussolini et de Franco, a été adopté au Mexique par le ministère du Travail, qui continue à en faire usage pour contrôler les syndicats de travailleurs lorsque les entreprises ou le gouvernement en éprouvent le besoin. Étant donné que la reconnaissance finale des leaders syndicaux incombe au ministère du Travail, les représentants du gouvernement ont la possibilité de n'autoriser que les dirigeants qui leur conviennent — en général, ceux qui leur semblent le moins problématiques — et de refuser ceux qui ont été élus démocratiquement. En agissant de la sorte, ils ignorent l'autonomie, la liberté syndicale et la liberté qu'ont les travailleurs de choisir leurs dirigeants. Le gouvernement prétend que la *toma de nota* n'est rien de plus qu'un outil lui permettant de valider l'élection libre et démocratique des dirigeants syndicaux. Evidemment, rien ne l'empêche de falsifier le document.

S'il est vrai que le gouvernement a abusé du mécanisme de la *toma de nota p*endant les décennies où le PRI était au pouvoir, la situation s'est encore dégradée avec l'arrivée du PAN. Mario Suárez, dirigeant de la Confédération révolutionnaire des travailleurs et co-fondateur du Congrès du travail, a lutté pendant cinq ans pour que le gouvernement le reconnaisse à la tête de l'organisation. Bien d'autres dirigeants syndicaux ont vécu la même situation, contraints de se battre pour être reconnus officiellement. Il est absurde de laisser au gouvernement le dernier mot dans l'élection de ces individus. Voilà pourquoi supprimer du Code du travail mexicain cet instrument d'oppression obsolète a toujours été et demeure l'un de mes objectifs premiers.

Les travailleurs affiliés au syndicat n'ont jamais accepté le fait que le gouvernement ait imposé Morales, qui était détesté de tous. À aucun moment ce processus, basé sur des documents falsifiés, n'avait remis en cause mon véritable leadership. Mes camarades syndicalistes ont compris qu'un simple document ne changeait rien à la donne et ils ont continué de me soutenir. Ils savaient bien que Morales était une création imaginaire, une marionnette, un fantôme créé par Fox pour embrouiller le peuple mexicain et fragiliser le noyau du mouvement syndical. Les membres de notre organisation n'ont pas été aussi naïfs que leurs ennemis avaient cru : personne n'a avalé leurs mensonges. Morales a été rejeté et tout le monde a condamné le gouvernement pour avoir calomnié les véritables dirigeants syndicaux et tenté de les remplacer par un traître.

Le samedi 18 février 2006, à 9 h du matin, avant que le Congrès du travail ne célèbre ses quarante ans d'existence, le syndicat a convoqué une réunion extraordinaire du Comité exécutif. Nous avons passé la matinée à chercher une stratégie pour protéger le siège de l'organisation contre d'éventuelles attaques. Beaucoup d'entre nous voulaient se venger en contre-attaquant. Mais j'ai bien pris soin, lors de cette réunion, d'avertir tout le monde qu'une action précipitée pourrait empirer la situation et exposer le syndicat à de plus grands risques. Je leur ai dit que nous devions agir avec plus d'intelligence et de prudence que nos opposants.

Deux mille travailleurs se sont ensuite réunis pour célébrer ensemble le quarantième anniversaire du Congrès. Étant donné les récents évènements, l'ambiance était pesante : la réélection de Flores avait indigné la foule, tout comme les attaques dirigées contre ma personne et contre le syndicat. Lors de mon discours, j'ai férocement condamné ceux qui nous avaient agressés et j'ai promis aux travailleurs que nous ne tolérerions plus de tels abus de pouvoir. Je voulais que l'audience comprenne que les accusations du gouvernement Fox et de sa cabale d'hommes d'affaires ne devaient pas nous intimider et que, bien au contraire, nous devions nous sentir plus forts et plus soudés pour défendre les droits des travailleurs.

QUATRE

L'EXPLOSION

Aucune mine d'or, pas même la plus précieuse au monde,
ne vaut la vie d'un mineur.

— NAPOLEÓN GÓMEZ SADA

Après une telle journée, ma nuit a été agitée. J'étais exténué par la célébration du samedi et par tout ce que nous avions fait pour éviter que Morales et ses sbires ne s'approprient le syndicat. J'avais encore du mal à croire que Salazar et le ministère du Travail aient pu s'allier contre nous de la sorte et mettre en péril les élections démocratiques du Congrès et celles du syndicat, que mon père avait laissé entre nos mains au prix d'une responsabilité considérable et historique. Pourtant, cela ne m'étonnait guère.

Vers 5 h du matin, la sonnerie du téléphone m'a brutalement réveillé. C'était José Ángel Hernández Puente. À son ton grave, j'ai deviné qu'il s'était passé quelque chose. D'une voix tremblante et inquiète, il m'a expliqué qu'une explosion venait d'avoir lieu dans la mine de charbon n° 8 de l'Unité de Pasta de Conchos, un gisement appartenant à Grupo México situé dans la municipalité de San Juan de Sabinas. L'accident était survenu à 2 h 20 du matin et de nombreux mineurs avaient disparu. Il n'y avait pas encore de rapports sur l'étendue de la catastrophe ou sur le nombre exact de personnes piégées dans la mine. José Ángel ne savait pas si les hommes étaient des employés des entreprises sous-traitantes ou des membres du syndicat.

J'ai tout de suite compris que cette tragédie ne pouvait s'attribuer qu'à l'irresponsabilité de Grupo México. J'étais déjà allé à Pasta de Conchos et je savais que cette mine était dangereuse et très peu entretenue. J'avais demandé à ce que Salazar réalise une inspection exhaustive des lieux, qu'il déclare l'arrêt complet des travaux, et qu'il verse les salaires des mineurs jusqu'à ce que l'on décide de continuer ou de stopper l'exploitation de la mine. Il n'en a rien fait et n'a pris aucune mesure.

Et voilà qu'une catastrophe avait vraiment eu lieu.

« Tu avais essayé de les avertir, » a dit José Ángel avant de raccrocher. « Nous avons tous tenté de les forcer à agir pour éviter le pire, mais comme le gouvernement était de leur côté, ils n'ont pas jugé utile de trouver une solution. »

Essayant de remettre de l'ordre dans mes pensées, j'ai réveillé Oralia pour lui raconter ce qui était arrivé. Elle a immédiatement sauté hors du lit et s'est préparée pour sortir. Sa première idée était d'appeler les familles des mineurs ; elles auraient sûrement besoin de soutien et de réconfort en attendant des nouvelles de leurs proches. D'un ton sincère, elle s'est déclarée prête à m'accompagner partout où il me faudrait aller.

J'ai tout de suite appelé d'autres membres du Comité exécutif et leur ai donné rendez-vous au siège du syndicat dimanche à 9 h 00 pour une réunion officielle du Comité, en leur demandant de se préparer à partir pour Coahuila dans la matinée. Il me semblait totalement incroyable que cette tragédie ait lieu juste après les fausses élections du Congrès du travail et la tentative d'imposer Elías Morales à la tête de Los Mineros. Dans le chaos des premières heures du jour, j'en suis même venu à penser que l'accident de Pasta de Conchos était une nouvelle offensive de Grupo

México et du ministère du Travail pour faire diversion et empêcher que l'opinion publique apprenne que les mineurs refusaient ouvertement d'avoir une marionnette à la tête de leur syndicat.

Lorsque le jour s'est levé, j'ai lancé une deuxième série d'appels en essayant de rester calme. J'ai organisé le départ d'un petit groupe de syndicalistes vers San Juan de Sabinas et désigné un autre groupe pour surveiller le siège du syndicat à Mexico, dans le cas où Morales et sa bande de criminels décideraient d'y remettre les pieds.

Mes bagages étaient prêts lorsque j'ai reçu un appel d'Héctor Félix Estrella, trésorier du syndicat, et de Juan Linares Montúfar, secrétaire du Conseil général de surveillance et de justice du syndicat. Linares et Estrella se demandaient s'il était prudent de se rendre à la mine ce matin-là. Ils insistaient pour que l'on repousse notre départ au lendemain afin de pouvoir régler les problèmes causés par Elías Morales et ses hommes. De prime abord, je m'y suis opposé car je voulais me rendre à Pasta de Conchos le plus rapidement possible afin d'y évaluer la situation et voir s'il était encore possible de sauver des mineurs. Mais leurs arguments ont fini par me convaincre : si l'ensemble des dirigeants du Syndicat des mineurs quittait Mexico ce jour-là, nous ne pourrions pas continuer à porter plainte contre les quatre assaillants qui avaient été capturés puis remis en liberté. Même si, selon le gouvernement, nous avions été remplacés, le pouvoir notarial de nos avocats était encore valide et nous étions bien décidés à poursuivre ces agresseurs en justice.

En outre, en partant directement à San Juan de Sabinas, nous courrions un risque financier. Morales et ses complices avaient volé plusieurs chéquiers et d'autres documents bancaires, nous obligeant ainsi à fermer nos comptes le samedi. Pour rouvrir de nouveaux comptes ou des registres à la banque, nous devions être présents pour cosigner les documents et cela ne serait possible que le lundi. Par chance, les institutions financières coopéraient encore avec nous alors que le gouvernement avait déclaré que nous n'étions plus les dirigeants. Mais très vite, les banques allaient elles aussi recevoir l'ordre de bloquer nos comptes.

Devant ces arguments, et malgré mon indignation, il m'a fallu accepter de rester à Mexico jusqu'au lendemain pour éviter la paralysie du syndicat. J'ai compris que c'était exactement ce que nos ennemis cherchaient à faire en envoyant Morales et ses hommes saccager notre siège. Ils n'avaient pas pu prévoir la catastrophe de Pasta de Conchos, mais ils nous mettaient des bâtons dans les roues au moment le plus dur de l'histoire du syndicat depuis ma nomination. D'ordinaire si efficaces dans nos actions, nous nous sentions à présent confus, impuissants et envahis par la rage.

Ce dimanche-là a été l'un des pires jours de mon existence. À mesure que les heures passaient, si lentes et douloureuses, de terribles nouvelles nous parvenaient de Pasta de Conchos. Le nombre de disparus s'élevait maintenant à soixante-cinq mais personne ne savait s'ils étaient encore en vie. Vingt-cinq d'entre eux appartenaient au syndicat et les quarante autres travaillaient pour General de Hulla, un sous-traitant de Grupo México. Avec mes collègues, nous étions consternés par l'ampleur de la tragédie. Nous voulions connaître les détails et savoir à tout prix la vérité sur ce qui était arrivé.

Toute la journée, j'ai pensé à ce que les mineurs avaient ressenti au moment de l'explosion et au désespoir des éventuels survivants. Les mineurs sont conscients du risque qu'ils encourent dans une profession comme la leur, surtout lorsqu'ils sont obligés de travailler dans une mine gérée par une entreprise qui ne tient pas compte des mesures de sécurité obligatoires. À présent, le pire des scénarios devenait réalité. Nos collègues étaient morts ou ensevelis dans l'obscurité la plus totale, séparés de toute source de lumière et d'oxygène par des tonnes de décombres. Je faisais les cent pas dans le salon, furieux et terriblement impuissant. Je médisais contre Germán Feliciano Larrea et la négligence criminelle de son entreprise. Combien de fois lui avait-on répété que ce genre d'accidents était évitable ? La Commission mixte de santé, de sécurité et d'hygiène du syndicat avait si souvent dénoncé, verbalement et par écrit, les mauvaises conditions dans la mine, mais la seule réaction de l'entreprise avait été de menacer les mineurs de licenciement.

J'ai passé le dimanche au téléphone à essayer de savoir s'il y avait des survivants et à imaginer une stratégie pour aller les chercher. Connaissant Grupo México, j'étais sûr que sauver les mineurs n'était pas leur priorité. J'ai reçu des appels de journalistes qui voulaient connaître mon opinion au sujet de la catastrophe et j'ai accepté une interview avec le célèbre Miguel Ángel Granados Chapa, le lendemain matin, à l'issue de son émission de radio.

Nous nous sommes retrouvés dans un café de la rue Xola et avons passé en revue les évènements des semaines précédentes avant d'en arriver à ce qui nous préoccupait réellement : l'explosion de la mine et le soutien honteux du ministère du Travail à Elías Morales et Víctor Flores. J'ai expliqué à Granados qui étaient les responsables de l'offensive menée au siège du syndicat et la façon dont le gouvernement s'y était pris pour tenter de m'évincer illégalement et installer à ma place un groupe de membres qui avaient été expulsés du syndicat. Mais je lui ai surtout parlé de tout ce que je savais au sujet de l'explosion. J'ai restitué cette catastrophe dans l'histoire des injustices honteuses, fruits de l'arrogance, de l'irresponsabilité, de la cupidité, de la stupidité et du manque de bon sens des exploitants miniers au Mexique. Sans mâcher mes mots, je lui ai dit qu'il était impossible que des entreprises comme Grupo México acceptent de mettre en place les mesures de sécurité nécessaires adoptées par l'Organisation internationale du Travail ou stipulées dans la Constitution mexicaine, le Code du travail mexicain et les conventions collectives signées par le syndicat — en particulier lorsque lesdites entreprises jouissaient du soutien inconditionnel de l'administration Fox, libres d'agir comme elles l'entendaient. Pour les entreprises minières du Mexique, seul le profit compte, expliquai-je, et elles ignorent systématiquement leur devoir de maintenir et d'équiper de façon adéquate les lieux de travail. Selon moi, cette tragédie était un *homicide industriel*.

Pendant que nous parlions, Granados Chapa prenait des notes. Il m'écoutait d'une oreille compatissante et comprenait bien le combat de Los Mineros car il était lui-même originaire de l'État minier d'Hidalgo, qui avait vu naître le Syndicat national des mineurs le 11 juillet 1934. Pour ma part, j'espérais que la vérité sur cette affaire éclate dans son émission de radio ou dans l'une de ses chroniques, dans le journal *Reforma* et la revue *Proceso*.

Après l'entretien, j'ai rejoint Linares et Estrella pour traiter les dossiers du syndicat avant de partir pour Coahuila. Nous sommes allés à la banque pour valider la clôture de nos anciens comptes avant d'en ouvrir de nouveaux et recevoir des chéquiers provisoires. Nous nous sommes ensuite réunis au siège central, où j'ai donné des instructions pour réparer au mieux les dégâts causés suite à l'agression du vendredi. J'en ai profité pour passer quelques appels à deux de mes collègues et amis proches du Syndicat des Métallos — Leo Gerard, président international et Ken Neumann, directeur national pour le Canada — ainsi qu'à des dirigeants syndicaux espagnols. Je leur ai demandé s'ils pouvaient dépêcher des équipes de secouristes spécialisés, du matériel de sauvetage, des techniciens ou des travailleurs, pour nous aider à sauver nos collègues à Pasta de Conchos. Sans même être allé sur place, je savais pertinemment que Grupo México ne gérait pas la situation.

En fin de matinée, les derniers détails étaient réglés. Nous sommes allés chercher nos affaires et vers midi nous étions en route pour l'aéroport de Mexico. Oralia et trois membres du Comité exécutif m'accompagnaient. Dès qu'ils ont appris la nouvelle, Jorge Campos – directeur de la section latino-américaine de la Fédération Internationale des Organisations de travailleurs de la Métallurgie (FIOM) — et Jorge Almeida, un directeur adjoint de la FIOM, s'étaient envolés vers Coahuila depuis le Pérou et l'Argentine, respectivement.

Après plusieurs heures de vol, nous avons atterri à Múzquiz, une petite ville proche de la mine, et nous nous sommes joints à une caravane de véhicules. José Ángel Hernández, le délégué du Comité national de

Coahuila, nous attendait à l'aéroport accompagné d'un groupe de collègues du syndicat. À mesure que l'on traversait l'aride paysage du nord mexicain à bord d'un quatre-quatre, José Ángel me décrivait les terribles évènements de la veille. Il était déjà allé voir la mine ce matin-là et m'a confirmé ce que je savais déjà : les conditions étaient catastrophiques. L'explosion avait été si puissante que la plupart des galeries principales s'étaient effondrées, compliquant considérablement toute tentative de sauvetage. Trente-sept mineurs disparus travaillaient pour l'entreprise sous-traitante General de Hulla, trois étaient employés par Grupo México, les vingt-cinq autres étaient membres du Syndicat des mineurs. José Ángel m'a expliqué que les familles des victimes s'étaient rassemblées autour de la mine, en proie à l'angoisse et au désespoir. Ni Grupo México, ni le gouvernement ne leur avait encore donné d'information précise sur ce qui se passait.

Nous sommes arrivés à Pasta de Conchos vers 17 h 30. La grisaille de la journée cédait lentement la place à la nuit et un vent froid s'était levé. Une horde de soldats à l'air sévère bloquait l'entrée principale de la mine. Nous sommes alors sortis de la voiture et avons grimpé dans un camion de l'armée qui nous a conduits vers une des entrées à l'arrière de la mine. Avant de pouvoir y pénétrer, d'autres militaires ont vérifié nos papiers d'identité pour s'assurer que nous étions bien affiliés au syndicat.

Une fois à l'intérieur, j'ai vu près d'une centaine de journalistes et autres gens des médias, une foule de bénévoles, les proches des mineurs ainsi que des travailleurs de la Croix-Rouge. Tous affichaient une mine sombre et de nombreux journalistes se sont rués sur moi pour me demander une déclaration. J'ai répondu que j'avais beaucoup de choses à dire mais qu'avant cela, je tenais à voir les familles et à être informé des derniers développements.

La nuit était déjà tombée lorsque nous avons traversé les lieux en direction du bâtiment qui abritait les bureaux de l'entreprise et arborait un large panneau sur lequel on pouvait lire « Industrial Minera México », nom sous lequel Grupo México exploitait la mine. La plupart des familles attendaient le long d'un grand couloir, dans le silence et la douleur, les visages marqués par une profonde désolation. Oralia et moi avons pris ces personnes une à une dans nos bras, pour leur témoigner notre affection et notre solidarité. Elles nous ont assuré que l'entreprise n'avait prévenu personne de l'explosion ; qu'elles avaient appris la tragédie par le bouche à oreille ou aux informations.

Ce lundi 20 février à 8 h du matin, les familles et les amis des disparus ont voulu se rendre devant la mine mais l'entrée était bloquée par des soldats à la solde de Grupo México. Une odeur de caoutchouc brûlé flottait dans l'air. Lorsque le maire de Múzquiz, qui était venu prêter main forte, a déclaré que la mine s'était effondrée, la foule s'est précipitée pour franchir les barrières.

Le lendemain, les familles étaient ravagées par l'angoisse et le manque d'information quant à l'éventualité d'un sauvetage, mais elles s'accrochaient encore à l'espoir qu'un miracle puisse ramener à la surface leurs êtres chers. Bon nombre d'entre elles se plaignaient de ne recevoir de l'entreprise que des rapports confus et sporadiques. Au début, on leur avait dit qu'il ne s'agissait que d'une petite explosion à l'entrée de la mine, mais personne ne savait réellement s'il s'agissait d'une explosion, d'un effondrement ou des deux. Ces personnes avaient déjà passé tant de temps devant les bureaux à attendre des nouvelles que certaines étaient chauffées à blanc. Je leur ai promis de parler personnellement avec l'entreprise et leur ai assuré que je leur transmettrai toute les informations que l'on me donnerait. J'étais bien décidé à faire tout mon possible pour sauver nos collègues.

Au bout du couloir, une série de portes menait au bureau principal de l'entreprise. Après être resté un moment avec les familles, je suis entré dans le bureau où étaient réunis des directeurs, des gérants et des techniciens de Grupo México et de General de Hulla. Lorsque j'ai franchi le seuil, un homme appelé Rivera — un ingénieur de l'usine métallurgique Altos Hornos de México — était en train de parler fort et sur un ton jovial, alors même qu'une tragédie venait d'avoir lieu. Au moment où il m'a vu entrer, il s'est arrêté net et le sourire a disparu de son visage.

Salazar, le ministre du Travail, était là, caché derrière son assistant et ses collaborateurs, à côté de Xavier Garcia de Quevedo, président d'Industria Minera México et membre du Conseil d'administration. Devant eux, sur le bureau, était déployé un plan de la mine montrant la profondeur des différentes galeries et leur disposition. À l'exception des ingénieurs d'Altos Hornos de México, qui ne semblaient guère avoir pris conscience de l'ampleur de la tragédie, tous avaient l'air horrifié — et ils avaient de bonnes raisons de l'être. Personne ne me regardait dans les yeux.

J'ai exigé des explications de la part de Salazar et de García Quevedo. Je leur ai dit que nous n'accepterions rien de moins qu'une description détaillée et réaliste des possibilités de sauvetage des mineurs. Ils se sont tous regardés entre eux, personne n'osant prendre la parole. Ils savaient que dehors, la pression des familles, des syndicats et des médias augmentait de minute en minute.

Un des ingénieurs de Grupo México s'est enfin décidé à parler. Il a expliqué qu'une très forte explosion avait causé d'importants glissements de terrain — des éboulements ou des *caídos,* comme les appellent les mineurs — et des pluies de charbon et de pierre avaient bloqué l'accès à la mine à divers endroits. L'explosion a provoqué des températures dépassant les 600°C (un corps s'incinère à une température approximative de 400°C) et selon les techniciens et les experts, l'explosion a immédiatement entraîné une réduction de l'oxygène à moins de 3 pour cent et une augmentation de la concentration en méthane et en monoxyde de carbone, qui frôlait les 100 pour cent à certains endroits de la mine. Ils ignoraient s'il y avait des survivants, mais à en juger par ce rapport, il semblait improbable que nos collègues aient pu survivre dans de telles conditions.

J'ai ressenti le pessimisme et le désespoir des ingénieurs de Grupo México lorsqu'ils m'ont exposé la situation. On aurait dit qu'ils se justifiaient à l'avance d'être incapables de sauver nos collègues, même s'ils répétaient qu'ils s'efforçaient de planifier une stratégie de sauvetage. Je leur ai demandé de faire tout ce qui était techniquement et humainement envisageable pour les retrouver, vivants ou morts et ce, le plus rapidement possible. Mes collègues et moi n'étions pas des experts en sauvetage, ai-je ajouté, mais nous allions tout faire pour les aider.

Salazar, García de Quevedo et les autres sont restés enfermés dans les bureaux d'Industrial Minera México. Quant à moi, je suis sorti du bâtiment accompagné de plusieurs membres du Comité exécutif en direction de l'entrée de la mine pour écouter les rapports des secouristes. Les travailleurs volontaires étaient disposés à poursuivre les opérations mais comme l'éboulement bloquait l'accès à cette mine instable sans autres points d'accès, toute action devenait compliquée et dangereuse.

Lundi à l'aube, certains de nos collègues du Comité exécutif étaient descendus dans la mine, avant même que soit mise en place l'équipe de secouristes. Ce qu'il y ont vu était déconcertant : un gigantesque éboulement bloquait l'accès à la galerie principale. Plus tard, les premiers secouristes ont confirmé le piètre état de la mine. Selon eux, les probabilités de retrouver des mineurs vivants étaient infimes et il était très risqué de s'enfoncer trop profondément. Les secouristes avaient avancé d'une cinquantaine de mètres à l'intérieur de la galerie mais avaient dû ralentir leur rythme de travail lorsqu'ils s'étaient retrouvés face à une épaisse paroi rocheuse effondrée qui bloquait toute avancée vers les parties les plus profondes de la galerie. L'opération de sauvetage avait été chaotique et désorganisée dès le départ, nous ont-ils dit. Personne au sein de Grupo México, ni de General de la Hulla, ni du ministère du Travail n'avait défini de stratégie claire pour gérer la situation. Comme Grupo México se trouvait à court de bras, il avait fallu faire appel à des travailleurs d'autres entreprises mais ils ne disposaient ni des moyens, ni des dispositifs de sécurité nécessaires pour protéger les secouristes.

Seule l'entreprise aurait dû se charger du sauvetage et envoyer ses propres équipes accompagnées d'inspecteurs du ministère du Travail.

Mais aucun d'entre eux n'était présent sur la scène. Étant certains que Grupo México serait incapable de réaliser ce travail, ou indisposé à nous communiquer des rapports honnêtes, nous savions que s'il existait une possibilité de sauver des mineurs piégés sous terre, celle-ci ne dépendait que de nous. Des mineurs de Coahuila étaient venus à Pasta de Conchos par solidarité avec les victimes et leurs proches. Ce sont eux qui ont mis en place les opérations de sauvetage, avec le soutien du Syndicat des mineurs et des sections locales de Coahuila. Ils ont créé des brigades constituées par des mineurs de Pasta de Conchos qui connaissaient bien le terrain et des travailleurs expérimentés provenant d'autres mines de la région. La plupart d'entre eux étaient membres du Syndicat des mineurs. Avec nos propres hommes engagés dans les opérations, nous savions au moins que nous serions dûment informés de l'avancée de la mission.

Les secouristes m'ont fait savoir qu'un groupe de huit hommes bien décidés à retrouver leurs collègues ensevelis avait réussi à dépasser le premier éboulement de charbon. Ils avançaient lentement — il fallait parfois marcher à genoux — à la seule lueur des lanternes fixées *à* leurs casques, car il n'y avait ni électricité ni ventilation. Ils devaient creuser à la main ou à l'aide d'outils rudimentaires un trou assez grand pour pouvoir y passer. Cinquante mètres plus loin, ils ont trouvé un deuxième éboulement qu'ils n'ont pas pu franchir. Apparemment, la déflagration avait causé des dégâts sur une distance de deux kilomètres, provoquant une série d'éboulements à la chaîne. Mais le pire était que personne ne savait exactement où se trouvait le groupe de mineurs au moment de l'explosion.

À l'issue de ce compte-rendu, nous nous sommes approchés de l'entrée de la mine, où d'autres techniciens organisaient les opérations de sauvetage. J'ai décidé de descendre personnellement, avec d'autres membres du Comité exécutif et quelques secouristes, afin de voir de mes propres yeux quelles étaient les conditions dans la mine.

Comme les rails étaient complètement détruits, nous sommes descendus à pied par les galeries inondées. Nous avions enfilé la tenue des mineurs et coiffé un casque muni d'une lampe frontale. L'un d'entre nous portait un appareil qui mesurait la concentration en gaz. Dans cet espace sombre et poussiéreux régnait une odeur de fumée suffocante. En silence, nous avons avancé en file indienne le long d'un étroit boyau. À une profondeur d'environ 120 mètres, nous avons trouvé la galerie d'où partait le tunnel central. Le silence et le froid omniprésents nous donnaient l'impression de marcher à l'intérieur d'un tombeau. Tout autour de nous, des montagnes de poussière et de résidus de charbon s'entassaient. Respirer nous était devenu de plus en plus difficile. À la lueur de nos lampes frontales, nous avons aperçu les bandes transporteuses de charbon et les wagonnets qui servaient à transporter les mineurs. Tout était détruit. Une centaine de mètres plus loin, nous avons constaté le premier éboulement. Sans un équipement approprié, il nous était impossible d'aller plus loin. Il nous a fallu rebrousser chemin.

Cette impasse nous a plongés dans une tristesse profonde, alliant désillusion et rage. Pour le moment, les secouristes avaient à peine réussi à franchir un des éboulements. Nous nous sentions si impuissants de n'avoir pas pu éviter cette tragédie. Nous avions pourtant mené des grèves pour dénoncer les mauvaises conditions de sécurité, mais malgré toute la pression exercée, le gouvernement avait refusé de forcer Grupo México à respecter les normes de sécurité même les plus élémentaires. Tout cela me frustrait et m'indignait au point de me donner la nausée.

Lorsque nous sommes remontés à la surface, Salazar et García de Quevedo étaient enfin prêts à présenter aux familles un premier rapport sur les conditions de la mine et l'évolution de l'opération de sauvetage. Face aux questions des familles, Salazar tremblait de tout son corps et Quevedo arborait un visage pâle. Apparemment, aucun des deux n'avait réussi à formuler d'explication claire au sujet de l'explosion. Sans trop y croire, ils avaient déclaré qu'ils avaient encore l'espoir de sauver les hommes ensevelis. Mais leur opération de sauvetage était totalement improvisée et leurs secouristes, issus d'autres entreprises, n'étaient pas assez équipés pour entrer dans la mine.

Au lieu d'exiger la vérité de García de Quevedo, comme tout ministre du Travail digne de ce nom l'aurait fait, Salazar avait coopéré avec lui et d'autres représentants de l'entreprise pour élaborer une explication minimisant sa responsabilité. Dans le rapport qu'ils ont transmis aux familles, jamais la cause de l'effondrement n'a été mentionnée. On ne parlait pas non plus de ces inspections que Salazar aurait dû exiger. En tant que PDG de deux entreprises qui fournissaient Grupo México (Productos Químicos de San Luis et Latinoamericana de Productos Químicos) et responsable des inspections dans les exploitations minières du pays, Salazar avait tout intérêt à s'assurer que les questions de relations publiques touchant Grupo México et Larrea soient maîtrisées le plus rapidement possible. L'homme d'affaires, qui était aussi fonctionnaire de l'État, veillait avant tout aux intérêts de Grupo México.

Après ce récit pathétique qui n'a aucunement rassuré les familles, j'ai enfin eu l'occasion de parler avec le gouverneur Humberto Moreira qui était resté sur place toute la journée. Évidemment, il était inquiet de la situation et il m'a avoué avoir été choqué de la façon dont Grupo México et Salazar avaient géré la catastrophe. Il m'a confié que la veille, le dimanche, lors d'un dîner privé dans le *guest-house* de Grupo México à Nueva Rosita, l'un des principaux thèmes de conversation entre Salazar et García de Quevedo se rapportait à la réaction que j'aurais en entrant dans la mine et la façon dont ils pourraient tourner l'histoire pour la présenter aux médias et aux proches des victimes. Ils savaient très bien que je ne craignais pas de montrer du doigt les véritables coupables. Ils savaient très bien que les membres de Los Mineros étaient furieux d'avoir vu leur siège pris d'assaut et d'avoir été victimes d'un complot visant à renverser leurs dirigeants. Si leur machination leur avait permis de réélire illégalement Víctor Flores, d'attaquer le siège du syndicat et de rédiger une fausse *toma de nota* pour placer Elías Morales à la tête du syndicat, ni Grupo México, ni Salazar n'avaient prévu de plan pour gérer la situation à Pasta de Conchos. Moreira m'a confirmé en privé que leur seul objectif était de m'empêcher de révéler la vérité sur les causes de l'effondrement de la mine.

Ce même lundi vers 23 h, Oralia et moi nous sommes approchés des bénévoles qui montaient la garde pour les saluer et les remercier de leur solidarité, avant d'aller chercher un hôtel proche pour manger un morceau, parler de la suite des opérations et dormir quelques heures avant de revenir le lendemain matin. En allant vers la voiture, nous avons vu s'approcher Javier de la Fuente, le PDG et l'un des principaux actionnaires de General de Hulla. Il m'a pris à part pour me demander, d'un ton angoissé, de ne pas intenter de poursuites à son encontre. Il a ajouté qu'il avait une famille et qu'il travaillait dans le secteur minier depuis plus de trente ans. Sa demande m'a mis hors de moi. En tant que PDG de General de Hulla, il était lui-même chargé d'exploiter la mine et il constituait donc une pièce maîtresse dans la quête de profits maximums en faveur de García de Quevedo, Germán Feliciano Larrea et Grupo México, même s'il devait pour cela mettre en péril la vie des travailleurs. De la Fuente comptait d'ailleurs parmi les hommes dont les mineurs se plaignaient le plus. À plusieurs reprises, il avait fait preuve de négligence et affiché un total mépris à l'égard de la sécurité de ses travailleurs. Dès qu'un mineur lui signalait un danger dans la mine, il répondait : « Si ça ne te plait pas, démissionne. Quand on travaille ici, on fait ce que je dis. »

Et à présent, de la Fuente me demandait d'être indulgent. Comment tolérer cela ? Comment pouvait-il se cacher derrière l'excuse d'avoir une famille et un passé dans l'industrie minière, alors qu'il avait mis en danger la vie des mineurs, jour après jour et sans la moindre pitié ? Et eux, n'avaient-ils pas une famille ? Ne s'étaient-ils pas bien plus sacrifiés que lui dans l'exercice de leur fonction ?

J'ai interprété sa requête comme un aveu de culpabilité. Il savait très bien qu'il n'avait pas pris en compte les avertissements répétés de la Commission de sécurité et d'hygiène. Je ne pouvais rien faire pour lui. Avant de partir à la recherche d'un hôtel avec Oralia, je lui ai dit que nous ferions toute la lumière sur la situation et que les véritables responsables de cette terrible tragédie seraient identifiés.

Le lendemain, Napoleón, mon fils cadet, et Darlinda, la sœur d'Oralia, sont arrivés à Coahuila. Avec cinq autres membres du Comité exécutif, nous avons rendu visite aux mineurs blessés qui étaient soignés dans un hôpital de la région, certains étant brûlés au deuxième et au troisième degré. Nous avons discuté avec ceux qui pouvaient parler, pour leur demander de nous décrire ce qui s'était passé et ce dont ils se souvenaient.

Un de ces survivants avait les mains et une partie du visage brûlés. Malgré ces blessures, il était capable de dialoguer et se réjouissait d'avoir de la visite. Il m'a dit qu'il avait survécu parce qu'il était en bas, au fond de la mine. Il était en train de vérifier les courroies mobiles qui transportaient le charbon vers l'extérieur. Toutes les vingt minutes, il vérifiait les bandes pour s'assurer de leur bon fonctionnement et éviter ainsi les pannes ou les problèmes techniques. Il était situé près d'une dalle en béton dans le vestibule sous-terrain de la mine, au fond de la galerie d'accès qui donnait vers l'extérieur.

« J'étais là quand tout à coup il y a eu un grondement, comme un gros boum et je n'ai pas eu le temps de réagir. En moins d'une seconde, j'ai été propulsé contre le mur avec tant de force que je n'ai pas pu me protéger. Je me suis évanoui et on m'a dit qu'on m'avait retrouvé sur le ventre, près de l'entrée de la mine. Quelques heures après, j'ai senti des lumières bouger autour de moi et j'ai pu voir les lanternes fixées aux casques des mineurs. C'étaient les secouristes, et quand ils m'ont vu, ils m'ont soulevé et m'ont sorti de la mine. »

Cet homme disait avoir été sauvé par la couche d'oxygène d'un mètre d'épaisseur qui flotte entre le gaz et la poussière du sol. « Comme je respirais cette couche d'oxygène, je n'ai pas été asphyxié par le méthane ni la poussière. C'est ce qui m'a permis de continuer à respirer. »

C'était pour lui une expérience indescriptible. Tout était allé si vite qu'il ne s'était pas rendu compte de l'ampleur de l'explosion. Tout ce qu'il pouvait nous dire était qu'il y régnait une chaleur infernale. Et qu'il n'était pas certain que ses collègues aient pu survivre à la force et à la chaleur accablante de l'explosion.

Face à cette perte et devant l'incompétence totale de Grupo México dans le cadre de ces opérations de sauvetage, la première chose que j'ai proposée a été de procéder nous-mêmes au sauvetage de nos collègues et de soutenir moralement et matériellement les familles. Leurs vies venaient de basculer et ils avaient besoin de savoir qu'ils pouvaient compter sur les dirigeants du Syndicat des mineurs.

Le deuxième point était de dire la vérité et d'expliquer aux familles, aux travailleurs et à l'opinion publique quelles étaient les véritables causes de ces pertes humaines impardonnables. Pour quelques présents et dîners raffinés offerts par Grupo México, les inspecteurs du ministère du Travail s'étaient soustraits à la responsabilité qui leur incombe afin de faire respecter les normes de sécurité à Pasta de Conchos. Les inspecteurs, les membres haut placés de l'administration Fox et les dirigeants de Grupo México avaient jeté un voile sur les questions de sécurité, ignorant les plaintes que nous avions déposées contre la mine et les réclamations faites par la Commission de sécurité et d'hygiène des comités locaux. C'étaient eux qui avaient mis à prix la vie des travailleurs.

Quoique très expérimentés et qualifiés, nos collègues ensevelis dans la mine avaient travaillé à Pasta de Conchos dans des conditions terriblement dangereuses. Javier de la Fuente et General de Hulla menaçaient constamment de les licencier s'ils s'en plaignaient. À présent, ces mêmes entreprises aidaient à masquer la négligence de ce ministre du Travail qui n'avait pas mandaté d'inspections dans les mines, alors que la loi l'exige. Le gouvernement n'a par ailleurs jamais inculpé Pedro Caramillo, le délégué du ministère du Travail à Coahuila, car il était le gendre de Salazar. Maintenant que le mal était fait, ces entreprises se montraient incapables de gérer quoi que ce soit. Sans le soutien professionnel des équipes techniques des autres entreprises, Grupo México n'aurait jamais été à même d'organiser la moindre opération de sauvetage.

Pour le bien de nos collègues piégés sous terre, et pour le bien des mineurs qui affrontent chaque jour des conditions de travail similaires, je savais que notre devoir était de faire jaillir la vérité. Je ne voulais pas que les gens attribuent une telle catastrophe à la volonté de Dieu ou à une erreur commise par les mineurs. Cette tragédie aurait pu être évitée. La vie des disparus dépendait des dirigeants de Grupo México et de leurs alliés au ministère du Travail. Cette entreprise investissait — et investit toujours — dans des mines, des exploitations et des fonderies au Pérou et aux États-Unis, où les travailleurs sont traités dans des conditions semblables, voire pires encore ; ce qui venait d'arriver devait être vu dans le monde entier comme une véritable honte pour cette entreprise aveuglée par la recherche du profit.

En l'absence d'amélioration particulière le lundi et le mardi, Salazar et les représentants de Grupo México ont adopté une attitude de plus en plus défensive, chaque fois plus incommodés par la présence des familles et des médias nationaux et internationaux qui faisaient constamment pression pour en savoir plus sur l'avancée des opérations de sauvetage. L'entreprise refusait systématiquement de donner des informations claires et ne répondait que de façon évasive.

Une conférence de presse avait lieu chaque soir à 21 h, à l'extérieur du site d'exploitation. L'heure tardive de ces conférences permettait d'avoir un délai entre les annonces de l'entreprise et les informations du lendemain, ce qui laissait du temps à Salazar et à Grupo México pour faire pression sur les journalistes de sorte que leurs communiqués masquent la vérité sur ce qui était arrivé. Ils en sont même arrivés à préparer des questions qu'ils remettaient aux journalistes afin qu'ils les leur posent. Salazar, Quevedo et Rubén Escudero, le gérant de la mine, avaient tous l'air effrayés et angoissés, répondant aux questions d'une voix hésitante et cassée. Ces conférences étaient terriblement désorganisées : d'un côté, tous les journalistes hurlaient leurs questions en même temps, et de l'autre, les représentants des entreprises leur répondaient de façon brève et ambiguë. Les plus agressifs étaient en général les journalistes locaux, qui posaient leurs questions en criant plus fort que les autres.

Salazar ne m'a jamais parlé directement de l'affaire Elías Morales et pendant les conférences de presse, il n'a jamais fait référence à ma

personne en tant que dirigeant de Los Mineros. Pour le gouvernement
— et seulement pour le gouvernement — Morales occupait ce poste,
alors qu'il n'a pas même daigné mettre les pieds à Pasta de Conchos pour
accomplir un devoir dont même le plus médiocre et incompétent des
dirigeants aurait su s'acquitter. Lorsque je m'adressais aux médias et aux
familles, Salazar partait s'enfermer dans les bureaux d'Industrial Minera
México comme s'il ne savait pas qui j'étais, trop lâche pour au moins
écouter la position du dirigeant de Los Mineros.

Plus les jours passaient, plus Salazar et les représentants de
l'entreprise étaient contrariés par les questions qui leur étaient posées
et plus leurs communiqués devenaient offensifs. Juan Rebolledo Gout,
le porte-parole officiel de Grupo México (et ancien secrétaire particulier de Carlos Salinas de Gortari lors de sa dernière année à la présidence du Mexique), a déclaré à la télévision que Grupo México avait
toujours observé les mesures de sécurité appropriées et respectait les
normes internationales, raison pour laquelle l'entreprise s'était main-
tenue en bonne position sur le marché international. Tous ces mensonges cyniques et sans vergogne ont exaspéré les membres du syndicat,
qui étaient les témoins directs des négligences de l'entreprise. Pour les
familles des victimes, qui pleuraient la disparition d'êtres chers, les
déclarations de Rebolledo Gout ont fait l'effet d'une gifle.

Ils ont ensuite accusé le Syndicat des mineurs et ses membres d'avoir
signé des certificats d'inspection ne faisant pas mention des mauvaises
conditions de sécurité, puis se sont mis à parler d'une possible erreur
humaine consécutive à la négligence, au manque de savoir-faire ou à
l'inexpérience des travailleurs. Ignorant délibérément les faits réels,
Salazar essayerait de se défendre en déclarant lors d'un entretien télévisé
que le 7 février — soit deux semaines avant l'explosion — avait eu lieu
une dernière inspection, au cours de laquelle seules 28 des 34 questions
relatives aux conditions de sécurité avaient été traitées. Les six derniers
points auraient été laissés de côté parce qu'ils se situaient dans des zones
fermées. Tout cela n'était qu'un tissu de mensonges. Une semaine après

la catastrophe, Salazar a même osé déclarer à un journaliste de Televisa que les mineurs se droguaient et buvaient de l'alcool avant d'entrer dans la mine pour se donner du courage. La Loi fédérale du travail impute la responsabilité à l'entreprise dans le cas d'un accident, hormis dans des circonstances très spécifiques telles qu'un conflit entre les travailleurs ou si l'un des mineurs a bu de l'alcool. En tenant de tels propos, Salazar a volontairement cherché à salir le nom de nos collègues afin de protéger Germán Larrea et d'autres représentants de Grupo México.

Lorsque Salazar s'est rendu à Pasta de Conchos, ce n'était pas pour lancer l'opération de sauvetage ni pour soutenir les familles des victimes : sa mission se limitait à protéger les intérêts de l'administration Fox et de Grupo México. Avec le temps, ses déclarations sont devenues de plus en plus négatives et tout le monde a vite compris que sa priorité était d'évaluer les dégâts. Salazar voulait fermer la mine et quitter les lieux le plus rapidement possible. Tous au sein du gouvernement voulaient oublier que Pasta de Conchos avait un jour existé. Les mineurs étaient outrés de constater que ce personnage n'était venu que pour clore l'affaire, ensevelir à jamais les éventuels survivants et camoufler la négligence criminelle de Grupo México.

Au moins Salazar a-t-il eu le courage de se présenter à Pasta de Conchos, contrairement à Fox et à ce lâche de Germán Larrea — dont l'entreprise est directement impliquée dans la catastrophe — qui n'ont pas même daigné se rendre sur les lieux. Il en va de même pour son successeur du PAN, Felipe Calderón. Aucun d'entre eux n'a présenté ses condoléances aux familles, ne leur a apporté le moindre soutien financier, ni le moindre dédommagement pour leur redonner un tant soit peu de dignité.

Malgré l'état catastrophique de la mine, malgré les opérations de secours improvisées, malgré l'attitude de Salazar et des représentants de Grupo México, nous espérions, au fond de nous, retrouver nos collègues en vie. Les bénévoles ont mis tout leur cœur dans les efforts de sauvetage, même s'ils n'avaient pas été formés pour affronter une telle situation. César Humberto Calvillo Fernández, le secrétaire en charge de la sécurité et la prévision sociale de la section locale du syndicat, a rejoint les secouristes le mercredi ; son frère se trouvait parmi les disparus.

Nous savions tous que les mineurs avaient pu mourir sur le coup, mais nous gardions l'espoir de trouver des signes de vie et de les retrouver quelque part dans la mine. Cependant, chaque jour qui passait sans apporter les nouvelles tant attendues accentuait encore le désespoir des familles et des collègues mineurs. Les secouristes — vingt-six au total — se relayaient pour descendre par groupe de six à huit personnes. Ils traversaient un éboulement par jour environ, mais à mesure qu'ils avançaient, ils en retrouvaient d'autres plus épais encore. Deux fois par jour, ils informaient les familles de leurs avancées, mais les longues heures d'attente entre deux rapports étaient une torture absolue.

Le plan de sauvetage proposé par Grupo México était un échec. Pasta de Conchos n'était pas une mine particulièrement compliquée ni profonde. Puisqu'ils savaient où se trouvaient les mineurs au moment de l'explosion, ils auraient pu élargir les puits d'aérage ou de dégazage, qui mesurent habituellement quinze à vingt centimètres et s'étendent jusqu'à une profondeur de 120 mètres dans les entrailles de la mine. Comme nous le verrions plus tard dans le cadre du sauvetage des mineurs chiliens, ces puits peuvent être aménagés pour remonter les mineurs à la surface. Traverser une par une les différentes parois d'éboulement était bien plus laborieux et dangereux, mais notre équipe de secouristes improvisée ne pouvait rien faire de plus.

Nous avons proposé à maintes reprises d'élargir les puits, mais l'entreprise n'a jamais cru en notre idée, prétextant que l'utilisation de foreuses risquait de provoquer une nouvelle explosion. Obliger les mineurs à utiliser des chalumeaux dans un lieu à haut risque d'explosion ne représentait pas de danger, mais recourir à une foreuse pour élargir les puits d'aérage était impensable. Après l'explosion, toute référence à ces puits a mystérieusement disparu dans les vidéos des inspections.

Pour quelles raisons Grupo México et le ministère du Travail n'ont-ils jamais pris en compte l'idée d'agrandir ces puits de dégazage, qui auraient permis de localiser les mineurs et de leur envoyer des vivres le temps de les remonter à la surface ? Selon moi, la réponse coulait de source : en sauvant les mineurs, soixante-cinq témoignages allaient révéler au grand jour les abus, la négligence et la cupidité de l'entreprise ; les médias feraient la pleine lumière sur l'histoire de ces mineurs héroïques et révèleraient les pratiques abusives mises en œuvre par Grupo México. De plus, les complicités et les intérêts personnels des fonctionnaires du ministère du Travail seraient rendus publics. Enfin, il aurait été bien plus aisé de poursuivre les responsables en justice si les mineurs avaient été retrouvés vivants.

De fait, l'entreprise a utilisé un de ces puits d'aérage pour faire descendre une petite caméra à l'intérieur de la mine, mais le contenu de cette vidéo n'a jamais été officiellement révélé. Lors de notre troisième journée sur place, l'un des plus jeunes ingénieurs a raconté à Oralia que la caméra avait capturé des images des corps des mineurs — qui n'étaient ni calcinés, ni mutilés, mais intacts, assis ou couchés en formant un cercle. Nous n'avons pas pu vérifier cette information car l'ingénieur a quitté Pasta de Conchos le lendemain. Mais l'idée que les mineurs avaient peut-être survécu ne cessait de nous hanter et nous empêchait de croire aux explications données par l'entreprise.

Trois jours après la catastrophe, l'entreprise et les représentants du gouvernement étaient devenus hermétiques et ne sortaient presque plus de leurs bureaux. Je recevais encore les rapports des secouristes membres du syndicat mais les autres cherchaient à m'éviter. Leur silence n'augurait rien de bon, mais ce qu'ils ont fait par la suite a été un véritable choc pour nous tous.

Au bout du cinquième jour, ils ont réuni les familles et leur ont fait comprendre que les conditions dans la mine empêchaient la poursuite des opérations. Sans même consulter le Syndicat des mineurs ni les travailleurs, Salazar et les représentants de Grupo México ont déclaré qu'ils suspendaient les recherches, justifiant que le niveau de gaz toxique dans la mine était trop élevé et mettait en danger la vie des secouristes. En l'absence de tout signe de vie, ces derniers devaient arrêter les recherches, alors même que les collègues bénévoles des mineurs étaient bien décidés à poursuivre. Soudain obligées d'accepter qu'elles ne reverraient jamais plus leurs frères, leurs pères ou leurs fils, les familles ont éclaté en sanglots.

S'il y avait eu ne serait-ce qu'une once de volonté politique ou de responsabilité de la part des exploitants de la mine, les corps des victimes auraient au moins pu être récupérés. La décision précipitée de Grupo México de fermer la mine cinq jours après l'explosion confirmait en quelque sorte le bienfondé de nos soupçons : l'entreprise cherchait à cacher les véritables causes de l'explosion, à savoir leur négligence et leur irresponsabilité criminelles.

L'arrêt des opérations nous a plongés dans une douleur indicible. Ces mineurs étaient des gens que nous connaissions et que nous respections. En les abandonnant sous terre, les hautes sphères de Grupo México et du gouvernement fédéral venaient de signer leur arrêt de mort. Cette mine devenait un gigantesque tombeau et pour la première fois au Mexique depuis 1889, on ne faisait pas remonter les mineurs à la surface après un accident minier.

Le jour où Salazar a annoncé l'arrêt des opérations, un ancien mineur fou de rage s'est approché de lui, l'a saisi par le cou et jeté à terre en hurlant que les efforts de sauvetage ne pouvaient pas s'arrêter ainsi, qu'il avait été renvoyé un mois auparavant mais que son frère était là, piégé dans la mine, et qu'il ne repartirait pas sans lui. La foule l'a suivi et lui a manifesté son soutien en lançant des objets sur Salazar. Celui-ci s'est échappé comme il a pu, protégé par ses gardes du corps. Je suis sûr que si le mineur avait eu une arme, Salazar aurait été assassiné. Un des cameramen a filmé la scène qui a ensuite été diffusée dans tout le Mexique pendant une semaine pour montrer à l'opinion publique la rage des mineurs et des familles, trahis par leur gouvernement.

Le président Fox lui-même avait du mal à dissimuler son sentiment de culpabilité. Les caméras de télévision étaient en train de le filmer alors qu'il attendait l'arrivée de l'avion présidentiel après un voyage dans le nord du Mexique. À ce moment-là, un étudiant s'est approché pour lui demander pourquoi il ne s'était pas rendu à Pasta de Conchos après l'accident. Fox a répondu sur un ton irrité et agressif qu'il était en déplacement dans les communautés indiennes du nord du pays. Après cette brève excuse peu convaincante, il a interpellé l'étudiant : « Et toi ? Tu y es allé ? » Puis lui a tourné le dos.

Lorsque Grupo México a abandonné Pasta de Conchos, le gouvernement Fox a envoyé plusieurs soldats surveiller la mine. Malgré la présence de l'armée et l'abandon officiel des opérations, un groupe de volontaires et de travailleurs syndicaux est resté sur place pour poursuivre les recherches, sans l'aide de l'entreprise ni celle du gouvernement. S'il existait une solution pour ramener les corps de nos collègues à la surface, nous étions bien décidés à la trouver.

Après le départ de l'entreprise, je suis moi aussi resté sur place pour soutenir les familles et les aider à déployer tous les efforts possibles. Ces jours-là ont été extrêmement intenses — des affrontements continuels entre l'armée et les familles des mineurs avaient plongé le site dans une atmosphère de violence. Durant la nuit, les rues étaient sombres et désertes, telle une ville fantôme. Oralia et moi avons commencé à nous sentir en danger. Mes déclarations sur les exactions de Grupo México et la complicité du ministère du Travail avaient profondément agacé certaines personnes de pouvoir. Pendant les conférences de presse à Pasta de Conchos, j'avais ouvertement accusé l'entreprise et les inspecteurs du gouvernement d' »homicide industriel » — terme communément employé par la Fédération Internationale des Organisations de travailleurs de la Métallurgie (FIOM) et d'autres organisations syndicales pour se référer aux décès directement consécutifs à la négligence d'une entreprise. Jorge Campos et Jorge Almeida, respectivement directeur et assistant du département Amérique latine de la FIOM, ont confirmé l'utilisation appropriée de ce concept pour décrire les faits. Ils en étaient convaincus : l'explosion était un véritable homicide industriel.

Fort heureusement, Oralia et moi étions soutenus et protégés par les mineurs et leurs familles, chez qui nous avons été accueillis. Le président Fox et Germán Larrea voulaient me faire disparaître et cela a commencé à m'inquiéter. J'ai alors demandé à Oralia de revenir à Monterrey, où elle se sentirait plus en sécurité.

Le 28 février 2006, onze jours à peine après l'explosion et tandis que j'étais encore présent sur le site, Salazar a déclaré publiquement que je n'étais plus secrétaire général du Syndicat des mineurs. Bien entendu, mon remplaçant était Elías Morales, propulsé illégalement à cette fonction. Agissant de la façon la plus lâche possible, Salazar ne m'a jamais contacté au sujet de cette affaire. Même quand il m'envoyait des rapports, pendant qu'il était à Coahuila, il n'en a jamais parlé. Il s'est contenté d'adresser un communiqué de presse aux médias et c'est aux informations télévisées que j'ai moi-même appris la nouvelle. Malgré l'expulsion de Morales six ans auparavant pour avoir violé notre règlement, malgré la haine que tous lui vouaient et l'absence d'élections démocratiques, le ministère du Travail était fier d'annoncer que ce traître allait prendre les rênes de Los Mineros. Morales n'avait ni l'expérience, ni le courage, et encore moins la capacité de diriger un syndicat, mais il aspirait à vendre chaque membre de l'organisation dans la perspective de s'enrichir.

L'invasion du siège du syndicat et la *toma de nota* remise à Morales n'étaient que les premiers signes d'une série d'attaques contre ma personne et contre Los Mineros. En effet, après l'explosion et mes déclarations sur l'homicide industriel, les agressions se sont multipliées. J'étais disposé à révéler que les responsables avaient du sang sur les mains et à lever le voile sur les abus inexcusables qui avaient entraîné la mort de soixante-cinq mineurs — dès lors, leur principal souci était de me faire disparaitre. Cela ne leur posait aucun problème de violer la législation du travail, d'aller à l'encontre de l'autonomie syndicale, de contrevenir aux principes moraux les plus élémentaires et de monter les mineurs et l'opinion publique contre moi. Obéissant à Grupo México et à l'administration Fox, les journalistes se sont mis à publier mensonges et calomnies à mon encontre : ils m'ont accusé d'être responsable de l'effondrement de la mine, ils m'ont accusé de vol et sont même allés jusqu'à prétendre que je ne me souciais aucunement des mineurs.

La *toma de nota* présentée par Salazar privait Los Mineros des pouvoirs conférés par la loi, notamment le droit d'élire ses propres dirigeants. Ce pouvoir était établi par la Constitution des États-Unis mexicains, par la Loi fédérale du travail dans l'accord 87 signé par le gouvernement mexicain et l'Organisation internationale du Travail en 1960, et il avait été ratifié dans les statuts du Syndicat des mineurs. À travers cette déclaration, Salazar n'avait d'autre but que de m'éliminer — j'étais un dirigeant qui refusait de défendre les intérêts de Grupo México — et de me remplacer par une personne totalement dévouée à l'entreprise. Salazar agissait comme s'il dirigeait le syndicat, comme s'il n'existait pas des lois que lui-même, plus que quiconque en raison de son rang, était tenu de respecter.

Les membres de Los Mineros étaient furieux d'apprendre que Fox, Larrea et leurs complices prétendaient imposer un dirigeant à leur organisation. Ils avaient élu une personne sur qui ils pouvaient compter pour les défendre et le gouvernement essayait à présent de la remplacer par un traître à la cause des travailleurs, expulsé en l'an 2000 pour trahison, corruption et espionnage en faveur des entreprises. Durant les premiers jours du mois de mars 2006, quelques grèves isolées et peu organisées ont eu lieu dans différentes sections du syndicat à travers le pays, pour protester contre l'annonce absurde et irrationnelle de Salazar. Mais nous projetions d'aller beaucoup plus loin. Le Comité exécutif a organisé une Convention nationale extraordinaire qui aurait lieu à Monclova, dans l'État de Coahuila, vers la mi-mars. À cette occasion, nous déciderions de la forme exacte que prendraient les actions de Los Mineros. Nous allions rester soudés pour répondre ensemble aux injustices et aux abus commis à Pasta de Conchos et dans d'autres mines du pays.

CINQ

DANS LA MINE

La mine ressemble à l'enfer ou, du moins, à l'image mentale que je m'en fais. Tous les éléments y sont réunis — la chaleur, le bruit, le chaos, l'obscurité, l'air fétide et, surtout, l'espace rétréci à un point insupportable.

— GEORGE ORWELL

J'avais seize ans la première fois que je suis entré dans une mine. Mon père, qui venait d'être élu dirigeant du Syndicat des mineurs, m'a demandé de l'accompagner lors de sa visite à Real del Monte y Pachuca, dans l'État d'Hidalgo. Avec ses 500 kilomètres de tunnels, cette mine d'or et d'argent était l'une des plus grandes, des plus profondes et des plus anciennes du pays. Si tôt arrivés, mon père s'est mis à discuter avec les travailleurs pendant qu'eux m'équipaient pour effectuer la descente, à plus de 1000 mètres sous terre. Ces préparatifs répondaient à une sorte de rituel : enfiler le bleu de travail, chausser les bottes à cap d'acier, coiffer le casque de mineur, boucler le ceinturon comprenant le kit de premiers secours et les batteries pour la lampe torche, attacher le baudrier et les courroies dont dépend la survie des mineurs.

Tandis que nous descendions par un ascenseur à treuil assez rudimentaire, mon père m'expliquait qu'une mine — à l'image d'un immeuble — était constituée de plusieurs étages, distants de 40 à 50 mètres. Soudain une forte secousse nous a bousculés et je me suis agrippé, terrifié, à l'une des parois latérales de l'ascenseur. Dans un éclat de rire, mon père m'a rassuré : « T'inquiète pas fiston, ils font ça pour faire peur aux nouveaux ! »

Dix minutes plus tard, l'ascenseur s'est arrêté à quelque 600 mètres de profondeur, et nous avons pénétré dans une chambre sombre où l'air était chaud et poussiéreux. Quelques mineurs nous ont proposé une visite rapide. Alors qu'ils s'adressaient à mon père, une émotion certaine se lisait sur leur visage et j'ai commencé à me sentir plus à l'aise. Nous sommes ensuite remontés dans l'ascenseur pour continuer notre descente, à près de 1000 mètres sous terre.

Je n'étais encore qu'un adolescent et tout ce que je voyais dans cet espace de travail m'impressionnait. L'air y était suffocant et à part leurs bottes et leur casque, les mineurs étaient très court-vêtus. À mesure qu'ils avançaient le long d'étroits tunnels qui suivaient la veine du minerai, une corde attachée à leur ceinture les maintenait reliés à un câble de sécurité situé le long de la paroi. Ils suaient à grosses gouttes sous la chaleur écrasante et leurs bras étaient noirs de poussière. La seule source de lumière émanait de leurs lampes et de quelques ampoules éparses accrochées au fond des galeries.

J'ai été frappé de constater que des êtres humains puissent travailler au fond d'une mine pour y extraire des métaux et des minéraux dans des conditions aussi dangereuses. J'étais sidéré par le sacrifice et l'effort qu'impliquait leur déplacement à l'intérieur de la mine, en dépit du manque d'espace, d'oxygène et de lumière. Finalement, la vie de ces hommes ne dépendait que de leur savoir-faire, ou peut-être de la bienveillance d'un être supérieur.

Mon père observait avec attention les conditions de travail à Real del Monte y Pachuca. Après quelques poignées de main, il a demandé aux mineurs comment ils se sentaient, quel genre de travaux ils effectuaient, comment les traitaient l'entreprise et les supérieurs et s'ils rencontraient des soucis particuliers. Sans le savoir, mon père m'inculquait ce que devait être le travail d'un dirigeant syndical : il aimait dialoguer directement avec les travailleurs — contrairement aux propriétaires de la mine — et n'avait pas peur de s'enfoncer dans leur lieu de travail sombre et dangereux.

Lorsque nous sommes remontés à la surface trois heures plus tard, l'air frais et la clarté du jour m'ont surpris. On nous avait donné des lunettes de soleil en sortant parce que les yeux s'habituent vite à l'obscurité. Mais nous n'étions restés que trois heures dans la mine, ce qui était dérisoire par rapport aux huit heures quotidiennes, ou même davantage, que les mineurs passaient ainsi dans les entrailles de la terre.

C'était le premier d'une longue série de voyages que j'allais réaliser à l'intérieur des mines aux côtés de mon père. Je l'ai ensuite accompagné dans des mines situées dans l'État de Coahuila, ainsi que dans celui de Chihuahua où je suis descendu dans les mines de San Francisco del Oro et Santa Barbara, toutes deux très profondes. Les conditions de travail y étaient très dangereuses, mais en voyant cette réalité de mes propres yeux, j'ai compris quel était l'immense courage de ces mineurs qui, au prix d'énormes efforts, remontent à la surface les ressources offertes par notre terre, pour le bénéfice du peuple mexicain.

Lors de ces visites, nous mangions souvent à l'intérieur de la mine, aux côtés des travailleurs. Ils partageaient avec nous leurs repas qui avaient été préparés à la surface : des *empanadas* de viande ou de poulet, des *tortillas* accompagnées d'œufs, de haricots noirs et de sauce, de l'eau et du café. Cette pause-déjeuner qui se déroulait à mille mètres sous terre dans des galeries transformées en salles à manger improvisées, donnait aux mineurs l'illusion temporaire de réaliser une activité normale à l'extérieur. Ils avaient, selon le règlement, trente à quarante-cinq minutes pour manger et prendre leur pause de la journée. Si l'un de ces espaces qui servaient de réfectoire présentait des problèmes de sécurité ou d'insalubrité

— ventilation insuffisante et concentration trop élevée de gaz et de débris
— Don Napoleón demandait aux propriétaires de prendre les mesures qui
s'imposaient. Il était convaincu que ces hommes, qui ne pouvaient même
pas remonter à la surface pour manger, méritaient au moins d'avoir des
réfectoires adaptés, propres et bien ventilés.

Pendant les jours qui ont suivi l'accident de Pasta de Conchos, les
souvenirs de mes premiers voyages dans la mine me sont revenus en
mémoire. J'étais descendu dans de nombreuses mines de charbon et je
savais ce que c'était d'être à l'intérieur. Je me rappelais de la sensation
d'enfermement et d'asphyxie dans ces tunnels chargés de poussière de
charbon. L'idée d'être coincé dans les profondeurs de la terre après
un éboulement, avec peu voire aucun espoir d'être sauvé, me hantait
terriblement.

Le ministère du Travail des États-Unis avait décrété, dès le début de
l'exploitation minière, que l'extraction de charbon et d'autres minéraux
était considérée comme « l'une des activités les plus dangereuses au
monde ». L'État de Coahuila est le premier producteur de charbon au
Mexique, et des mines telles que celle de Pasta de Conchos figurent
parmi les plus dangereuses et compliquées étant donné la forte concentration en méthane et en monoxyde de carbone résultant de l'extraction
du charbon. Ces gaz sont inodores et incolores et, lorsqu'ils sont inhalés,
ils circulent dans le corps insidieusement : une légère sensation de som-
nolence et de vertige entraîne ensuite une perte de conscience pro-
gressive, puis un coma dont on ne se réveille plus. L'extraction génère
des quantités considérables de poussière de charbon et le danger augmente de façon inversement proportionnelle au degré de ventilation de
l'espace où travaille le mineur. Plus il est à distance de l'entrée, plus il y
a de méthane, de poussière, de fumée, de chaleur, et plus la ventilation
devient cruciale.

Au XVIIIème, au XIXème et au début du XXème siècle, les mineurs empor-
taient des canaris à l'intérieur des mines. Ces oiseaux sont si sensibles

qu'en présence d'une concentration trop élevée en méthane ou en dioxyde de carbone, ils mouraient avant même que les mineurs ne commencent à en ressentir les effets, laissant ainsi aux hommes la possibilité de fuir ou de mettre des masques de protection à temps.

Plus la concentration en gaz toxique était élevée, plus la mort du canari survenait rapidement. En présence d'une concentration inférieure à 0,09 pour cent, l'oiseau commençait à éprouver de la douleur une heure après être entré dans la mine. Si le niveau de gaz augmentait à 0,15 pour cent, le canari s'affaiblissait plus rapidement et au bout de dix-huit minutes, il tombait de son perchoir. Avec un niveau de gaz s'élevant à 0,20 pour cent, le canari mourait en moins de cinq minutes. Enfin, avec un niveau de 0,24 pour cent, le canari tombait à terre en moins de deux minutes et demie[1].

À cette époque, les mineurs utilisaient ce système d'alarme primitif qui, bien qu'injuste pour ces oiseaux, permettait aux hommes de se prémunir contre le danger. Ce n'est qu'au début du XXème siècle que l'on a commencé à fabriquer des grisoumètres pour mesurer les concentrations en gaz méthane dans l'air et, ainsi, sauver la vie de nombreux mineurs et éviter le sacrifice d'autres canaris.

Avec le progrès technologique et l'envolée des prix des minéraux au cours de la dernière décennie — générant des bénéfices sans précédents pour les propriétaires miniers — on aurait pu penser que les conditions de sécurité dans les mines se seraient améliorées. Mais les mines ne deviennent plus sûres que lorsque les entreprises qui les exploitent sont disposées à investir dans la sécurité des infrastructures et lorsque le gouvernement accomplit son devoir d'inspection des lieux et oblige les entreprises à prendre les mesures nécessaires. Au Mexique, les mineurs tels que ceux qui ont péri à Pasta de Conchos sont traités comme ces canaris, contraints de pénétrer dans les entrailles de la terre sans aucune protection face à la mort.

---

1 Musée de la Mine Cumberland, Ile de Vancouver, Colombie-Britannique, Canada.

Au moment de l'explosion, Pasta de Conchos était l'une des mines les plus dangereuses et les plus vétustes du Mexique. Les installations étaient dans un état déplorable et il y a lieu de souligner comment Grupo México et General de Hulla ont ignoré, les uns après les autres, les multiples avertissements relatifs aux dangers du site. Bien que ces entreprises soient toutes deux responsables de la mort des membres du syndicat et des travailleurs contractuels qui étaient dans la mine au moment de l'explosion, la responsabilité ultime incombe à Grupo México. En effet, Germán Larrea n'a jamais pris la peine de vérifier comment son sous-traitant exploitait la mine, alors que la Constitution mexicaine stipule dans son article 123, alinéas XIV et XV, qu'une entreprise est responsable de la sécurité des installations « même dans le cas où elle fait appel à un sous-traitant. »

Pour entrer dans la mine 8 de Pasta de Conchos, il fallait traverser un tunnel incliné puis descendre à cent-vingt mètres sous terre par un escalier bétonné. C'était la seule façon d'entrer et de sortir des lieux. On arrivait ensuite au niveau d'un vestibule d'où partaient trois galeries, reliées par endroits à d'autres embranchements. Chacune de ces galeries mesurait tout au plus trois mètres de hauteur et trois mètres de largeur. Les mineurs se retrouvaient dans le vestibule et un système de wagonnets les transportait vers leur zone de travail. Un de ces trois tunnels principaux était muni de bandes transporteuses qui acheminaient le charbon jusqu'à la surface, où se trouvaient une tour et une grande trémie. Le charbon partait ensuite à la station de lavage et à la cokerie pour y être traité. Grâce aux recherches constantes menées afin d'accroître la quantité et la qualité du charbon, de nouveaux gisements avaient été découverts dans une voûte plus large, au bout de ces tunnels.

Pasta de Conchos n'était pas une mine très profonde, mais son système d'aérage était plus qu'insuffisant. Un grand ventilateur avait été installé dans la galerie principale et faisait circuler l'air jusqu'au fond de la mine, mais ce même air revenait chargé de gaz et de poussière par la même voie. C'est dans des mines comme celle-ci que les mineurs s'empoisonnent progressivement. Plus ils s'enfoncent dans la mine, plus l'oxygène se raréfie et l'air devient épais et toxique. Il était évident qu'un seul ventilateur, dans ce long tunnel, ne suffisait pas pour rafraîchir et renouveler l'air. Des masques étaient prévus afin d'éviter les asphyxies, mais comme l'entreprise n'y mettait que rarement des filtres, ils n'étaient d'aucune utilité et les mineurs préféraient ne pas les porter.

Imprécis, les grisoumètres ne donnaient pas de résultats fiables ce qui rendait toutes les autres mesures de sécurité complètement super-flues. Nombreux étaient ceux qui pensaient que les grisoumètres utilisés par la compagnie étaient défectueux, mais leur accès était très contrôlé par l'entreprise. Lorsque les mineurs demandaient des informations sur le niveau de méthane, l'entreprise leur proposait des appareils cassés ou leur disait que les niveaux avaient déjà été vérifiés. Ceux qui ne faisaient pas confiance à l'entreprise étaient invités par les gérants à démission-ner. Après l'explosion, un des secouristes de Pasta de Conchos a enreg-istré une concentration en méthane comprise entre 95 et 103 pour cent alors que le niveau de gaz dans des conditions normales oscille entre 1,5 et 2 pour cent.

En plus des gaz toxiques qui s'accumulent dans la mine, l'extraction de charbon produit des résidus hautement explosifs. Dans les points les plus éloignés de la galerie principale, les couches de poussière qui recou-vraient le sol atteignaient parfois jusqu'à un mètre et demi de hauteur.

Les gaz toxiques, la chaleur excessive et les résidus explosifs sont monnaie courante dans les mines, mais les exploitants de Pasta de Con-chos ont combiné ces trois éléments pour en faire un cocktail mortifère. General de Hulla a exigé de ses mineurs qu'ils réalisent des travaux de soudure au moyen de chalumeaux à l'intérieur de la mine, sans se souc-ier des montagnes de poussière de charbon qui jonchaient les galeries et qui, au contact du feu, réagissent comme de la poudre à canon. Les parois et les divisions à l'intérieur d'une mine sont généralement recouvertes d'une poudre inerte qui neutralise la nature combustible du charbon et permet d'éviter toute explosion. Cette mesure de précaution essentielle avait été hautement recommandée par les ingénieurs de Pasta de Conchos, mais n'avait pas pour autant été appliquée. Si ce procédé préventif avait été réalisé au moins une fois par mois, on aurait sûrement pu éviter la série d'explosions qui a ravagé la mine. Pour ce faire, Grupo México et ses sous-traitants auraient dû acquitter 10 000 pesos par mois, mais la vie de leurs employés ne valait apparemment pas un « tel » investissement.

Il n'était pas rare non plus que les mineurs portent des bottes aux semelles trouées alors qu'ils travaillaient régulièrement dans la boue et la poussière. Les pannes électriques étaient fréquentes au niveau du système de wagonnets et des bandes qui acheminaient le charbon vers l'extérieur. On retrouvait souvent des câbles électriques brûlés, dont les fils métalliques dénudés avaient été isolés en appliquant du ruban adhésif au lieu d'être remplacés ou réparés soigneusement. Compte tenu des nombreuses infiltrations d'eau, le danger devenait particulièrement sérieux. Des installations électriques à haute tension aussi rudimentaires risquaient de provoquer des courts-circuits et des étincelles, pouvant à leur tour déclencher une explosion au contact de la poussière de charbon ou du méthane.

Les colonnes de soutènement à l'intérieur de la mine étaient, elles aussi, en mauvais état. Dans toutes les mines, pour arriver jusqu'au gisement et extraire le minerai, les travailleurs perforent les parois au moyen de pioches et de marteaux-piqueurs. Les ouvertures finissent ainsi par s'élargir. Les mineurs sont alors obligés de renforcer les parois et le plafond avec des poutres, ou *monos* en espagnol. Au fond de la mine, ils déposent des plaques métalliques pour éviter les éventuels éboulements causés par les vibrations ou les mouvements de terrain dus à l'extraction.

À mesure qu'ils avançaient, les mineurs avaient installé les *monos* dans les galeries. Ce procédé délicat est particulièrement important, mais les colonnes auraient dû être en béton ou en acier et non en bois comme à Pasta de Conchos. Lorsqu'une de ces colonnes était trop courte pour couvrir la distance séparant le sol du plafond, les travailleurs coupaient un morceau d'une autre poutre qu'ils reliaient à la première pour atteindre la bonne hauteur. Ces ajustements improvisés compromettaient dangereusement la stabilité et la résistance de la mine. N'étant pas constituées d'un seul tenant, ces colonnes cassées puis raccommodées, ou autrement constituées, ne pouvaient en aucun cas préserver la stabilité.

Mais pourquoi les mineurs utilisaient-ils un soutènement si inadapté ? D'abord parce qu'ils ne connaissaient pas d'autre technique, et parce qu'il n'y avait dans la mine aucun superviseur capable de corriger ce genre d'absurdité. Les superviseurs de General de Hulla n'avaient que faire de la pratique ainsi adoptée par les mineurs pour remédier au manque de matériel, bien au contraire : cette solution était nettement plus avantageuse que d'acheter des poutres adaptées. Et ce triste constat n'aura été qu'un énième symptôme de leur obsession à réduire les coûts pour augmenter les profits.

La catastrophe du 19 février 2006 était en partie imputable à l'infrastructure déficiente et la fragilité du soutènement de la mine. Selon les membres du syndicat qui connaissaient bien ces conditions, l'explosion avait dû provoquer quinze éboulements au total le long de la mine, tous dus à ces problèmes de renforcement inadapté.

Enfin, et pour noircir encore le tableau, l'absence d'un tunnel de sortie alternatif dans la mine 8, dont nous avons déjà parlé. L'entreprise a tout bonnement refusé d'en construire un, ignorant nos multiples requêtes. Ajouter un tunnel au fond de la mine, ou même dans la partie centrale, aurait permis une meilleure circulation de l'air et de l'oxygène ainsi que des conditions de travail plus favorables. Ce tunnel aurait également facilité l'évacuation des gaz qui s'accumulaient dans les galeries et aurait pu faire office de sortie de secours. Je suis d'ailleurs persuadé qu'il aurait permis de sauver une partie, si ce n'est la totalité de ces hommes, dont les corps sont encore ensevelis dans la mine aujourd'hui.

Grupo México n'a jamais voulu construire de sortie alternative pour améliorer les conditions de sécurité des travailleurs, et ce pour s'éviter un coût estimé entre 1 et 2 millions de dollars, selon les experts. Pourtant, peu de temps avant, l'entreprise avait fermé la mine et investi 10 à 12 millions de dollars pour réparer les fours à coke. Pourquoi avait-elle décidé d'investir dans les fours et non dans la construction d'une autre issue ? Parce que réparer les fours à coke, c'était augmenter la qualité et la pureté du charbon produit, ce qui avait un impact direct sur sa marge commerciale et donc sur son bénéfice — déjà scandaleusement élevé — alors que la construction d'un tunnel alternatif ne rapportait rien. Le seul effet aurait été d'améliorer les conditions de sécurité des travailleurs, mais l'entreprise ne s'en souciait guère. Motivés par leur insatiable cupidité, ces hommes d'affaires n'ont pas daigné investir 1 ou 2 millions de dollars à peine, alors qu'ils engrangeaient des bénéfices de plus de 6 milliards. Fort des rapports étroits qu'il entretenait avec le gouvernement, le groupe ne s'est jamais vu imposer ces travaux qui étaient pourtant d'une importance vitale dans la mine 8. Cela montre bien avec quelle facilité la classe dirigeante mexicaine négocie sous la table.

C'est dans cette mine vétuste et si dangereuse que les employés de Pasta de Conchos étaient forcés de travailler. General de Hulla, l'entreprise sous-traitante qui employait la plupart des mineurs, menaçait régulièrement de licencier les travailleurs non-syndiqués qui se plaignaient de leur salaire ou des conditions de travail. Grupo México avait fait appel à General de Hulla pour la réalisation des travaux les plus compliqués et les plus risqués, car la société proposait de la main-d'œuvre bon marché sans se soucier des risques encourus par ses employés. General de Hulla les payait 80 pesos par jour (environ 6 dollars), alors qu'elle recevait de Grupo México près de 800 pesos par jour pour ces mêmes employés. Ainsi, les mineurs non-syndiqués de General de Hulla travaillaient entre dix et douze heures par jour, sans congé, pendant que leurs employeurs empochaient la plupart du revenu. Bien entendu, chaque fois que la question de la syndicalisation faisait surface, les mineurs se voyaient menacés, licenciés ou transférés vers d'autres lieux de travail.

Les mineurs signalaient régulièrement les nombreuses anomalies qu'ils détectaient à Pasta de Conchos. Si les inspections de routine avaient été réalisées, si Grupo México et le ministère du Travail avaient pris les mesures nécessaires, la mine 8 de Pasta de Conchos serait devenue un lieu de travail sûr. Mais l'entreprise — avec la complicité totale du ministère du Travail — a obstinément refusé d'améliorer les conditions dans la mine. Parmi toutes les entreprises soumises à la supervision de ce ministère, celles à haut risque telles que Grupo México auraient dû figurer en tête de liste mais à Mexico, les hauts fonctionnaires n'en ont que faire. Encore aujourd'hui, ils délivrent des autorisations d'exploitation concernant des mines situées à des centaines de kilomètres de la capitale, sans qu'aucune autorité n'ait procédé aux inspections nécessaires. Ils n'évaluent ni les dangers auxquels sont exposés les travailleurs, ni l'impact environnemental de la mine sur les communautés locales. Au bout du compte, les citoyens mexicains financent les salaires des inspecteurs du gouvernement qui faillissent pourtant à leur devoir professionnel.

Dans une mine comme celle de Pasta de Conchos, une inspection de routine devrait avoir lieu tous les quinze jours. Pour représenter les travailleurs lors de ces inspections, les sections locales du Syndicat des mineurs désignent une Commission mixte de santé, de sécurité et d'hygiène pour chaque site. La taille de la commission varie en fonction du nombre de travailleurs sur le site, mais pour une mine moyenne elle est constituée de trois ou quatre membres. Conformément aux statuts du Syndicat des mineurs et aux conventions collectives signées avec chaque entreprise, ces commissions ont vocation à réaliser des contrôles fréquents dans la mine et sur les lieux de travail pour y détecter d'éventuelles anomalies dans les systèmes de sécurité et les équipements, et proposer des suggestions afin de résoudre au plus vite tout problème constaté. Généralement, les rapports de la Commission mixte se répartissent en deux catégories : les rapports urgents d'une part, qui mettent en garde contre un risque imminent d'accident, et les rapports de maintenance préventive ou de maintenance à moyen terme d'autre part, dans le cas de problèmes concernant la production, les opérations ou les conditions du centre de production.

Comme le stipulent les conventions collectives signées par l'entreprise et les représentants syndicaux, ces contrôles doivent être réalisés en présence d'un représentant du ministère du Travail et de quelques représentants de l'entreprise. Chaque inspection se solde par un compte-rendu conjoint répertoriant minutieusement l'ensemble des problèmes et anomalies observés. Les revendications ensuite adressées à l'entreprise s'appuient sur ce compte-rendu et celle-ci, conformément aux prescriptions des conventions collectives, de la Constitution mexic-aine et de la Loi fédérale du travail, corrige les irrégularités signalées afin d'éviter tout accident.

Mais à Pasta de Conchos, rien de tout cela. Les fonctionnaires du ministère de Travail réalisaient leurs inspections de façon très spo-radique et bien souvent, les rapports qu'ils présentaient étaient falsi-fiés. Les rares fois où les inspecteurs s'étaient présentés à la mine, les représentants de l'entreprise les avaient invités à déjeuner plutôt que de les diriger vers les lieux de travail pour qu'ils y accomplissent leur devoir. Grupo México préparait ses rapports sans passer par la Com-mission mixte de santé, de sécurité et d'hygiène. Naturellement, ces faux rapports déclaraient que tout était en ordre et en accord avec les normes de sécurité, et ils excluaient dès lors un quelconque danger dans la mine. Les fonctionnaires tentaient ensuite de faire signer ces faux procès-verbaux par les membres de la Commission, et lorsque ces der-niers s'y opposaient, ils étaient menacés de licenciement ou de transfert vers d'autres sites où leur travail serait plus ardu encore, en plus de voir leurs salaires et leurs avantages sociaux diminuer. C'est ainsi que l'on traitait les membres de la Commission mixte qui étaient censés émettre des observations et proposer rapidement des solutions. Les travailleurs employés par General de Hulla et ceux qui appartenaient au syndicat étaient soumis à la pression des entreprises pour signer des comptes rendus où il n'y avait « rien à signaler ». Javier García, un des travailleurs employés par General de Hulla, s'était plaint à plusieurs reprises de l'état déplorable de la mine. Il a été licencié un mois avant la tragédie, ce qui d'ailleurs lui a sauvé la vie.

En dépit des mensonges et des intimidations des exploitants de Pasta de Conchos, les mineurs ont continué à mener leurs propres inspections, à rédiger leurs propres rapports et à les archiver même sans les signatures de Grupo México et du ministère du Travail. Leurs revendications, ainsi compilées dans des dossiers parfois plus épais que des romans, n'ont pas trouvé d'autre réponse que le silence des exploitants.

Lorsque les représentants de Grupo México ne harcelaient pas les mineurs pour les obliger à signer de faux comptes rendus, ils les berçaient de fausses promesses concernant la modernisation des infrastructures. Selon certains membres de la section 13 du syndicat, à laquelle appartenait Pasta de Conchos, Sergio Rico, alors superviseur des opérations au niveau de la mine, avait assuré aux travailleurs que des améliorations étaient prévues dans la mine 8. Outre la résolution de problèmes basiques tels que le changement de câbles, le remplacement des boîtiers d'enregistrement du système de contrôle électrique et la réparation des défaillances mécaniques des wagonnets transportant le charbon, le point principal de ces travaux était la construction du fameux tunnel alternatif. La nouvelle voie d'accès serait située tout au bout de la mine et disposerait d'un système de ventilation indépendant. De nouvelles perforations étaient prévues pour réduire la concentration de gaz à l'intérieur, ce qui allait permettre une meilleure circulation de l'air tout le long de la mine. Nul besoin de préciser que tous ces projets sont restés lettre morte. Fort du soutien et de la protection du ministère du Travail, Grupo México n'a pas jugé utile de réaliser les améliorations prévues, alors même que le groupe avait parfaitement conscience du caractère illégal de ces négligences.

La dernière « véritable » inspection à Pasta de Conchos avait eu lieu en 2004, un an et demi avant l'explosion. Les rapports mentionnaient un total de quarante-huit problèmes concernant, entre autres, le système électrique, le système de transport et le niveau de concentration en gaz. Bon nombre de ces anomalies avaient été « réparées » au moyen de ruban adhésif — ce qui n'est pas suffisant pour empêcher une étincelle, puis l'explosion. L'entreprise n'a jamais rencontré les inspecteurs du gouvernement, pendant leur visite ou à l'issue de celle-ci, ni les membres de la Commission mixte. Les procédés et les règles qui avaient été établis en matière d'inspection et de réunions avec la commission lors de la signature des conventions collectives n'ont jamais été pris en compte. Le ministère du Travail a d'ailleurs mis un an à envoyer à Grupo México le rapport daté de juillet 2004.

Quelques jours après la catastrophe, Salazar avait affirmé que deux semaines avant l'explosion, le 7 février 2006, une inspection avait été menée dont le rapport mentionnait trente-quatre observations. Selon le ministre, des mesures avaient été prises pour résoudre vingt-huit d'entre elles, les six autres n'ayant pas été traitées car elles se trouvaient dans des zones fermées aux opérations. En réalité, cette inspection n'a jamais eu lieu et ce rapport ne mentionnait même pas les quarante-huit irrégularités évoquées dans le rapport de juillet 2004, auxquelles il n'avait d'ailleurs toujours pas été remédié. Le 7 février, les inspecteurs ne sont pas même entrés dans la mine. Salazar et Grupo México ont avoué bien plus tard qu'il s'agissait d'un simple contrôle pour vérifier l'état des quarante-deux anomalies détectées précédemment. Dans le cas d'une véritable inspection, ils auraient remarqué que bon nombre de ces anomalies n'avaient pas été rectifiées. S'ils avaient eu un tant soit peu de conscience, ils auraient fait fermer la mine immédiatement. En inspectant ainsi une mine de charbon une seule fois par an et non toutes les deux semaines comme il est de rigueur, les personnes impliquées ont fait preuve d'une irresponsabilité consternante.

Il est tout aussi consternant de savoir qu'à cette époque, le responsable des inspections à Pasta de Conchos n'était autre que le délégué du ministère du Travail pour l'État de Coahuila, c'est-à-dire Pedro Camarillo, le gendre du ministre du Travail lui-même. Si celui-ci avait voulu réaliser une inspection en bonne et due forme à Pasta de Conchos, il aurait été bien en peine d'aller contre la volonté de son beau-père et des milliardaires qui le soutenaient. D'autant plus que Salazar possédait deux entreprises qui étaient des fournisseurs directs de Grupo México, ce qui constituait en soi un important conflit d'intérêts. C'est à se demander comment Salazar et les représentants de Grupo México ont ainsi pu déclarer à la presse en toute sérénité que l'ensemble des inspections avaient été réalisées et que les normes de sécurité étaient respectées.

La nuit du 18 février 2006, quelques heures avant que la galerie principale de la mine 8 ne s'effondre sous des tonnes de roche et de charbon, Francisco Pérez s'apprêtait à sortir de chez lui pour prendre son service à 23 h. C'était l'anniversaire de sa femme et comme la fête venait à peine de commencer, sa famille l'a prié de rester à la maison. Il trouverait bien un prétexte pour justifier son absence. Le mineur s'est finalement laissé convaincre et cette décision lui a sauvé la vie.

Impossible de savoir si ce n'était qu'un coup de chance ou si la famille de Francisco a eu un pressentiment. Une chose est sûre : les mineurs savaient que ce soir-là, leur vie était en danger. Quelques heures avant, ils avaient décidé d'arrêter le travail en raison des mauvaises conditions dans la mine : la concentration en gaz était plus élevée que de coutume, la poussière, la fumée, les substances chimiques et d'autres matériaux rendaient l'atmosphère de plus en plus irrespirable. Les conditions étaient réunies pour qu'une catastrophe se produise à tout moment. Certains mineurs se sont rassemblés et l'un d'entre eux a proposé d'entamer une grève après l'assemblée officielle du mardi suivant, le 21 février. Les mineurs présents ont décidé qu'ils se réuniraient ce jour-là pour voter et obtenir la majorité requise par la législation mexicaine du travail. La loi autorise la tenue d'une grève d'urgence sans majorité, mais les travailleurs ont voulu respecter le protocole. Sachant que le syndicat était dans la ligne de mire de Salazar, ils ont préféré emprunter la voie légale.

La plupart de ces mineurs étaient sûrement en train de travailler dans la dernière voûte au fond de la mine lorsque l'explosion s'est produite et c'est là que les éventuels survivants ont probablement été piégés. Si ces opérations avaient été réalisées conformément aux normes de sécurité, les mineurs auraient été répartis le long de la mine, à une certaine distance les uns des autres, certains extrayant du charbon, d'autres réalisant des travaux de maintenance, d'autres encore surveillant la production. Mais ce jour-là, General de Hulla avait demandé à l'ensemble des travailleurs non-syndiqués de se rendre au fond de la mine pour procéder à des soudures avec un chalumeau. L'entreprise, qui avait pour habitude d'assigner les tâches les plus difficiles aux travailleurs non-syndiqués, n'éprouvait aucune responsabilité quant à la vie de ces hommes. La moindre étincelle provoquée suite à un problème électrique ou par friction aurait suffi à déclencher une explosion de gaz méthane, qui se serait propagée à son tour jusqu'aux montagnes de charbon qui jonchaient la mine. Et c'est précisément le scénario qui s'est produit le 19 février 2006, à 2 h 20 du matin.

L'explosion a certainement été énorme. En une fraction de seconde, la déflagration s'est propagée sur plus de deux kilomètres et toute la mine s'est embrasée. « Imaginez un feu d'artifice dans une bouteille, » avait déclaré Elías Aguilera, un des rescapés, employé par General de Hulla. L'explosion a consumé tout l'air qu'il y avait dans la mine et les galeries, déjà fragiles, se sont effondrées. Le souffle de l'explosion a rapidement traversé les cent-vingt mètres de profondeur pour atteindre les installations extérieures, les usines de traitement et les fours à coke. La trémie et les bandes transporteuses ont été complètement détruites. Les hommes qui ont survécu se trouvaient près du tunnel incliné qui mène vers la sortie, mais ils ont souffert de graves brûlures.

Lorsque je suis allé rendre visite aux neuf mineurs hospitalisés, ils m'ont expliqué qu'à 23 h, l'équipe de nuit se dirigeait vers le fond de la mine (à Pasta de Conchos, les mineurs travaillaient 24h/24, par rotation de trois équipes). Depuis quelques temps, tout au fond de la mine, ils entendaient des bruits qui les pétrifiaient. Ils savaient que quelque chose de très grave pouvait arriver ce jour-là. Au fur et à mesure de leur progression, la chaleur devenait insoutenable.

D'autres survivants m'ont raconté que déjà, quelques jours avant la catastrophe, les mineurs se dirigeaient vers le fond de la mine sans dire un mot, de plus en plus inquiets car ils pressentaient le danger qui les guettait. **Ils effectuaient la descente lentement et en silence, comme s'ils savaient que ces derniers pas les rapprochaient chaque fois un peu plus de la mort.**

Bien entendu, leur inquiétude était fondée. Jusqu'à ce jour, personne ne sait exactement ce qui est arrivé aux soixante-cinq mineurs durant les dernières heures de leur vie. Nous ne savons pas non plus si ces hommes sont morts sur le coup ou s'ils ont survécu encore quelques heures ou quelques jours. Au lieu d'assumer sa responsabilité et de tout tenter pour sauver ces travailleurs, Grupo México a bâclé l'opération de sauvetage et s'est évertué à déclarer que ses installations respectaient les normes. L'entreprise et le ministre du Travail ont même osé accuser les mineurs d'être allés dans la mine en étant sous l'emprise de drogue et d'alcool, parce qu'ils craignaient d'y entrer.

Ces calomnies ont mis en colère les familles des victimes et leurs collègues du syndicat. Ignorant la longue liste de violations des normes de sécurité et le manque criant de supervision de la part de son propre département, le ministre du Travail a préféré déclarer que la tragédie avait été causée par les mineurs eux-mêmes, qui avaient « tout foiré » en prenant de la drogue, en fumant de l'herbe et en buvant de l'alcool pour se donner du courage. Tout cela avait été filmé dans un documentaire appelé *Los Caídos*, que le syndicat avait réalisé aux côtés d'un producteur américain de cinéma indépendant.

Aucune preuve n'atteste de la responsabilité des mineurs dans cette tragédie, et s'il est vrai qu'ils craignaient d'entrer dans la mine, cette peur était tout à fait fondée. Germán Larrea lui-même avait refusé d'entrer dans ses propres mines, parce qu'il « souffrait de claustrophobie » à en croire ses déclarations dans un magazine de l'industrie minière. Les coupables étaient ici le propriétaire et les actionnaires de Grupo México qui, guidés par un appât du gain démesuré, ont contraint les fonctionnaires du gouvernement à fermer les yeux sur les violations manifestes des règles de sécurité, sans se soucier des funestes conséquences qui en découleraient pour la vie des mineurs.

C'est en me basant sur cette incontestable négligence que j'ai accusé Grupo México et les principaux fonctionnaires du ministère du Travail d'avoir commis un « homicide industriel ». À Pasta de Conchos, devant les familles, les secouristes et les journalistes, j'ai énoncé tous les crimes dont Grupo México était coupable : le manquement aux normes de sécurité établies par la loi et la violation de la convention collective signée par le Syndicat des mineurs en 2005, dont l'article 68, alinéa XIII, stipule que « l'entreprise doit maintenir la mine dans un état qui garantisse un haut niveau de protection pour la vie et la santé des employés. À cette fin, tous les puits doivent compter une issue assez large pour permettre un aérage adéquat de la mine et faciliter le déplacement des mineurs. »

Grupo México a également violé la Législation fédérale du travail, dont l'article 132, alinéa XVII impose à toutes les entreprises — et pas seulement aux compagnies minières — de « respecter le règlement et les normes officielles mexicaines en matière de sécurité et de santé afin de prévenir les accidents et les maladies sur les lieux de travail et maintenir à disposition les médicaments et le matériel indispensables à la mise en place en temps voulu des premiers secours ; en cas d'accident, l'entreprise se doit de prévenir les autorités compétentes. »

Le groupe a également enfreint l'article 123 de la Constitution politique mexicaine qui stipule, à l'alinéa XIV : « Les employeurs sont responsables des accidents et des maladies résultant de l'exercice de la profession des employés ; ils sont donc dans l'obligation de verser aux employés une indemnisation correspondante, selon que le travail ait entraîné la mort ou une invalidité temporaire ou permanente, conformément aux dispositions légales. Cette responsabilité incombe, même dans le cas où l'entreprise fait appel à un sous-traitant. »

Enfin, Grupo México a agi en violation de l'alinéa XV de ce même article qui dispose que « L'employeur est tenu de respecter, selon la nature des négociations, les préceptes légaux en matière d'hygiène et de sécurité dans ses infrastructures en mettant en place les mesures adéquates pour prévenir les accidents résultant de l'usage des machines, des instruments et du matériel professionnel, afin de protéger au mieux la vie et la santé des travailleurs, en particulier des femmes enceintes. La loi prévoit les sanctions applicables au cas par cas. »

Le ministère du Travail, qui en avait pourtant été informé, n'a jamais exigé de Grupo México qu'il remédie à ces manquements et n'a jamais imposé de sanction, préférant au contraire défendre l'entreprise et rejeter la faute sur les victimes elles-mêmes. Après avoir mené une enquête sur la catastrophe, le comité mis en place par l'Organisation internationale du Travail a déclaré que « Le gouvernement mexicain n'a pas fait tout ce que l'on pouvait raisonnablement attendre de sa part pour empêcher ou réduire les effets de l'accident qui ont été particulièrement dévastateurs avec la perte de soixante-cinq vies humaines. »

Durant les jours qui ont suivi l'explosion, Salazar s'est acharné à défendre les intérêts financiers de Grupo México. Rappelons-nous que Fox avait pris ses fonctions en annonçant que son gouvernement « appartiendrait aux hommes d'affaires, et serait dirigé par des hommes d'affaires, pour des hommes d'affaires », trahissant ainsi tous les citoyens qui avaient voté pour lui avec l'espoir d'assister à la construction d'un avenir meilleur.

On me demande parfois si la prévention de la tragédie du 19 février 2006 n'était pas du ressort du Syndicat des mineurs. Ceux qui s'imaginent que nous sommes en partie responsables de ce qui s'est passé ne comprennent pas la réalité du système absurde et irrationnel contre lequel nous luttons. Les mesures de prévention des désastres s'inscrivent dans nos conventions collectives mais s'il n'y a pas de gouvernement responsable capable de veiller au respect de ces obligations, les violations se poursuivront et d'autres tragédies se succéderont.

Pour garantir la sécurité de nos travailleurs à Pasta de Conchos, il nous aurait fallu être en grève permanente, car malgré les immenses bénéfices de Grupo México — qui dépendent directement des efforts et du sacrifice des mineurs — l'entreprise n'a jamais investi dans la sécurité des mines de charbon de Coahuila. Ainsi, face à une entreprise réticente à dépenser le moindre centime pour la sécurité des travailleurs et un gouvernement de droite décidé à soutenir les hommes d'affaires de tout poil, notre seule arme a été d'organiser régulièrement des grèves afin de réclamer la modernisation des infrastructures. Le Syndicat national, le Comité exécutif et moi-même avons donné des instructions à tous nos travailleurs : si, à l'intérieur de la mine, ils détectent le moindre danger pour leur vie, ils doivent immédiatement cesser leurs activités jusqu'à ce que les problèmes aient été corrigés ou que soient réalisés les contrôles correspondants. Si le risque persiste, les travailleurs peuvent demander la fermeture de la mine ou l'arrêt des activités jusqu'à ce que le problème soit résolu. Mais tout cela n'est pas facile car les mineurs mexicains ont besoin de travailler et bon nombre d'entre eux sont prêts à risquer leur vie pour subvenir aux besoins de leurs familles. « Ce n'est pas un lieu sûr — m'a confié un jour Adrián Cárdenas Limón, un des employés de General de Hulla — mais nous avons besoin de travailler. Il n'y a pas d'autre moyen de s'en sortir. »

Nous n'avons pas pêché par manque de vigilance : entre 2002 et 2005, nous avions organisé quatorze grèves pour protester contre les mauvaises conditions de travail dans les mines et pour obliger Grupo México à respecter les normes établies. Les rapports rédigés par la Commission mixte de santé, de sécurité et d'hygiène allaient d'ailleurs servir de point d'appui à la grève de Pasta de Conchos et étayer les accusations dirigées contre Grupo México pour violation des dispositions de la convention collective en matière de santé, de sécurité et d'hygiène, entre autres aspects.

Mais comme cette grève est intervenue trop tard, c'est sur ces mêmes documents, auxquels s'ajoutent les témoignages des secouristes, que se base aujourd'hui la plainte judiciaire pour « homicide industriel » déposée par le Syndicat des mineurs à l'encontre de Grupo México et ses actionnaires, sans oublier Salazar et le reste des fonctionnaires et inspecteurs responsables au sein du ministère du Travail. Nous déplorons de devoir encore nous battre, sept ans après la catastrophe, pour que les responsables de la tragédie soient traduits en justice.

Évidemment, l'administration Fox et les compagnies minières ont utilisé cette tragédie pour poursuivre les agressions contre le Syndicat des mineurs, qui avaient été amorcées quelques jours avant la catastrophe. Au lieu de reconnaître leur faute, ils ont redoublé d'efforts pour m'évincer de la direction du syndicat et ont naïvement pensé qu'en m'attaquant personnellement et en attaquant l'organisation, nous allions abandonner la lutte en quelques semaines et nous nous mettrions à genoux pour leur demander une trêve ou une négociation. Mais ils se trompaient et ils se trompent encore. Nous n'avons jamais oublié les corps de nos collègues abandonnés à cent-vingt mètres sous terre, qui attendent toujours une digne sépulture. Et nous n'oublierons jamais qui les a ensevelis.

SIX

LE DÉPART

Seul le malheur de l'exil procure une vision large et profonde des réalités de ce monde.

— STEFAN ZWEIG

Après avoir annoncé l'arrêt des opérations de sauvetage, Salazar s'est empressé de quitter Coahuila afin d'échapper à la colère des familles, pour qui cette décision faisait l'effet d'une sentence de mort. Salazar n'avait aucun intérêt à identifier la véritable cause du désastre car il savait pertinemment qu'il était dû à la négligence et à l'irresponsabilité de Grupo México et de son ministère. Dans la foulée, Xavier García de Quevedo et d'autres gérants et exploitants de la mine ont, eux aussi, quitté les lieux.

Je suis resté sur place avec une petite équipe de secouristes volontaires et plusieurs collègues du Comité exécutif. Pendant ce temps, dans les différentes sections syndicales du pays, les mineurs multipliaient les assemblées pour protester contre la tentative de prise de pouvoir d'Elías Morales soutenue par l'entreprise et la façon affligeante dont Grupo México avait géré Pasta de Conchos.

Grupo México et l'administration Fox ont ensuite lancé une campagne médiatique de diffamation à mon encontre, en se basant sur des déclarations infondées qui nous rendaient coupables, moi et d'autres membres du Comité exécutif, du détournement de 55 millions de dollars du Trust des mineurs. Morales lui-même avait organisé plusieurs interviews au cours desquelles il donnait des précisions sur la prétendue fraude. Rubén Aguilar, le porte-parole du président Fox, a déclaré à la télévision que nous étions des criminels et que le gouvernement mènerait une enquête sur ce détournement de fonds. Des articles diffamatoires — sans aucun doute commandés par Germán Larrea, membre du Conseil d'administration de Televisa, première chaîne de télévision hispanique au monde — sont parus dans les journaux et dans les magazines pour semer la confusion et convaincre les Mexicains et les membres de Los Mineros que Morales était le « type bien » qui ferait tout pour les défendre. Chaque jour, les médias diffusaient de nouveaux articles de propagande pro-Morales ou anti-Napoleón.

Televisión Azteca — une chaîne de télévision qui avait appartenu à l'État sous le nom d'Imevisión (Institut Mexicain de Télévision) avant d'être privatisée sous Carlos Salinas — s'est montrée particulièrement agressive et perverse envers le Syndicat des mineurs et ma personne. Pendant la tragédie de Pasta de Conchos, Javier Alatorre, le directeur de l'information de TV Azteca, m'a sollicité pour une interview à l'intérieur de la mine. Après avoir expliqué en détail les causes de l'explosion, j'ai ouvertement accusé de négligence criminelle Grupo México, son PDG Germán Larrea, ainsi que l'ensemble des directeurs, des gérants et des actionnaires. De cette longue interview, pas une seule minute n'a été diffusée, ni sur TV Azteca, ni sur Televisa, ni sur aucun autre média associé à cette compagnie.

La peur et la rage de ces hommes d'affaires et de ces politiciens du PAN, tous deux à tendance anti-syndicaliste, étaient telles qu'ils nous ont persécutés comme si nous étions une dangereuse bande de narcotrafiquants. Ils étaient furieux parce que nous les avions directement rendus responsables de la mort des mineurs de Pasta de Conchos, et ils étaient plus que jamais résolus à nous discréditer et à imposer Morales à la direction de Los Mineros. Une fois placé à la tête du syndicat, celui-ci s'efforcerait d'en ruiner l'autonomie et de le scinder en deux : une partie consacrée à l'industrie minière, l'autre à la métallurgie et à l'acier. L'organisation ainsi dirigée par Morales deviendrait alors un syndicat de façade dont les décisions serviraient les intérêts d'entreprises telles que Grupo México et Grupo Villacero. Tel était leur objectif. Ainsi, ils mettraient enfin un terme aux pressions qu'exerçait Los Mineros sur les compagnies minières et sidérurgiques afin de défendre les travailleurs.

À mesure que la campagne médiatique s'intensifiait durant la semaine qui suivait la catastrophe, des menaces de plus en plus directes me parvenaient jusqu'à Coahuila. J'ai reçu des menaces de mort et des appels anonymes annonçant que ma famille et moi-même allions connaître d'atroces souffrances si je ne retirais pas ma plainte pour homicide industriel. Dès qu'elle est arrivée à Monterrey, Oralia a elle aussi reçu des e-mails et des appels intimidateurs. À l'autre bout de la ligne, une voix agressive et vulgaire la menaçait de la découper en morceaux et de tuer nos enfants si je ne me taisais pas. Dans un de ces e-mails, les auteurs l'avertissaient qu'ils utiliseraient tout leur pouvoir pour détruire notre famille. Un jour, Napoleón, mon fils cadet, alors étudiant à l'Université de Monterrey, a retrouvé un message et une balle sur le pare-brise de sa voiture alors qu'il sortait de cours. Il était écrit que si je *ne la bouclais pas* au sujet des mensonges et des abus du gouvernement et de Grupo México, ma famille en subirait les conséquences. Des appels sur les portables de mes trois fils et au siège du syndicat à Mexico réitérèrent l'avertissement.

Des messages nous parvenaient régulièrement et les auteurs semblaient savoir en permanence où nous étions, moi et les membres de ma famille. Ils avaient accès à nos numéros privés et il était évident que nous étions espionnés par des professionnels — vraisemblablement par le gouvernement, au travers du CISEN, l'équivalent mexicain de la CIA.

Outre les menaces de mort et d'agression physique, la rumeur courait que des membres du Comité exécutif seraient arrêtés à Coahuila sur la base de la fausse plainte que Morales avait déposée contre nous. Nous défendions fermement notre innocence, sans toutefois sous-estimer les abus d'autorité qui étaient fréquents au Mexique. Bien qu'aucune charge n'ait été retenue contre nous, si un juge décidait de lancer un mandat d'arrêt en se basant sur ces fausses accusations, nous pouvions être jetés en prison sans aucun moyen de défense. La présomption d'innocence, un des principes fondamentaux reconnus dans de nombreux pays, n'était pas — et n'est toujours pas — respectée au Mexique, particulièrement dans des cas de persécution politique comme le nôtre, où le pouvoir a tout intérêt à maintenir des personnes innocentes en prison. S'ils nous arrêtaient, ils pourraient nous emprisonner pendant des années sans que nous ayons droit à une libération sous caution et sans la garantie d'un procès équitable. Et ce dans le meilleur des cas. Entouré d'hommes comme Larrea et Salazar qui protégeaient ses arrières, nous nous doutions bien qu'Elías Morales n'aurait aucun mal à obtenir les faveurs du système judiciaire.

Alors que s'intensifiaient les appels téléphoniques, les rumeurs d'arrestation et la campagne nationale de calomnies contre le Syndicat des mineurs, nous avons décidé que le plus prudent serait de passer chaque nuit dans un lieu différent. Avec sept des collègues qui étaient restés sur place, nous avons commencé à circuler autour de Coahuila, afin de rester près des familles des victimes tout en échappant à nos poursuivants et aux espions qui travaillaient pour eux. Nous sommes passés de San Juan de Sabinas à Múzquiz, de Múzquiz à Nueva Rosita, de Nueva Rosita à Allende, d'Allende à Nava, pour enfin gagner Piedras Negras, à la frontière texane. Nous nous déplacions dans deux voitures distantes d'un kilomètre afin de mieux surveiller la route. Si les éclaireurs détectaient quelque chose de suspect, ils prévenaient alors la seconde voiture par téléphone. Nous passions les nuits dans de petits motels délabrés ou bien chez des collègues mineurs qui avaient la gentillesse de nous accueillir.

Depuis le Canada, Leo W Gerard, le président du Syndicat des Métal
los, surveillait de près l'escalade de violence dont le syndicat et moi-même
étions victimes depuis l'explosion de la mine. Lui-même et d'autres dirigeants des Métallos m'ont témoigné leur soutien en me proposant de me
rendre aux États-Unis avec ma famille pour y séjourner aussi longtemps
qu'il le faudrait. Nous avions soutenu les Métallos lors de grèves contre
Grupo México, et ils savaient jusqu'où pouvait aller Germán Larrea pour
défendre ses intérêts. Ils savaient également qu'il avait Salazar, Abascal,
Fox et Marta Sahagún dans sa poche. Gerard et ses collègues n'ont pas
hésité à manifester leur solidarité envers Los Mineros contre cette persécution politique. Au début du mois de mars 2006, suite à une réunion du
Comité exécutif consacrée à cette affaire, les dirigeants des Métallos ont
adressé un communiqué au président Fox au nom des 850 000 membres
de l'organisation résidant aux États-Unis et au Canada. « *Nous appelons
les organisations de travailleurs du monde entier à condamner publiquement les actions du gouvernement mexicain et à prendre les mesures nécessaires pour que leurs gouvernements fassent pression sur le gouvernement
mexicain afin qu'il cesse immédiatement ces actions illégales.* »

Mes amis du Syndicat des Métallos n'étaient pas les seuls à
m'encourager à quitter le pays avant de me faire arrêter ou assassiner.
Mais l'idée de quitter le Mexique ne m'enchantait guère, car je voulais
rester pour continuer le combat. Je me disais que les attaques finiraient
par s'essouffler et que je pourrais rentrer à Mexico dans un ou deux mois
pour reprendre mes fonctions.

Mais leurs arguments ont finalement eu raison de moi. Si Morales et
ses entreprises partenaires réussissaient à convaincre un juge d'entamer
des procédures, je pouvais me retrouver prisonnier politique. Grupo
México et l'administration Fox ne supportaient pas de me savoir vivant
et libre sur leur sol. Mais mort ou sous les verrous, je n'allais plus être
d'une grande utilité pour Los Mineros. Pour assurer la permanence de
l'organisation et préserver son autonomie, j'allais devoir me résigner à
quitter mon pays.

Environ une semaine après la tragédie, mes collègues et moi nous trouvions dans un petit hôtel modeste à Piedras Negras, une ville frontalière située à une centaine de kilomètres de Pasta de Conchos. L'escalade de la situation nous préoccupait vivement et je tergiversais sans cesse quant à l'idée de partir aux États-Unis. Pour nous détendre, nous avons décidé de nous rendre au stade de base-ball des ligues majeures qui appartenait au syndicat. C'était une des acquisitions les plus importantes de l'organisation du fait de son emplacement idéal à proximité d'un centre commercial et de la frontière. Cette sortie, en plus de nous changer les idées, nous permettrait de vérifier l'état du site.

Notre hôtel était réputé pour la qualité des petits déjeuners servis. Après une *barbacoa*, des œufs, des haricots noirs et des *tortillas* faites à la main, nous sommes partis en direction du stade, non loin du pont frontalier d'Eagle Pass, au Texas. À notre arrivée, vers le milieu de l'après-midi, tout était désert mais nous sommes tout de même sortis de la voiture pour marcher un peu. Les cinq hectares de la propriété étaient en très bon état : la pelouse bien verte, les gradins propres et les murs fraîchement repeints.

Comme j'avais trouvé une balle de base-ball par terre et repéré, dans le parking, un bâton qui pourrait faire fonction de batte, nous avons improvisé un match avec les collègues. En jouant, des souvenirs d'enfance me sont revenus. En 1956, Monterrey, ma ville natale, avait accueilli le premier tournoi de la Ligue mineure de base-ball du Mexique. Mon père, qui travaillait à cette époque pour Grupo Peñoles, était à la tête de la section locale n° 64 du Syndicat des mineurs et j'étais première base dans l'équipe des mineurs de Peñoles. Nous avons été champions nationaux pendant deux années consécutives et en 1957 et 1958 — juste après avoir atteint l'âge limite pour faire partie de la ligue mineure — nous avons gagné le championnat mondial à Williamsport, en Pennsylvanie, pour la première fois dans l'histoire de l'équipe.

Ma passion pour le base-ball est profondément liée à l'histoire de ma famille. Le village natal de mon père, San Juan, dans l'État de Nuevo

León, est considéré comme la patrie du base-ball mexicain car c'est là qu'en 1893, un groupe d'ouvriers américains, collaborant aux côtés d'ouvriers mexicains à la construction d'un pont sur le fleuve San Juan, ont initié leurs collègues à ce jeu. Des décennies plus tard, j'allais moi-même finir par jouer dans la Ligue mineure de ce sport si fascinant. Je garde un souvenir attendri de l'époque où mon père et mes oncles m'emmenaient voir les matches de *Los Sultanes de Monterrey*, boire des sodas — ou de la bière fraîche, pour les adultes — et manger des hot-dogs et des hamburgers. Avec mes amis, nous idolâtrions les joueurs professionnels mexicains, mais surtout les américains.

Lorsque nous avons succombé à la fatigue et arrêté de jouer, j'ai pris la balle pour y écrire : *Piedras Negras, Coahuila, 27 febrero 2006*. Sachant que j'allais bientôt partir, je l'ai gardée en souvenir et je me suis juré qu'un jour, quand le conflit serait derrière moi, je retournerais sur ce même terrain.

Après avoir accepté de devoir quitter temporairement le Mexique, j'ai téléphoné à Oralia et je lui ai expliqué pourquoi il nous fallait partir. Comme toujours, elle m'a soutenu et s'est dite prête à faire tout ce qu'il faudrait. J'ai ensuite appelé mes trois fils, tous devenus de jeunes adultes, et leur ai dit qu'il valait mieux quitter le pays. J'ai conseillé à chacun d'eux de partir le plus rapidement possible et dans la plus grande discrétion. Pour des raisons tactiques, nous avons décidé que la famille se diviserait en plusieurs groupes pour se rendre aux États-Unis, et je leur ai vivement conseillé de ne jamais voyager seuls. Mes fils étaient réticents à l'idée de partir — particulièrement le plus jeune, Napoleón, qui ne voulait pas interrompre ses études universitaires — mais tous ont compris la gravité de la situation. Comme je préparais mon départ, j'ai demandé à Napoleón de venir depuis Monterrey avec mon visa et mon passeport.

Personne ne se réjouissait de partir, mais chacun savait que ces menaces ne s'adressaient pas qu'à moi. La situation était devenue un

véritable cauchemar : les menaces devenaient de plus en plus agressives, et certains de nos amis — des personnes que nous pensions très
proches — nous ont finalement tourné le dos. Ils n'avaient pas le courage d'affronter avec nous les agressions du gouvernement. Nous nous
sentions seuls, sans aucun soutien. Durant cette époque de crise, seuls
nos collègues mineurs et métallos, au Mexique comme aux États-Unis,
sont restés fidèles et sont pour ainsi dire devenus des membres de notre
famille. Nous leurs devons une reconnaissance éternelle.

Le vendredi 3 mars, environ deux semaines après l'explosion, j'ai
quitté le Mexique à bord d'un quatre-quatre noir, escorté par le personnel du syndicat et trois membres du Comité exécutif : Marcelo Famil-
iar, José Ángel Hernández Puente et Héctor Rosarte. J'ai abandonné ma
patrie dans la douleur et la rage, tout en sachant que c'était temporaire.
Je n'avais même pas pu retourner à Mexico à cause des attaques contre
le syndicat. Nous avons décidé de passer par la frontière du Texas parce
qu'elle se situait à moins de cent kilomètres de Pasta de Conchos. Le vendredi après-midi, nous avons quitté la ville frontalière de Piedras Negras
pour franchir Eagle Pass vers cinq heures, avant d'arriver à San Antonio
où nous avons passé notre première nuit hors du Mexique. Nous ne savions pas encore avec certitude quelle serait notre destination finale, mais
au moins San Antonio ne m'était pas totalement étrangère. Une partie
de la famille d'Oralia y vivait, et j'y étais souvent allé par le passé.

Le lendemain, nous nous sommes plongés dans l'analyse des stratégies que mettraient sûrement en place le président Fox et les hommes
d'affaires qui voulaient m'évincer de la direction syndicale — Germán
Larrea et les frères Villarreal Guajardo, entre autres. Nous en avons conclu que Grupo México, Grupo Villacero, le président Fox et quelques
membres-clés de son cabinet, ainsi que les médias mexicains, en particulier Televisa et TV Azteca, étaient tous en train de conspirer pour
salir mon nom et, au bout du compte, compromettre la démocratie et
l'autonomie de Los Mineros. La tragédie de Pasta de Conchos avait déjà

levé le voile sur une partie de ce complot qui se tramait depuis bien longtemps. À présent, ils cherchaient à se défendre des accusations d'homicide industriel.

De San Antonio, nous avons roulé jusqu'à Houston où nous devions rejoindre Oralia et sa sœur Darlinda. Ma femme devait faire des analyses médicales et je tenais à l'accompagner. En arrivant à Houston, Oralia nous a raconté qu'elles étaient parties de Monterrey vers dix heures du soir pour traverser la frontière aux environs de minuit. Mais en quittant la ville, elles s'étaient rendues compte qu'elles étaient suivies. Après plusieurs détours pour échapper à leurs poursuivants — probablement la police fédérale — elles se sont finalement débarrassées d'eux à une centaine de kilomètres de Monterrey.

Nos fils sont partis au même moment, mais chacun de leur côté : à cette époque, les deux plus jeunes étaient encore célibataires et l'aîné, Alejandro, est parti avec femme et enfants. Malgré le danger que nous courions, malgré la douleur du déracinement, ma femme et mes enfants ont relevé le défi avec tant de force et de solidarité que j'ai retrouvé tout mon courage.

Pendant la traversée du Texas, j'ai gardé contact avec Leo Gerard et nos amis des Métallos qui m'avaient convaincu de quitter le Mexique et dont l'aide a été constante tout au long de notre voyage. Ils nous ont suggéré de gagner Albuquerque, au Nouveau-Mexique, à quelque 1400 kilomètres de Houston, où ils pourraient nous aider à nous installer. C'était une région bien plus sûre que le Texas, fief du président Bush, en qui ils n'avaient pas confiance. En outre, le Syndicat des Métallos y était très peu présent.

Après quelques jours passés à Houston, ma femme et José Ángel sont revenus à San Antonio avec le quatre-quatre noir, tandis qu'Hector, Marcelo et moi avons entrepris un voyage de trois jours au Nouveau-Mexique afin de nous rendre à Albuquerque. Nous avons loué un quatre-quatre argenté à Houston puis roulé jusqu'au nord-ouest de Dallas avant d'atteindre la ville d'Amarillo.

Nous avons ensuite mis le cap vers l'ouest, en direction de la mythique Route 66 qui reliait Chicago à Los Angeles. « The Mother Road », comme l'appelait Steinbeck dans *Les Raisins de la Colère*, était le symbole de la grandeur de l'Ouest Américain et de l'esprit d'aventure de ceux qui l'ont sillonnée.

Notre trajet sur la Route 66 était une véritable aubaine qui nous a permis de réfléchir et de reprendre nos esprits. Le paysage était désert, austère, parsemé çà et là de terres cultivées. La plupart du temps, nous étions les seuls sur la route, dépassant parfois une voiture ou un camion. Pendant ces trois jours, le temps était couvert et il y a eu quelques tempêtes. La tragédie de Pasta de Conchos était si récente que la douleur était encore vive. Tout ce voyage semblait encore irréel et je n'arrivais pas à croire ce qui arrivait.

La longue route rectiligne était ponctuée de petites villes que nous traversions et qui me rappelaient mon adolescence. Les épiceries, les restaurants et les snacks semblaient tout droit sortis des années soixante et j'étais envahi par les souvenirs de l'âge d'or du rock 'n' roll et du cinéma américain — Janis Joplin, Elvis Presley, Bob Dylan, James Dean, Marlon Brando, Paul Newman. En prenant un hamburger, des frites et un milkshake dans un grill où trônait un juke-box, nous avons été transportés dans le bon vieux temps. Partout, dans les cafés ou les stations-service, les gens que nous rencontrions étaient très aimables. Leur existence rurale et paisible semblait si éloignée du chaos de Mexico et de toutes les conspirations dont nous étions victimes. En passant par un des villages dont j'ai d'ailleurs oublié le nom, j'ai aperçu un joli terrain de base-ball qui m'a rappelé que je m'étais engagé à retourner au stade de Piedras Negras.

Pendant la traversée du Texas, qui me semblait interminable, j'ai donné plusieurs interviews aux médias mexicains, en général par téléphone. Comme il y avait très peu de réseau, nous avons parfois été obligés de nous arrêter dans des hôtels et des restaurants pour que je puisse passer des appels en PCV aux journalistes. Je leur expliquais pourquoi notre combat était juste et je revendiquais notre droit de défendre les intérêts des mineurs et des ouvriers métallurgistes mexicains. Certains journalistes étaient consciencieux et voulaient connaître ma version des faits, mais la plupart s'intéressaient davantage aux aspects secondaires de l'histoire — comme notre départ impromptu — qu'à la véritable raison du conflit. Ils me mitraillaient de questions piège afin d'obtenir les réponses qu'ils souhaitaient entendre et tous, indépendamment de tout parti pris, voulaient savoir où j'étais. Nombreux étaient ceux qui pensaient que je me trouvais dans un ranch privé près de Coahuila, tandis que d'autres m'imaginaient à Londres ou à Madrid. Comme je répondais toujours par « Je suis plus près que vous ne le pensez », ils insistaient « Mais où exactement ? Puis-je vous rencontrer pour un entretien en face à face ? »

Pendant le trajet, je lisais les rapports de Rubén Aguilar, le porte-parole de Fox, qui se demandait si j'étais à Coahuila, à Monterrey, à San Antonio, à Londres, ou ailleurs. (Aguilar, déjà connu pour ses bévues personnelles, se devait en outre d'expliquer les confuses déclarations de Fox : « Ce que le président a voulu dire c'est que… ». Toujours la même rengaine. Puis il se justifiait en disant que les médias déformaient les paroles du président.) Nous étions consternés de lire et d'écouter les nombreux rapports tendancieux qui portaient atteinte à notre réputation : ils avaient réussi à faire passer la direction du syndicat pour une bande de fraudeurs égoïstes, alors que rien n'était plus faux.

Sur la route, j'étais en contact permanent avec les collègues de Los Mineros et d'autres dirigeants syndicaux américains. J'étais ravi de constater avec quelle facilité il était désormais possible de communiquer et coordonner à distance grâce au téléphone portable et aux e-mails. Quand j'ai réalisé que je pourrais assurer mes fonctions malgré la distance, j'ai repris espoir.

Le voyage à Albuquerque m'a permis de reconsidérer la vie que je menais et le combat que nous livrions contre de puissants opposants. Durant les douze, quatorze, et parfois seize heures quotidiennes que je consacrais à la direction du syndicat, je me donnais rarement le temps de dresser un bilan sur la lutte que nous menions. La Route 66 m'a permis de mettre de la distance entre moi-même et ma routine de dirigeant syndical et d'affiner de nouvelles idées pour moderniser le syndicat. Fasciné par le paysage désertique environnant et par les monuments chargés d'histoire qui jalonnaient la route, j'ai compris comment le syndicat pourrait devenir un facteur décisif dans la transformation de la vie économique, politique et sociale au Mexique.

Comme j'étais loin de mon pays natal, j'ai commencé à le voir sous un nouveau jour et je me suis dit qu'il fallait mettre un terme aux injustices et à l'exploitation qui le caractérisaient. Mon désir de transformer le Mexique en une nation moderne et instruite, offrant des opportunités à toute la population — particulièrement aux travailleurs, aux femmes et à la jeunesse — s'est fait plus pressant. Bon nombre de Mexicains aspirent ardemment à vivre dans un tel pays, un pays qui a rattrapé son retard et qui est aujourd'hui moderne, et j'ai réalisé que c'était aux leaders ouverts d'esprits et progressistes de devenir les agents de ce changement, qu'ils soient dirigeants syndicaux, politiciens ou entrepreneurs. À l'image d'autres pays, le Mexique requiert de plus en plus de changements radicaux de même qu'une classe dirigeante au service de l'ensemble de la population. Bien qu'éloigné de ma patrie à ce moment, je me sentais plus près que jamais de tous les miens.

Ce voyage m'a également permis de réfléchir à une façon réaliste de nous défendre face aux agressions constantes qui émanaient des hommes les plus puissants du Mexique. J'ai compris que si nous voulions faire progresser le syndicat, et avec lui le reste du pays, nous ne devions pas seulement parer à chacune de leurs attaques, nous devions aussi penser à la façon de survivre à moyen et à long terme dans cet environnement hostile. Étrangement, le fait que le syndicat soit ainsi devenu la cible de toutes ces attaques m'insufflait du courage. Cela voulait dire que nous étions sur la bonne voie et que notre leadership honnête et engagé était une véritable menace pour les politiciens réactionnaires et les hommes d'affaires obnubilés par le profit.

Toutes les réflexions développées durant ce voyage m'ont fait aboutir à une conclusion inébranlable : nous ne pouvions permettre à Grupo México et à ses complices du PAN de fuir leur responsabilité quant à la mort des soixante-cinq mineurs de Pasta de Conchos. Nous devions continuer à exiger que les corps soient récupérés et à réclamer des sanctions pour les responsables de l'explosion. Nous devions également continuer à demander une compensation juste et adéquate pour chacune des familles des victimes, afin qu'elles puissent s'en sortir et reconstruire leur vie sans leurs maris, leurs frères, leurs pères, ou leurs fils.

Sur la route qui nous conduisait au Nouveau-Mexique, j'ai reçu des nouvelles des secouristes volontaires qui étaient restés à Pasta de Conchos après le départ de Salazar et de Grupo México. Des semaines après l'effondrement de la mine, les corps de deux collègues ont été retrouvés dans la galerie de communication oblique, à proximité de l'entrée de la mine. Cela abaissait le nombre de disparus à soixante-trois. Les deux corps étaient intacts et l'explosion les avait épargnés, ce qui corroborait l'idée — suggérée par certains — que des mineurs aient pu survivre à l'explosion. Et même dans le cas où ils auraient perdu connaissance à cause de l'impact, la couche d'oxygène qui restait sous le gaz méthane aurait suffi pour les maintenir en vie un certain temps, comme cela avait été le cas pour les neufs survivants.

Ce ne fut pas la seule nouvelle que nous allions recevoir pendant le trajet. Le 6 mars, j'ai reçu un appel de Celso Nájera, un avocat que je connaissais personnellement parce qu'il était aussi originaire de Monterrey. Nájera avait accepté de représenter le syndicat au moment où nous avons été accusés de fraude concernant le Trust des Mineurs. Le syndicat disposait de nombreux avocats experts en législation du travail, mais aucun d'eux n'avait l'expérience pour nous défendre d'accusations de fraude financière, simplement parce que la structure n'avait jamais rencontré ce genre de problème. Nájera m'a expliqué que Morales et ses complices, Miguel Castilleja Mendiola et José Martín Perales, avaient fait ce dont on pouvait se douter compte tenu des mensonges diffusés par la presse. Ils avaient — au nom des membres du syndicat — officiellement déposé une plainte contre nous devant le procureur de la République (PGR). Ils avaient pour cela bénéficié des services de l'avocat Antonio O'Farrill et de son frère Patricio, prêtés en quelque sorte par Julio Villareal et Grupo Villacero, un géant de la sidérurgie qui, à l'instar de Grupo México, se trouvait incommodé par la force et l'indépendance de Los Mineros. Morales et ses collaborateurs n'auraient jamais pu s'offrir les services d'un avocat, mais Grupo Villacero et Grupo México étaient disposés à tout payer pour remporter cette nouvelle bataille juridique.

Nájera m'a expliqué que j'étais accusé, aux côtés de Héctor Félix Estrella, Juan Linares Montúfar et José Ángel Rocha Pérez — trois dirigeants du syndicat — ainsi que de Gregorio Pérez Romo — un coursier à moto qu'ils soupçonnaient de versements illicites — d'avoir détourné 55 millions de dollars du Trust des Mineurs. C'était une atteinte à la loi financière inventée de toutes pièces par Grupo México. En 1990, le groupe avait en effet accepté de verser 5 pour cent des actions de chacune de ces entreprises à un trust contrôlé par le syndicat afin d'initier des programmes sociaux-éducatifs. Ce n'est qu'après quatorze années de lutte acharnée que nous avons pu contraindre l'entreprise à régler sa dette, qui s'élevait déjà, en 2004, à 55 millions de dollars. À présent, on nous accusait devant la loi fédérale d'avoir illégalement supprimé le Trust et d'en avoir détourné les fonds, tout cela en présumant, à tort, que le fonds appartenait en réalité aux « travailleurs » — Elías Morales et ses complices, qui n'étaient même pas membres du syndicat — et non au Syndicat des mineurs. Le chef d'accusation était le suivant : « suppression illégale des fonds d'un client bancaire » conformément à l'article 113 bis de la Loi mexicaine régissant les établissements de crédit. En réalité, le Trust avait été liquidé de façon légale et transparente ; une partie des fonds a servi à payer les travailleurs de Cananea et de Nacozari, une autre à couvrir les dépenses légitimes du syndicat, et le reste appartenait encore au syndicat.

Les noms d'une quarantaine de complices, parmi lesquels des membres de nos familles et des amis, étaient mentionnés dans la plainte. Nous étions accusés d'avoir versé l'argent à nos amis, à nos familles et à de nombreux chefs d'entreprise avec qui Los Mineros entretenait de bonnes relations, comme Sergio et Raúl Gutierrez, du groupe sidérurgique Deacero, et Alonso Ancira Elizondo, PDG de Altos Hornos de México (AHMSA) — la plus grande aciérie du pays. Ce n'était pas un hasard si ces soi-disant complices étaient à la tête des deux plus grands concurrents de Grupo Villacero.

Nous avons fini par appeler cette première plainte fallacieuse « l'accusation mère ». Pour ce genre de délit financier, le procureur est tenu d'exiger par courrier officiel une vérification de la part de la Commission nationale bancaire et des valeurs (CNBV). Il a été procédé à cette demande le jour même où Morales et ses complices ont déposé leur plainte.

La Commission a mis moins d'une semaine à émettre son rapport. Nous étions alors à Albuquerque, chaleureusement accueillis par les représentants du District 12 des Métallos. Parmi eux, Terry Bonds, Robert LaVenture et Manny Armeta. J'étais soulagé en lisant le rapport : « *Après examen des documents officiels, en particulier eu égard à l'annulation de l'Accord susmentionné du Trust et au transfert des fonds qui appartenaient à ce même Trust, aucun agissement ne semble correspondre aux actions criminelles décrites dans la Loi régissant les établissements de crédit, notamment à l'article 113 bis qui est cité dans la plainte déposée par le requérant.* »

Cette réponse, émise par la plus haute autorité bancaire du pays, nous acquittait de tout délit. La CNBV avait sollicité l'avis de Juan Velásquez, un célèbre avocat de la défense, conseiller de la Commission. Après avoir vérifié les documents relatifs à la dissolution du Trust des Mineurs, il avait confirmé qu'aucun délit n'avait été commis.

À ce moment-là, il nous a semblé que nos noms avaient été lavés de toute faute. Nous avons pensé que c'était un premier pas vers une éviction de Morales et vers un possible retour au Mexique. Mais les médias mexicains me dépeignaient toujours comme un criminel, et il faudrait encore du temps pour changer cette image.

Fort heureusement, les Métallos se sont montrés généreux et solidaires en nous accueillant avec Oralia, qui est arrivée au Nouveau-Mexique juste après moi. Tous les jours, Marcelo, Héctor et moi-même travaillions dans les bureaux du District 12 d'Albuquerque. Nous téléphonions à nos collègues du syndicat au Mexique et élaborions des plans avec Leo Gerard, Ken Neumann, Steve Hunt et d'autres dirigeants du Syndicat des Métallos.

Oralia était bouleversée par tout ce qui arrivait et je faisais tout mon possible pour que notre vie au Nouveau-Mexique soit la plus normale possible. Plus je prenais conscience des dimensions du problème, plus je me disais que notre retour au Mexique pourrait prendre du temps. Mais j'étais prêt à tout pour que ma famille ne perde pas pied. Terry Bonds, le directeur du District 12 des Métallos, et son assistant Manny Armenta, nous proposaient parfois de jouer au billard et nous nous sommes accordé un petit séjour à Santa Fe avec Oralia, afin de nous reposer un peu et découvrir l'art des Indiens d'Amérique. Certes, je faisais tout pour mener une existence normale à Albuquerque, mais je n'ai jamais cessé de penser aux mineurs et à leurs familles. Ma priorité était de les encourager et de continuer à insister pour que Grupo México et le gouvernement soient tenus pour responsables de la tragédie de Pasta de Conchos.

Le syndicat a organisé sa Convention nationale extraordinaire les 16 et 17 mars 2006 à Monclova, Coahuila. J'ai assisté à la réunion par vidéo-conférence, dans les bureaux du District 12 des Métallos. J'étais chargé d'inaugurer la cérémonie et je suis intervenu le deuxième jour pour clore la Convention. Depuis le début des agressions, les mineurs s'étaient montrés solidaires et loyaux envers ma personne. Je n'ai jamais pensé qu'ils pourraient croire aux mensonges d'Elías Morales et l'accepter comme leur secrétaire général. Et en effet, durant la Convention, les délégués ont déclaré qu'ils ne reconnaîtraient aucun dirigeant imposé illégalement — et surtout pas Morales — et ils ont décidé à l'unanimité que je resterais à la tête du syndicat, fonction à laquelle j'avais été élu.

Lors de la Convention, d'autres résolutions importantes ont été prises : nous exigerions publiquement du gouvernement qu'il cesse d'importuner le Syndicat des mineurs et, en l'absence d'une réponse immédiate de sa part et d'une reconnaissance totale du véritable Comité exécutif national du syndicat d'ici le 3 avril 2006, nous lancerions un mot d'ordre de grève de quarante-huit heures qui paralyserait tout le secteur minier et métallurgique du pays.

Notre séjour à Albuquerque a été de courte durée. Après trois semaines, les membres des Métallos m'ont conseillé de re-déménager, au Canada cette fois. Ils étaient conscients du fait que le président des États-Unis, l'ultraconservateur George W. Bush, n'appréciait guère les syndicats et qu'il était très proche du président Fox. Peu de temps après leurs prises de pouvoir respectives, ils s'étaient d'ailleurs rencontrés de façon informelle dans le ranch de Fox lors d'une entrevue qui avait été baptisée « sommet des santiags », du fait de l'affinité certaine des deux présidents pour le « style texan ». Étant donnée cette proximité, les dirigeants des Métallos ne se sentaient pas capables de protéger le réfugié politique que j'étais devenu, surtout si le gouvernement mexicain décidait de m'obliger à rentrer au pays.

Le Canada, un pays bien plus solidaire de la cause syndicale que ses voisins du sud, semblait être la meilleure option, bien que plusieurs autres pays, dont bon nombre en Amérique latine, aient offert l'asile à ma famille. Le président argentin Néstor Kirchner, son ministre du Travail Carlos Tomada, ainsi que le président brésilien Lula da Silva, avaient suivi le déroulement des évènements au Mexique et témoigné de la sympathie pour notre cause en nous offrant l'asile politique dans leur pays. Je suis encore reconnaissant de leur solidarité. Lula da Silva était particulièrement touché par notre histoire car il avait lui-même commencé sa carrière à la tête du syndicat des métallos du Brésil. Cette crise nous permettait de tisser de nouveaux liens avec le monde syndical mexicain et avec des dirigeants du monde entier.

Avant notre départ pour le Canada, Oralia est partie au Texas pour retrouver notre fils aîné, Alejandro. Marcelo, Héctor et moi nous sommes envolés vers Portland, puis avons loué une voiture pour nous rendre à Seattle où nous avons rejoint mon deuxième fils, Ernesto. Nous avons ensuite roulé jusqu'à Vancouver, notre nouveau refuge provisoire. Nous y sommes arrivés le 23 mars 2006, à bord d'une Ford de location, tel un groupe de touristes à la recherche d'un hôtel pour y passer la nuit. Au-delà de la tristesse des circonstances, une sensation de tranquillité et de liberté s'emparait de moi car j'étais enfin hors d'atteinte de mes ennemis. Je sentais qu'une nouvelle étape commençait, une étape qui allait me permettre de réfléchir et de préparer de nouvelles stratégies pour maintenir la force et l'indépendance de Los Mineros. J'étais de nouveau inspiré pour renforcer le syndicat contre les attaques, construire les bases d'une solidarité internationale et continuer à faire de notre organisation un acteur crucial du mouvement syndical mondial.

Pendant ce temps, les membres du Comité exécutif national ont décidé de prendre en charge tous les frais juridiques et administratifs, ainsi que les dépenses de ma famille et de nos collègues aussi longtemps que durerait la persécution politique. La décision a été approuvée à l'unanimité lors de la Convention générale suivante du Syndicat des mineurs.

La semaine d'après, Ernesto et moi attendions l'arrivée d'Oralia et d'Alejandro à l'aéroport international de Vancouver. Nous avions trouvé un appartement meublé et avions rencontré Steve Hunt, le directeur du District 3 des Métallos à Vancouver et son assistant Carol Landry, devenus par la suite de très bons amis. Lorsque nous avons aperçu Oralia et Alejandro, nous avons couru vers eux. Les larmes sont montées aux yeux d'Oralia lorsque nous nous sommes embrassés tous les quatre. Quel soulagement de se retrouver ensemble. Il ne manquait que Napoleón qui arriverait quelques jours plus tard.

Avant de les emmener dans le nouvel appartement, nous nous sommes arrêtés chez un traiteur chinois pour prendre des plats à emporter. Ce soir-là, nous avons longuement discuté de nos voyages respectifs, puis nous avons évoqué la campagne contre Los Mineros. Je n'aimais pas voir souffrir ma famille, mais je sentais aussi que cette situation renforçait nos liens. Notre fils Napoleón arriverait une semaine après, mais il déciderait ensuite de rentrer au Mexique pour poursuivre ses études à l'Université de Monterrey. J'étais très inquiet pour lui mais j'ai accepté qu'il continue ses études, puisque c'était son choix.

Déménager au Canada était un changement difficile, surtout pour Oralia qui avait dû laisser sa mère malade à Monterrey. Nous essayions tous de surmonter cette sorte d'exil forcé pour nous adapter au mieux à ce nouveau pays. Être loin de nos amis et de notre grande famille n'a pas été facile non plus. Mais nous avons su rester soudés, engagés dans une lutte que nous savions juste — et pour laquelle nous étions disposés à tout faire, même à des kilomètres de distance.

C'est ainsi que nous avons découvert le Canada, une grande nation avec de très hauts niveaux d'éducation, de sécurité, et dont le système judiciaire est envié par de nombreux pays. Mais le plus important a été d'y découvrir le nombre considérable d'amis, loyaux et solidaires, qui nous ont manifesté un soutien inconditionnel, que ce soit au niveau personnel, syndical ou politique.

SEPT

LA RÉSISTANCE

On trouve la joie dans la lutte, dans l'effort et la souffrance qu'elle exige.

— MAHATMA GANDHI

Au début des années 90, trois frères originaires de la ville de Matamoros, dans l'État de Tamaulipas — Julio, Sergio et Pablo Villarreal Guajardo — ont hérité de leur père un commerce de ferraille. Ils achetaient à bas prix des pièces d'acier présentant des imperfections puis les revendaient. C'est Jorge Leipen Garay, ancien sous-ministre des Mines et de l'Énergie, qui m'a raconté l'histoire de ces trois frères, et il est de notoriété publique qu'à l'époque de la fondation de leur entreprise, connue sous le nom de Grupo Villacero, ils ont développé des rapports étroits avec des employés corrompus du département des ventes de leurs deux fournisseurs principaux : Fundidora Monterrey — une usine métallurgique semi-publique — et Hylsa — une aciérie mexicaine aujourd'hui appelée Ternium. Les trois frères faisaient pression sur ces employés pour qu'ils endommagent les extrémités des rouleaux de feuilles de métal, afin que ces pièces d'acier de bonne qualité soient

125

mises au rebut. Les Villarreal achetaient ensuite ce métal à très bas prix, retiraient les extrémités endommagées et revendaient les rouleaux comme du très bon matériel à un prix bien plus élevé que le prix initial.

Les trois escrocs ont ainsi acheté puis revendu des centaines de milliers de tonnes de métal provenant de Fundidora Monterrey et de Hylsa, amassant une immense fortune qui fit grossir les caisses de Grupo Villacero. Plus leur entreprise se développait, plus ils se prenaient pour les rois de la métallurgie alors qu'ils n'étaient en fait que des intermédiaires corrompus et des revendeurs de bas étage.

Le business mafieux des trois frères Villarreal a joué un rôle important dans la banqueroute finale et la dissolution de Fundidora Monterrey, même s'ils ont prétendu que le syndicat était seul fautif — selon eux, la faillite de l'entreprise était imputable à la hausse des salaires et des avantages sociaux qu'exigeaient les employés. Cette entreprise qui avait auparavant appartenu au peuple mexicain a mis la clé sous la porte en 1986 et vendu ses actifs à un prix dérisoire. La filiale principale de Fundidora, Aceros Planos de México, qui possédait le laminoir le plus grand et le plus moderne d'Amérique latine, a également été vendue pour moins de 100 millions de dollars.

En 1991, Grupo Villacero a acheté au gouvernement une entreprise appelée Siderúrgica Lázaro Cárdenas, Las Truchas, Sicartsa, sous la présidence de Carlos Salinas de Gortari, qui est à l'origine de la plupart des privatisations au Mexique. Depuis sa fondation en 1969, Sicartsa gérait une aciérie dans le port industriel de Lázaro Cárdenas, dans l'État du Michoacán, sur la côte pacifique. Ce port doit son nom au président mexicain qui, dans les années 30, a lutté pour les droits des travailleurs, nationalisé l'industrie pétrolière en 1938 et remis entre les mains du peuple mexicain une grande partie des ressources du pays. Selon Jorge Leipen Garay — qui était aussi directeur du complexe sidérurgique de Sidermex –, Grupo Villacero a pu acquérir Sicartsa pour la modique somme de 170 millions de dollars alors que le gouvernement avait investi plus de 8 milliards dans cette société durant les années précédant la vente. En décidant de conserver le nom de Sicartsa, les frères Villarreal s'assuraient d'énormes profits pour cette nouvelle exploitation. Lorsque je suis devenu le secrétaire général du syndicat en 2002, le groupe possédait et contrôlait déjà soixante entreprises sous-traitantes dans le consortium sidérurgique de Lázaro Cárdenas, dont cinquante-cinq appartenant directement aux frères Villarreal.

Au Mexique, il est fréquent qu'une entreprise qui se voit attribuer une concession engage à son tour une entreprise sous-traitante qui lui appartient. Les employés contractuels sont payés quatre-vingt pesos par jour, tandis que le donneur d'ordre facture le même travail au propriétaire de la concession pour huit cent pesos. C'est à travers ce genre de pratiques malhonnêtes que des entreprises comme Grupo Villacero volent les ressources du Mexique et s'enrichissent sur le dos des travailleurs, comme à Pasta de Conchos.

Sachant pertinemment que les frères Villarreal n'avaient pas changé depuis l'époque où ils trafiquaient de l'acier, les dirigeants de Los Mineros ont présenté au ministre du Travail les documents qui certifiaient le rattachement des entreprises sous-traitantes de Sicartsa à Grupo Villarreal afin d'exiger une enquête. Évidemment, Abascal n'en a rien fait. En outre — et pour noircir le tableau — Grupo Villacero prétendait que ses travailleurs contractuels disposaient de leur propre syndicat, même si aucune trace de celui-ci n'a été retrouvée. Cette « organisation » n'était pas enregistrée et il était donc peu probable qu'elle assure la défense de ses membres.

Au moment des premières agressions contre Los Mineros en février 2006, les représentants de Grupo Villacero ont comploté avec ceux de Grupo México et le président Fox pour lancer une vague d'intimidation et de répression. En mars, les frères O'Farrill, deux avocats véreux travaillant pour le compte des Villarreal, ont rédigé « l'accusation-mère » et porté plainte contre ma personne et mes collègues du syndicat. Grupo Villacero était plus que disposé à aider Elías Morales à affaiblir l'organisation qui leur avait causé tant de difficultés à Lázaro Cárdenas.

Mais les membres de Los Mineros n'étaient pas prêts à accepter ces mensonges ni à accueillir à leur tête ce traître de Morales. La courageuse section locale 271 de Lázaro Cárdenas, qui est montée au créneau pour protester contre la tentative visant à imposer Morales, est alors devenue la cible des attaques que nous allions subir par la suite.

Après la convention du mois de mars, nous avons continué à faire pression sur le gouvernement pour qu'il cesse d'agresser le syndicat et traduise en justice Grupo México. Mais celui-ci a ignoré nos requêtes, les mensonges et les calomnies ont continué, et Germán Larrea n'a pas été inquiété à la tête de l'entreprise qui avait causé la mort de soixante-cinq hommes. Comme convenu, nous nous sommes préparés pour une grève de deux jours prévue pour les 3 et 4 avril.

Les membres du Comité exécutif du syndicat ont élaboré un plan de grève massive. Pour ma part, je m'étais peu à peu habitué à organiser et diriger le syndicat à travers les courriers électroniques, les appels téléphoniques, les vidéo-conférences et les visites fréquentes de mes collègues. En prévision de l'évènement, nous avons élu un comité composé de dirigeants syndicaux régionaux et de membres du Comité exécutif. Ce nouveau comité se chargerait de la logistique de la grève sur chaque site et s'occuperait de gérer au mieux les négociations.

Le 3 avril au petit matin, des centaines de milliers de travailleurs à travers le pays se sont postés devant leurs mines et leurs usines et ont construit des barricades pour empêcher l'accès aux représentants des entreprises. Sur chaque site, les travailleurs formaient des équipes pour se relayer au piquet de grève. Tous les membres des sections locales se sont mobilisés et la chaîne de production tout entière s'est arrêtée dès lors que Los Mineros représentait la majorité des centaines de milliers de travailleurs des mines et de la métallurgie du pays. Sans les travailleurs syndiqués, nul ne pouvait travailler, qu'il soit membre de Los Mineros ou non.

Le droit de grève est inscrit dans la Constitution mexicaine et il est considéré comme étant le dernier recours des travailleurs pour se défendre. Malgré les agressions, Los Mineros a exercé ce droit de façon respectueuse et responsable. À l'intérieur des installations, des équipes ont été chargées de surveiller les fours, le système électrique et tout autre élément susceptible d'endommager le site s'il était laissé sans surveillance durant la grève. Le but d'une telle mobilisation n'a jamais été de s'en prendre aux machines ni de détruire les lieux de travail ; il s'agissait simplement de montrer que nous ne tolérerions plus les abus, les agressions et le manque de respect à l'égard des besoins et des droits des travailleurs. Pendant deux jours, la grève a paralysé l'ensemble des sites miniers et métallurgiques du pays.

Huit sections du syndicat à travers le pays ont ensuite décidé de poursuivre le mouvement pour revendiquer la défense de l'autonomie syndicale. Bon nombre de ces sections étaient en conflit avec leurs employeurs au sujet des conditions de travail, des salaires et du manque de respect envers le syndicat. La plus grande de ces sections était la section 271 de Lázaro Cárdenas, qui comptait des membres au sein de Sicartsa. En plus de protester contre la tentative de prise de pouvoir de Morales, les cinq mille métallos de cette usine — dont 3500 étaient syndiqués et le reste des travailleurs contractuels — avaient d'autres revendications contre Grupo Villacero et les frères Villareal, qui n'étaient finalement que des exploiteurs. Plutôt que de partager les profits de l'entreprise, comme le stipule la Loi fédérale du travail (10 pour cent des bénéfices doivent revenir aux employés), les représentants de Grupo Villacero se contentaient d'offrir à leurs employés des cadeaux aussi insignifiants que des porte-clés. Pleinement soutenue par le Comité exécutif, la section 271 a décidé de poursuivre la grève aussi longtemps que leurs revendications ne seraient pas prises en compte.

Comme les ouvriers de Lázaro Cárdenas refusaient de retourner au travail après trois semaines de grève, Elías Morales et les frères Villarreal ont demandé au ministre du Travail de déclarer cette grève illégale et ils ont appelé à une intervention armée afin de l'écraser. Morales, qui était censé soutenir les travailleurs, a qualifié les grévistes de Lázaro Cárdenas de « terroristes ».

Par malheur, le président Vicente Fox, le ministre du Travail Salazar, le ministre de l'Intérieur Abascal et le directeur du gouvernement d'Abascal — Arturo Chávez Chávez, qui serait par la suite nommé procureur général de la République, et ce uniquement parce qu'il se pliait avec docilité aux directives des hommes de pouvoir — ont rapidement donné suite à cette requête. À l'instar de Grupo México, Grupo Villacero était très influent auprès de l'administration Fox, si bien que le gouvernement fédéral et le gouvernement de l'État de Michoacán se sont préparés à expulser les grévistes par la force.

Le 20 avril à Vancouver, je buvais mon café avec Oralia lorsqu'un de mes cinq portables a sonné (à cette époque, je possédais deux portables canadiens, deux américains et un mexicain pour pouvoir être en contact avec tout le monde). C'était Mario García, le délégué du Comité exécutif pour Lázaro Cárdenas. D'une voix empreinte de douleur et de rage, il m'a informé qu'aux environs de six heures du matin, les forces de police fédérales et nationales avaient débarqué par surprise sur le site. D'immenses bateaux de la Marine s'étaient approchés du port où se trouvait l'aciérie, transportant près d'un millier d'hommes lourdement armés qui, ainsi parés de leur bouclier, leur casque et leur AR-15, n'étaient pas sans rappeler le film Robocop. Les grévistes postés devant l'usine étaient perplexes mais bien décidés à camper sur leur position. García m'a dit que même s'ils n'étaient pas armés, les manifestants se refusaient à céder et la situation était en train de dégénérer.

J'ai raccroché et j'ai immédiatement appelé les autres membres du Comité exécutif pour envoyer du soutien à Lázaro Cárdenas. J'ai également prévenu Leo Gerard et Ken Neumann, ainsi que Juan Linares, José Ángel Hernández et José Barajas qui se trouvaient à Vancouver à ce moment-là. Ils ont rapidement gagné les bureaux du District 3 du Syndicat des Métallos afin de prêter assistance par tous les moyens possibles.

J'ai suggéré à García de m'appeler tous les quarts d'heure pour me tenir informé.

L'attaque s'est avérée être l'une des répressions les plus brutales, perverses et cruelles parmi toutes celles que nous avions subies récemment. Les mesures prises contre les grévistes pacifiques et leurs familles étaient terriblement disproportionnées : l'administration Fox a déployé un millier d'hommes, principalement issus de la Police fédérale préventive (PFP), et l'État de Michoacán a dépêché des renforts du Groupe d'opérations spéciales (GOES) armés de fusils et de mitrailleuses avec l'ordre de faire évacuer l'usine. Ils ont également envoyé des chars d'assaut et de l'artillerie, et de nombreux snipers ont survolé les alentours à bord d'hélicoptères. Mais le pire est que les forces armées ont pris les travailleurs par surprise. Comme le ministre du Travail n'a déclaré cette grève illégale que quelques heures à peine avant l'assaut, il a été impossible aux travailleurs de se préparer ou de répondre par la voie légale à la décision de Salazar.

L'assaut a été sanglant. Les caméras de télévision ont pu témoigner de cette violence, filmant l'agressivité des forces de l'ordre à l'égard des travailleurs alors qu'il devait s'agir d'une « évacuation pacifique ». Les balles pleuvaient des hélicoptères, touchant les membres du syndicat et d'autres personnes innocentes de la communauté de Lázaro Cárdenas. Même si Mario et d'autres collègues du syndicat à Michoacán m'envoyaient régulièrement des nouvelles de la situation, j'étais terriblement indigné par la situation et comme j'étais loin, je me sentais incapable de défendre personnellement les travailleurs. Notre grève était totalement légale, étant données les nombreuses violations de la convention collective. Comment le gouvernement pouvait-il réprimer avec autant de violence une grève totalement légale ?

Pour se protéger des tirs, les grévistes se sont réfugiés derrière les lames des bulldozers, mais en dehors de leurs outils de travail, ils étaient complètement désarmés. Les familles des travailleurs et les voisins du quartier les ont rejoints pour les aider à ramasser des bouts de bois, des

pierres et même des morceaux de toiture et les lancer sur leurs agresseurs. Mais ce n'était rien par rapport aux forces de l'ordre qui tiraient
sur la foule sans égard pour les femmes et les enfants. Le chaos s'est
emparé des lieux. Les manifestants s'occupaient de leurs blessés tandis
qu'un peu partout des incendies faisaient rage.

Plus tard dans la matinée, García m'a appelé pour m'avertir que deux
collègues — Mario Alberto Castillo et Héctor Alvarez Gómez — avaient
été tués et que plus d'une centaine de manifestants étaient grièvement
blessés par balles. García était bouleversé. Je lui ai immédiatement
demandé de se rendre auprès des familles des deux victimes pour leur
annoncer la nouvelle et les consoler du mieux qu'il pouvait. Héctor Alvarez était marié et père d'une petite fille, Mario Alberto était célibataire
et vivait chez ses parents. J'ai demandé à García de m'appeler quand il
serait chez eux pour pouvoir leur parler personnellement.

Je n'oublierai jamais la conversation que j'ai eue le matin de ce
funeste 20 avril 2006, deux heures après les évènements, avec les parents
de Mario Alberto Castillo et la femme d'Héctor Alvarez Gómez, tous
deux abattus par les hommes de main envoyés à Sicartsa par Morales et
les frères Villarreal Guajardo. Oralia et mon fils Ernesto étaient à mes
côtés, accablés de chagrin. Oralia était en larmes.

La voix du père de Mario Alberto Castillo était empreinte d'une tristesse indescriptible. Il n'y a rien de plus douloureux que de perdre un
enfant, mais lorsque son assassinat implique des politiciens et des hommes d'affaires corrompus, cette douleur n'a pas de nom. Je l'ai appelé du
Canada pour lui témoigner toute notre solidarité au nom du syndicat.
M. Castillo m'a dit que son fils avait lutté pour défendre ses dirigeants et
ses collègues et pour protester contre les abus dont ils étaient victimes.
Il espérait que son fils n'était pas mort en vain.

J'ai répondu que son sacrifice, ainsi que celui d'Héctor Alvarez
Gómez et des autres, faisaient de son fils un véritable héros du syndicalisme, et qu'il serait toujours un exemple et une source d'inspiration
pour nous tous.

Les mots échangés avec la veuve d'Héctor Alvarez Gómez m'ont fendu le cœur. En apprenant ce qui s'était passé, elle a fondu en larmes — ses pleurs résonnent encore aujourd'hui dans mes oreilles — puis elle m'a remercié de lui avoir téléphoné. Reprenant un peu ses esprits, elle m'a dit combien elle était peinée de savoir que sa fille ne reverrait jamais son père et qu'ils ne pourraient plus jamais être réunis. Elle m'a confié qu'elle rencontrait des difficultés économiques parce qu'ils venaient de se marier. Elle était désemparée car il lui faudrait désormais assurer seule l'éducation de sa fille. Je lui ai dit que j'admirais l'héroïsme d'Héctor et que nous garderions tous un souvenir fort de l'engagement de son mari. Je lui ai promis que sa fille connaîtrait l'histoire exemplaire de son père et que nous ne les laisserions jamais seules ; nous ferions tout pour les aider comme nous l'avions fait jusque-là et comme nous continuons à le faire encore aujourd'hui.

C'est avec une immense tristesse que ce soir-là, ma famille, mes collègues et moi avons regardé les informations. Même si plus d'une centaine de grévistes avaient été blessés par balle, les évènements de Lázaro Cárdenas étaient présentés de façon partiale (comme toujours dans les médias mexicains), les travailleurs sans défense de Sicartsa étant accusés d'avoir provoqué les affrontements violents. « TV Azteca n'a pas montré la version des travailleurs, » déclarerait plus tard un employé de Sicartsa. « Ils n'ont diffusé que des éléments négatifs qui ne montrent pas ce qui s'est vraiment passé. »

Malgré la stratégie agressive déployée par le gouvernement ce 20 avril 2006 dans l'usine de Sicartsa, les syndicalistes et le peuple solidaire ont finalement empêché les forces de l'ordre de prendre le contrôle du site et les ont obligées à battre en retraite. Devant la perspective de devoir assassiner des milliers d'hommes, de femmes et d'enfants pour prendre le contrôle de l'aciérie, elles ont préféré faire marche arrière.

Ce violent assaut a eu lieu presque cent ans jour pour jour après le massacre des mineurs grévistes de Cananea en 1906, un évènement qui

marque pour beaucoup le début de la Révolution mexicaine et la naissance du mouvement syndical mexicain. Mais le plus décourageant a été
l'implication du gouverneur de Michoacán, Lázaro Cárdenas Batel, qui
s'est plié aux intérêts de Fox et de Grupo Villacero. Ce supposé militant
de gauche, membre du PRD (*Partido de la Revolución Democrática*),
porte le nom de son grand-père qui est l'un des présidents les plus brillants de l'histoire mexicaine. Durant les six années de son mandat, de
1934 à 1940, il a gagné l'admiration du peuple mexicain en encourageant la création de syndicats, en soutenant les mouvements de grève, en
distribuant des terres aux paysans et — du jamais vu dans ce pays — en
mettant en place une politique sociale à grande échelle en faveur des
travailleurs. En 1938, le président Lázaro Cárdenas del Rio a nationalisé
l'industrie pétrolière, alors aux mains de compagnies anglaises, hollan-
daises et américaines, car celles-ci refusaient de répondre aux exigences
de leurs employés et de se soumettre aux lois mexicaines.

J'ai personnellement téléphoné à Lázaro Cárdenas Batel pour lui
reprocher la mort de deux manifestants et le recours à la force afin de
réprimer une grève tout à fait légitime. Je n'ai pas pesé mes mots en
l'accusant, lui et l'administration Fox, d'être coupables. Je lui ai dit que
ce qu'il avait fait était une honte pour le PRD et qu'il souillait l'image de
son père, Cuauhtémoc Cárdenas Solórzano, un homme qui avait aussi
été gouverneur du Michoacán et qui avait lutté pour démocratiser le PRI.
Cárdenas Batel m'a demandé pardon, arguant qu'il avait été dupé par
l'administration Fox qui s'était engagée à ce que l'intervention se déroule
sans violence aucune. Je ne l'ai pas cru. Je savais qu'il était soumis à Fox
et qu'il était un opportuniste, à l'image de tous les hommes politiques,
profitant des circonstances pour obtenir les faveurs des puissants. Il avait
l'air d'avoir peur et m'a demandé de l'aider. Fou de rage, je lui ai répondu
que le seul conseil que je pouvais lui donner était d'exiger que les responsables de cette violente répression soient traduits en justice.

J'ai exigé de Cárdenas Batel l'indemnisation immédiate des familles
des collègues assassinés et des travailleurs blessés (plus d'une centaine).

J'ai également demandé à ce que les forces de l'ordre qui se trouvaient encore aux alentours du port de Lázaro Cárdenas soient évacuées sans délai et que cessent toutes les agressions envers les travailleurs. Enfin, je l'ai sommé d'ouvrir une enquête et de juger les criminels qui avaient décidé d'employer la force et tous ceux qui avaient concouru à l'application de cette décision.

Grupo Villacero n'avait hélas eu aucun mal à convaincre Fox d'envoyer l'armée sur le site de Sicartsa — Villacero était un généreux donateur de Vamos México, la fondation de son épouse, Marta Sahagún. Après l'assaut, Cárdenas Batel a été incapable de mener une véritable enquête sur les attaques orchestrées par le gouvernement fédéral et les entreprises. Comment pouvait-il en être autrement alors qu'il était lui-même impliqué dans cette affaire ? Rien, pas même l'héritage de son père et de son grand-père, n'a pu l'amener à se rendre à l'évidence : c'est en toute légalité que les grévistes défendaient leur liberté, l'autonomie de leur syndicat et leur droit à bénéficier de conditions de travail sûres.

Environ une semaine après l'assaut, j'ai découvert qu'une réunion du cabinet de sécurité de Fox avait eu lieu peu de temps avant l'invasion du complexe industriel de Lázaro Cárdenas, durant laquelle la possibilité d'attaquer militairement l'usine sidérurgique avait été soulevée. J'ai eu vent de cette information par l'intermédiaire d'un homme politique présent à la réunion, et celle-ci a ensuite pu être confirmée lorsque j'ai pris connaissance de l'agenda présidentiel qui indiquait que ce jour-là, Fox devait se réunir avec son cabinet de sécurité. Fox et ses acolytes, frustrés de n'avoir pas pu nous éliminer en février et en mars 2006, ont vu dans la grève de Lázaro Cárdenas un nouveau prétexte pour nous attaquer. Quelques participants à cette réunion ont exprimé de sérieux doutes quant à l'utilité d'envoyer les forces armées et se sont demandés qui prendrait la responsabilité si la situation dégénérait.

Ce à quoi le ministre du Travail, Francisco Javier Salazar, aurait répondu : « Lorsque les mineurs verront s'approcher les soldats, ils s'enfuiront comme des lâches. » Fox et le reste de son cabinet de sécurité ont cru en l'affirmation humiliante de Salazar et ont décidé d'envahir le port. Ignorants, arrogants et corrompus comme ils l'étaient, ils n'ont pas imaginé un seul instant que les mineurs résisteraient pied à pied et répondraient avec courage et dignité aux agressions. Je suis certain que s'ils l'avaient su, ils auraient pris une toute autre décision.

Le 17 avril, trois jours avant l'assaut, Fox était en déplacement à Uruapan, à 200 kilomètres du port de Lázaro Cárdenas, avec le gouverneur Cárdenas Batel. Lors d'un meeting, une vingtaine de membres de Los Mineros présents dans la foule ont interpellé Fox pour lui demander de cesser immédiatement la campagne de diffamation à notre encontre et de me reconnaître comme le dirigeant légitime du syndicat. Ils ont ajouté qu'ils m'avaient élu de façon transparente et démocratique et qu'il se devait de respecter cela.

Fox a écouté leur requête et, devant le gouverneur Batel, il leur a dit de ne pas s'inquiéter car « le conflit prendrait fin dans quelques jours ». Cette déclaration cynique a été la seule réponse du président. Les travailleurs sont revenus à Lázaro Cárdenas pour préparer la grève et trois jours plus tard, ils ont compris ce que Fox avait voulu dire : pour en finir avec le conflit, le président envisageait de recourir non pas à la négociation mais à la force.

Les travailleurs de Sicartsa ont réussi à garder le contrôle de la mine et des usines pendant cinq mois. La grève à Lázaro Cárdenas a continué jusqu'au 15 septembre 2006, date à laquelle le syndicat et les travailleurs ont enfin abouti à un accord avec le groupe. Cet accord prévoyait une hausse de salaire de plus de 42 pour cent — une progression sans précédent au Mexique et peut-être même dans le monde — et le paiement de la totalité des salaires et des avantages sociaux dus au titre des cinq mois et demi de grève. En 2007, toujours dans le cadre de ces négociations, une partie des employés qui travaillaient dans l'entreprise depuis plus de vingt ans a perçu une part importante des bénéfices.

Cette grève fructueuse, dont le but premier était de défendre l'élection autonome de son dirigeant, a été la première d'une longue série. « Pourquoi voudrions-nous d'un gouvernement comme celui-ci ? » se demandait après l'assaut Olga Ospina P., membre de la famille des travailleurs de Sicartsa. « Fox nous a promis un changement. C'est ça le changement ? Nous n'en pouvons plus des agressions contre les travailleurs. Pourquoi tout cela ? Parce qu'ils se battent pour leur dirigeant ? Que dirait Fox si nous prenions sa femme — une traîtresse — pour la remplacer par une autre ? Il n'apprécierait sûrement pas. Laissez les travailleurs choisir leurs propres représentants. »

Bien qu'entachée par le décès de nos deux collègues, la victoire des travailleurs de Lázaro Cárdenas marquait une défaite retentissante pour le gouvernement. La grève des membres de la section 271 était parfaitement légale et il n'y avait aucune raison d'employer la force contre les employés qui ne faisaient que défendre leurs droits syndicaux et humains. La terreur et la violence du gouvernement n'ont pas eu raison des grèves et des arrêts de travail lancés à travers le Mexique.

Grupo Villacero n'a même pas tiré profit de ces stratégies brutales. Ses activités répressives et son refus d'écouter les revendications des travailleurs ont coûté à l'entreprise des millions de dollars. Fin 2006, l'entreprise s'est vue forcée de vendre ses parts de Sicartsa à ArcelorMittal, aujourd'hui le plus grand producteur d'acier au monde, qui a par ailleurs toujours géré avec respect et efficacité les conventions collectives conclues avec le Syndicat des mineurs.

Nous avons réussi à surmonter la brutale répression orchestrée par le gouvernement le 20 avril 2006, mais le souvenir d'Héctor et de Mario ne nous a jamais quittés. Leur sacrifice est une motivation supplémentaire pour continuer à lutter de toutes nos forces contre les mensonges et les calomnies du président Fox et de ses partenaires du secteur privé.

HUIT

UNE MASCARADE JUDICIAIRE

*Un homme sans éthique est une bête sauvage lâchée
sur ce monde.*

— ALBERT CAMUS

Deux jours avant qu'un millier d'hommes armés ne s'abatte sur les travailleurs de Lázaro Cárdenas, les ennemis de Los Mineros avaient amorcé une nouvelle phase de la persécution judiciaire à l'encontre de notre syndicat. La première plainte déposée par Elías Morales et les hommes d'affaires qui le soutenaient financièrement avait été invalidée par la Commission nationale bancaire et des valeurs (CNBV), qui a considéré que la dissolution du Trust des Mineurs et l'utilisation de ses actifs étaient parfaitement légales et qu'en conséquence, aucun délit financier n'avait été commis. Cela n'empêcherait évidemment pas le président de Grupo México et ses collaborateurs de revenir à la charge afin de nous discréditer et de détourner l'attention de la mort des soixante-cinq mineurs de Pasta de Conchos. Se demandant quelle était la marche à suivre pour surmonter cet obstacle, ils ont fait appel au procureur général de la République (*Procuraduría General de la República, PGR*) et se sont mis à ourdir une trame. Le parquet mexicain se présente hélas bien souvent comme une « arme » permettant aux politiciens et autres hommes de pouvoir d'attaquer leurs ennemis. La persécution à l'encontre de Los Mineros en est la preuve. Devant les pressions exercées par Grupo México et Morales, le PGR a décidé de relancer une attaque mais cette fois-ci au niveau de l'État. Au début du mois d'avril, sans même que nous le sachions, le PGR s'est mis en quête de procureurs généraux disposés à collaborer avec lui dans les différents États — en particulier dans les États connaissant une forte présence de mineurs et de métallos.

Le 18 avril 2006, le procureur général s'est saisi du dossier de « l'accusation mère » dont il a fait plusieurs copies qu'il a adressées à l'ensemble des États, et notamment à Sonora, San Luis Potosí et Nuevo León. Nul besoin de préciser qu'il s'est bien gardé de mentionner la décision de la CNBV qui avait stoppé la procédure au niveau fédéral (il nous a d'ailleurs fallu deux ans pour obtenir ce document). Dans ces trois États, des fonctionnaires étaient disposés à collaborer avec le PGR, soi-disant au nom des membres des syndicats vivant dans ces régions. Tout cela était absurde : dans cette affaire, les mineurs n'étaient pas du côté des plaignants, mais de mon côté et ils protestaient activement contre la tentative qui visait à m'écarter de la direction du syndicat. Cette stratégie était aussi méprisable qu'imprévisible, mais nous savions qu'en affrontant des personnages aussi pervers, nous devions nous attendre à tout.

Les attaques au niveau fédéral se poursuivaient : « l'accusation mère » avait échoué, mais elle avait donné naissance à trois « sous-accusations » identiques. Au lendemain de la plainte déposée par Morales début mars, le Conseil fédéral de conciliation et d'arbitrage (*Junta Federal de Conciliación y Arbitraje, JFCA*) a demandé la saisie de tous les comptes bancaires du syndicat, y compris les plus de 20 millions de dollars qui faisaient partie des 55 millions remis en cause. Ce tribunal, qui traite des affaires liées au travail, relève du pouvoir exécutif alors même qu'il s'agit d'un organisme quasi judiciaire — une aberration, puisque les hommes politiques peuvent ainsi intervenir dans des affaires à caractère strictement juridique.

Dans un effort visant à étrangler financièrement la direction du syndicat, les comptes bancaires de tous les inculpés ont également été gelés. La Cellule de renseignement financier du gouvernement a procédé à la saisie illégale de ces comptes sans tenir compte du rapport de la CNBV. En effet, une fois que cette commission émet son avis, elle n'a pas le pouvoir de stopper les actions incompatibles avec celui-ci ; elle n'a donc pas pu empêcher la saisie des actifs personnels ni de ceux du syndicat, et il lui a fallu coopérer avec la Cellule de renseignement financier. Notre maison à Mexico — avec tout ce qu'il y avait à l'intérieur — a été saisie, ainsi que celle appartenant à la grand-mère de mon épouse, à Monterrey. Désormais au Canada, les quelques effets que nous avions emporté avec nous étaient tout ce qui nous restait.

Le fait que Grupo México ait encouragé le gouvernement à pour suivre les persécutions contre ma personne et quatre autres collègues était non seulement absurde du point de vue juridique, mais aussi incompatible avec les déclarations faites précédemment par Germán Feliciano Larrea.

Les charges retenues contre nous concernaient exclusivement la gestion des 55 millions de dollars que mon père avait obtenus au profit du syndicat lors des négociations menées avec Grupo México en 1989 et 1990. Suite à la privatisation de Mexicana de Cobre de Nacozari et de Mexicana de Cananea, le gouvernement et Grupo México se sont engagés à verser 5 pour cent des actions des deux entreprises à un trust contrôlé par le Syndicat des mineurs afin de mettre en place des programmes sociaux-éducatifs et des plans de croissance. Cet accord a été approuvé par la Nacional Financiera (NAFINSA), la banque du gouvernement qui a facilité la privatisation des deux compagnies. En 2005, après avoir lutté bec et ongles pour que Grupo México tienne parole et au terme de quatorze années de procédure judiciaire contre l'entreprise, le groupe a fini par payer sa dette en versant les 55 millions de dollars au Trust des Mineurs. Cette même année, les administrateurs du fonds ont voté la dissolution du Trust et le transfert des actifs au syndicat.

Deux ans après avoir remboursé leur dette, et furieux de s'être vus accusés d'homicide industriel à Pasta de Conchos, les représentants de Grupo México — à travers des marionnettes telles que Morales — ont commencé à qualifier la dissolution du Trust de délit financier et à prétendre que les dirigeants syndicaux avaient utilisé l'argent à des fins personnelles. Cette accusation nous aurait fait rire si de nombreux fonctionnaires publics — ainsi que les médias mexicains — ne leur avaient emboîté le pas. Le syndicat conservait méticuleusement l'historique de chaque transaction concernant les 55 millions de dollars et nous étions à même de prouver qu'une grande partie des actifs — près de 22 millions — avaient été versés aux travailleurs ayant perdu leur emploi suite aux privatisations de Cananea et de Nacozari ainsi qu'à leurs familles, tandis que d'autres montants moins importants avaient servi à payer les honoraires des avocats, les dépenses du Trust, les coûts publics, les investissements immobiliers et les travaux de rénovation — autant de dépenses engagées au titre du fonctionnement du syndicat, mais aussi au profit des membres de ce dernier.

En plus d'être totalement fausse l'accusation de Morales se basait sur la distinction entre l'argent appartenant au Syndicat des mineurs et l'argent appartenant aux *membres* du syndicat en tant qu'individus. Morales argumentait que les fonds appartenaient aux membres et non au syndicat en tant que tel. Cependant, en août 1990, peu après avoir conclu les négociations avec mon père au sujet des 5 pour cent résultant de la privatisation des entreprises, Germán Larrea s'était vu obligé de rectifier lui-même une erreur survenue dans le document relatif à l'affectation des fonds. Durant ce mois d'août, Grupo México était au bord de la faillite et pendant le processus de négociation, le tribunal de la faillite de Mexico a par mégarde attribué les 5 pour cent des bénéfices de Mexicana de Cananea aux travailleurs de l'entreprise alors que les actions avaient été négociées — et Larrea le savait — pour être attribuées au Syndicat des mineurs. Larrea, en remarquant cette erreur, a adressé un courrier au juge l'invitant à corriger le document et à spécifier que ces fonds revenaient exclusivement au syndicat et non aux travailleurs de façon individuelle. Ce courrier, dont nous possédons une copie, a été signé par Larrea en sa qualité de représentant légal de Mexicana de Cananea. En voici un extrait :

> *Comme nous pouvons le voir, le commentaire présenté par monsieur le Juge dans l'alinéa C du paragraphe VIII précédemment transcrit comporte une erreur. Il y est dit que l'entreprise que je représente a proposé de verser 5 pour cent des actions aux travailleurs de l'entreprise en faillite, alors qu'en réalité, la compagnie que je représente a déclaré verser ce pourcentage au Syndicat des travailleurs de la mine et de la métallurgie, en tant que bénéficiaire du Trust établi le 14 novembre 1988 avec Multibanco Comermex S.N.C.*

En d'autres termes, Larrea a lui-même confirmé en août 1990 que les actifs appartenaient directement au syndicat, ce qui contredit les arguments présentés seize ans plus tard dans le cadre des poursuites engagées contre ma personne. Dès que le juge a reçu la notification de la part de Larrea, il a modifié le texte et spécifié que les actifs appartenaient au syndicat et non à un groupe particulier de travailleurs :

> *Document versé au dossier présenté par GERMAN FELICIANO LARREA MOTA VELASCO, représentant de Mexicana de Cananea S.A. de C.V. Considérant les raisons invoquées par le pétitionnaire et considérant que la résolution publiée par ce tribunal le 24 août de l'année en cours approuvant et acceptant l'achat de l'entreprise susmentionnée comporte des imprécisions, il est important de clarifier le paragraphe VIII, alinéa C, se référant au versement de cinq pour cent du capital de MEXICANA DE CANANEA S.A DE C.V. en faveur des travailleurs de l'entreprise en faillite. La résolution corrigée doit être rédigée comme suit :*

« (…) *MEXICANA DE CANANEA S.A DE C.V. propose de verser cinq pour cent de son capital (…) au Syndicat des travailleurs de la mine et de la métallurgie, en sa qualité de bénéficiaire du Trust établi le 14 novembre de l'année 1988 avec MULTI-BANCO COMERMEX S.N.C (…) et dont les actifs passeront aux mains de cette organisation, conformément à l'article 84 du Code de procédure civile. Cette clarification fait partie intégrante de la résolution émise le 24 aout de cette même année.*

Si tôt que la modification a pris effet, il était parfaitement clair que les actifs du Trust des Mineurs appartenaient au syndicat. Outre ce document et les preuves attestant du bon emploi des actifs de ce fonds, le PGR a reçu le rapport du CNBV qui exonérait le Comité exécutif national de toute malversation. Cependant, tout au long de l'année 2006, le PGR et le ministère du Travail ont continué d'ignorer la vérité en se pliant aux ordres de Grupo México, dont l'unique dessein était d'intensifier les agressions contre Los Mineros.

Germán Feliciano Larrea, avec l'aide des frères Villarreal, a fait tout son possible pour diaboliser mon image auprès de l'opinion publique et persuader les fonctionnaires du gouvernement de me poursuivre en justice. D'après une source anonyme, il aurait offert de l'argent et des présents au ministre de l'Intérieur Abascal, au ministre du Travail Salazar, au procureur général Daniel Cabeza de Vaca, au ministre des Finances Francisco Gil Díaz, au sénateur du PAN Ramón Muñoz, au couple présidentiel en personne, ainsi qu'à de nombreuses autres personnalités politiques, dans l'objectif de détruire les dirigeants légitimes du syndicat. On rapporte aussi que Larrea promettait à chacun de ces fonctionnaires des récompenses juteuses oscillant entre 10 et 30 millions de dollars s'ils se joignaient à la cabale gouvernement-entreprises dans le but de m'évincer de la direction du syndicat et de détruire le syndicat lui-même.

Début 2007, lors d'une réunion privée, Germán Larrea aurait dit à l'un des vice-présidents de Televisa, Alejandro Quintero, qu'il était prêt à payer ce qu'il faudrait pour lancer une campagne médiatique de diffamation contre le syndicat, contre ma famille et contre ma personne (Larrea est aussi actionnaire et membre du Conseil d'administration de Televisa). Il a précisé qu'il risquerait toute sa fortune pour nous détruire, moi et le syndicat. En 2011, Xavier García de Quevedo, l'un des complices les plus proches de Larrea et l'un des principaux responsables de Grupo México, a déclaré publiquement que le conflit avec Los Mineros avait coûté à l'entreprise plus de 4 milliards de dollars.

Au printemps 2006, j'ai assisté à l'escalade du conflit depuis Vancouver, profondément tourmenté. Tandis que les corps des soixante-cinq mineurs étaient encore ensevelis dans la mine et que l'opération manquée de Lázaro Cardenas avait révélé que le gouvernement était disposé faire usage de la violence contre nous, ma famille a été contrainte à l'exil et tous nos biens avaient été remis au gouvernement. Tout semblait indiquer que notre séjour au Canada allait être plus long qu'escompté. Je recevais aussi des appels pour me convaincre d'abandonner la direction de Los Mineros. Alonso Ancira et son conseiller, Moisés Kolteniuk — censé être un ami de longue date — ont tous deux essayé de me persuader qu'il valait mieux se rendre et laisser Salazar imposer une marionnette à ma place[2]. Agir ainsi revenait à reconnaître quelque chose que je n'avais pas commis ; en capitulant, j'aurais trahi mes collègues et l'héritage de mon père.

---

2 Quelques mois avant que ne commence le conflit minier, ils avaient déjà essayé de me convaincre d'abandonner la direction du syndicat en avançant plusieurs arguments. Je me rappelle qu'un matin, alors que je me rendais à mon bureau, j'ai reçu un appel de Moisés Kolteniuk. Il m'invitait à prendre un café chez lui parce qu'il avait quelque chose de « très important » à me dire. En arrivant, la présence de deux personnages controversés m'a surpris. Diego Fernández de Ceballos et Antonio Lozáno Gracia, conseillers d'Alonso Ancira Elizondo, ont tous deux tenté de me persuader d'abandonner mon poste de secrétaire général du Syndicat des mineurs afin de pouvoir mieux servir les intérêts de ceux qui les avaient envoyés. Comment ces deux hommes osaient-ils ignorer que les travailleurs m'avaient nommé à ce poste, de façon libre et démocratique ?

Fort heureusement, tout au long de cette période, le soutien de nos amis du Syndicat des Métallos, de même que des mineurs et travailleurs de la métallurgie au Mexique, n'a jamais faibli. Ils ont toujours refusé de croire aux mensonges des politiciens, des hommes d'affaires et des médias et comprenaient bien que Morales n'était rien d'autre qu'un fourbe et un traître qui était à l'origine de l'intervention armée contre les grévistes à Lázaro Cárdenas. Il n'avait pas même pris la peine de se rendre à Pasta de Conchos et la seule fois qu'il avait mis les pieds au siège c'était il y a six ans, lorsqu'il avait pris d'assaut et essayé de détruire le bâtiment accompagné de sa bande de criminels. Depuis que j'ai quitté le Mexique, il ne s'est jamais occupé des affaires du syndicat et n'a jamais rien négocié pour le bien des travailleurs. Tout ce que Morales avait fait jusqu'alors était d'accorder aux médias des interviews diffamatoires et d'assister à des cérémonies officielles où on le présentait aux fonctionnaires du gouvernement et aux hommes d'affaires comme le secrétaire général du syndicat, usurpant un poste auquel il n'avait jamais été élu.

Pendant les mois qui ont suivi la tragédie à Pasta de Conchos, la loyauté de Los Mineros, des Métallos et de la communauté syndicale mondiale a été inébranlable. Il a été plus difficile, en revanche, de trouver une assistance juridique appropriée. Hormis Me Nestor de Buen et son fils Carlos — d'excellents avocats spécialistes en droit du travail — et des défenseurs tenaces comme Me Marco del Toro, qui prendrait notre défense par la suite, un grand nombre d'avocats allaient nous décevoir.

Quelques jours après l'explosion à Pasta de Conchos, un avocat de Monterrey appelé Bernardo Canales m'a été recommandé par Celso Nájera. Il m'avait fait bonne impression lorsqu'il m'a proposé ses services et j'étais reconnaissant de pouvoir ainsi compter sur son aide. Il se présentait comme un bon avocat et j'espérais qu'en dépit d'être le cousin de Fernando Canales Clariond — un membre du PAN originaire de Monterrey, ministre de l'Économie sous le gouvernement Fox — il chercherait véritablement à défendre les intérêts des travailleurs. Tout au long du mois de mars 2006, Canales nous a défendus tous les cinq mais au début du mois d'avril, il m'a annoncé que son meilleur ami, Guillermo Salinas Pliego l'invitait à faire le tour d'Europe en moto pendant les vacances de Pâques. Il nous a assuré qu'il appellerait tous les jours et qu'il laisserait son téléphone allumé en permanence en cas d'urgence.

Les promesses trop enthousiastes de Canales m'ont quelque peu inquiété, tout comme le fait que Salinas Pliego, son compagnon de route, soit le frère du président de TV Azteca — la chaîne qui s'était montrée particulièrement agressive et injuste envers Los Mineros depuis le début du conflit — et l'un des principaux actionnaires de TV Azteca. Ayant quitté le Mexique à la mi-avril, ils ont passé la semaine de Pâques à sillonner les routes d'Europe à moto. Les jours passaient et nous ne recevions aucun appel de sa part. Puis l'urgence est arrivée : le gouvernement a autorisé les perquisitions au siège du syndicat, au domicile de mes collègues Juan Linares et Félix Estrella, à mon domicile de Mexico et à celui de Monterrey. J'avais besoin d'aide pour empêcher ces intrusions et nous avons essayé d'appeler Canales plusieurs fois, mais sans succès. Il a fini par nous envoyer certains collègues de son cabinet pour nous aider mais lui n'a jamais daigné nous parler de vive voix. Il avait reçu tous nos messages mais refusait simplement de s'entretenir avec nous. Nous étions totalement désarmés face aux violentes agressions du gouvernement.

Lorsque Canales est revenu, il a coupé toute communication avec moi et les membres du syndicat. Une secrétaire de son cabinet a finalement appelé au siège pour dire que monsieur Canales ne suivrait plus notre dossier et que nous pouvions envoyer quelqu'un chercher les documents à son bureau de Monterrey. C'est un collègue qui m'a téléphoné à Vancouver pour m'annoncer la nouvelle. C'était le comble. Canales avait reçu plus de 300 000 dollars pour une défense qui avait duré quelques semaines, et voilà qu'il démissionnait lâchement après s'être fait payer avec l'argent des travailleurs et ce, sans même nous prévenir qu'il abandonnait notre défense.

Lorsqu'il a pris en charge notre dossier, ce jeune avocat n'a jamais laissé entendre qu'il n'était pas capable de mener à bien ce travail, qu'il avait peur ou qu'un tout autre problème l'empêchait de nous représenter. Il a accepté de nous défendre sans avoir compris la magnitude de l'agression envers Los Mineros, puis a profité des ressources du syndicat — considérablement limitées sous l'effet des saisies arbitraires ordonnées par le gouvernement — avant de réaliser qui était l'ennemi contre lequel il devrait lutter. Nous avions eu confiance en Canales et avions placé tous nos documents juridiques et tout notre espoir entre ses mains. Cette trahison a particulièrement atteint la fierté Los Mineros.

Tandis que nous nous défendions du mieux que nous pouvions contre les perquisitions, les menaces et les saisies, nos accusations contre Salazar et Morales rencontraient de nombreux obstacles. Pour pouvoir rapidement être reconnu comme dirigeant du syndicat, Morales avait dû présenter certains documents au ministère du Travail afin que la conspiration « aboutisse ». C'est précisément sur ces documents qu'a été falsifiée la signature de Juan Luis Zúñiga Velásquez, un des membres du Comité exécutif, qui allait d'ailleurs trahir le syndicat en 2010. La signature falsifiée apparaissait sur quatre documents différents, tous datés du 16 février 2006, soit quelques jours à peine avant la tragédie de Pasta de Conchos. Le premier d'entre eux était une résolution du Conseil général de surveillance et de justice du syndicat proposant de nous sanctionner, moi ainsi que quatre autres membres du Comité exécutif, pour la supposée fraude financière impliquant les 55 millions de dollars qui appartenaient au Trust des Mineurs. Le deuxième document informait Salazar de cette proposition de sanction. Le troisième, à l'intention des membres du syndicat ainsi que du ministère du Travail, annonçait que j'avais été écarté de mon poste de secrétaire général et expulsé de l'organisation. Le quatrième document falsifié était la prétendue démission de Zúñiga. C'était à se demander comment il avait pu signer tous ces documents et démissionner du syndicat exactement le même jour.

Ces documents étaient la pierre angulaire de notre défense contre le ministère du Travail et les traîtres dirigés par Morales. Dès que Zúñiga a appris que sa signature avait été falsifiée, il a déposé plainte. Le 28 février 2006 — le même jour où Salazar a officiellement déclaré qu'il soutenait Morales — Zúñiga a personnellement informé le ministre du Travail de l'existence de ces faux documents qui permettaient à Grupo México d'atteindre ses objectifs de façon illégale. Salazar était légalement tenu d'en informer le procureur général, mais il n'en a évidemment rien fait puisqu'il faisait lui-même partie de la manœuvre.

Une enquête sur ces falsifications a néanmoins été diligentée en réponse à la plainte déposée par Zúñiga. À la fin du mois de mars, le rapport d'une expertise en écritures conduite par le PGR a confirmé ce que nous savions déjà : les signatures avaient été falsifiées. Ce rapport marquait une avancée importante en notre faveur. Tandis que le président avait enjoint le parquet de faire pression sur nous par tous les moyens possibles, et son équipe faisait tout pour lui obéir, personne ne s'était soucié des recherches menées par le département d'expertise en écritures, une équipe technique qui ne trempait pas dans les machinations politiques du PGR. Ce n'est qu'après avoir rendu public le rapport que le PGR a réalisé l'impair qu'il avait commis.

À la mi-avril, et contre toute attente, le parquet a annoncé dans une brève déclaration publique que les faux documents, tout comme les rapports qui attestaient de leur falsification, avaient été subtilisés dans les bureaux du PGR à Mexico. Soudain, les preuves les plus convaincantes contre Grupo México et le ministère du Travail disparaissaient sans laisser de traces. Le PGR a accusé de vol de simples fonctionnaires, en omettant de préciser ce qui aurait pu les pousser à soustraire ces documents. *La Jornada* — un journal national reconnu et prestigieux qui a couvert notre affaire au travers de rapports bien plus honnêtes et de meilleure qualité que les autres journaux du pays — a publié, avec d'autres médias importants, un article au sujet de ces disparitions suspectes.

Une fois de plus, le pouvoir économique de Germán Feliciano Larrea lui permettait d'obtenir ce qu'il désirait. Il s'était débrouillé pour faire disparaître toutes les preuves alors qu'elles étaient censées être sous la surveillance du PGR. Le plus probable était donc qu'il avait payé quelqu'un du parquet pour subtiliser les documents.

Jusqu'à présent, et suite à ce prétendu vol, il nous a été impossible de prouver la falsification des signatures. Mais pendant les années qui ont suivi, nous n'avons jamais cessé d'accuser les fonctionnaires du ministère du Travail d'avoir falsifié les documents. Me Marco del Toro, l'avocat pénaliste qui a tant fait pour Los Mineros, a porté plainte à plusieurs reprises au nom de Zúñiga. Cependant en 2010, ce dernier nous a surpris en abandonnant le syndicat et en retirant publiquement la plainte qu'il avait déposée auprès du parquet, déclarant qu'aucun crime n'avait été commis. Acheté par Grupo México, il s'était finalement rallié aux ennemis du syndicat.

En mai 2006, un mois après que le PGR a envoyé plusieurs exemplaires de notre accusation à San Luis Potosí, à Nuevo León et à Sonora, chacun de ces États a lancé un mandat d'arrêt contre ma personne et contre Juan Linares Montúfar, Héctor Félix Estrella et José Ángel Rocha Pérez, qui a d'ailleurs trahi Los Mineros par la suite. Un mandat d'arrêt a également été émis contre Gregorio Pérez Romo, un coursier qui n'était même pas affilié au syndicat. Le juge chargé de la plainte à Nuevo León a rédigé un mandat d'arrêt légèrement différent des deux autres, car il s'est rendu compte que cette affaire ne relevait pas de sa juridiction. Le dossier a donc été déféré devant le tribunal 32 du District fédéral de Mexico et le juge s'en est lavé les mains.

Notre défense était devenue trois fois plus difficile. Il nous fallait désormais nous défendre de la même accusation à Mexico et dans deux autres États. Cela constituait une véritable violation du principe *non bis in idem* de la Constitution, qui établit que personne ne peut être jugé deux fois pour la même raison. En nous retrouvant ainsi sous le coup d'une même accusation dans trois États différents — accusation qui avait d'ailleurs été rejetée par une autre instance –, il était clair que nous étions victimes d'une vile manœuvre inconstitutionnelle.

Dès le début, cette affaire avait revêtu un caractère scandaleux, mais la négligence avec laquelle Grupo México et le bureau du procureur avaient géré le dossier était stupéfiante. Tandis que Mᵉ del Toro préparait notre défense, il a remarqué que les mandats d'arrêt signés par les juges de Sonora et de San Luis Potosí contenaient des paragraphes identiques, au point de répéter les mêmes fautes de frappe. Ces fonctionnaires s'étaient limités à signer des mandats d'arrêt déjà rédigés par le procureur. En cédant aux pressions de Los Pinos, ils salissaient leur réputation et plutôt que d'analyser le dossier en toute bonne foi, ces larbins ont osé poursuivre en s'appuyant sur un vulgaire « copier-coller ».

Nous nous sommes immédiatement attelés à la préparation de notre défense aux côtés de Mᵉ Juan Rivero Legarreta et Mᵉ Marco del Toro, qui prenaient officiellement la relève de Mᵉ Mariano Albor. Ils ont constitué des procédures d'*amparo*[3] pour transférer vers Mexico les mandats d'arrêt lancés à San Luis Potosí et à Sonora, et les regrouper avec le mandat émis par le juge de Nuevo León.

Au début, nous n'avons pas obtenu d'aussi bons résultats que d'autres prévenus dans le cadre de la même affaire des 55 millions. Lorsqu'il a lancé le mandat d'arrêt contre nous, le juge de Sonora avait également porté plainte contre des cadres supérieurs de Scotiabank qui avaient agi en représentation du Trust des Mineurs. Les charges dont on les

---

3 Ce mécanisme juridique est né au Mexique et s'est ensuite répandu dans d'autres pays. Lorsqu'une personne a recours à un *amparo*, elle demande la protection de ses droits tels qu'ils sont établis dans la Constitution mexicaine. On peut recourir à un *amparo* pour protéger ses droits fondamentaux et sa liberté individuelle, et pour exiger une révision de la légalité d'une décision prise par le gouvernement ou par toute autre autorité. L'*amparo* peut également remettre en cause la constitutionnalité d'une loi déterminée ou d'un statut, en plus d'offrir de nombreuses protections. Les *amparos* allaient permettre aux avocats de Los Mineros de protester contre la déclaration d'illégalité des grèves et contre les accusations fallacieuses dont étaient victimes les membres du Comité exécutif.

accablait étaient exactement les mêmes. Les cadres de Scotiabank ont eu recours à un *amparo* contre le mandat d'arrêt et le 15 novembre 2006, un tribunal fédéral a décrété que leur recours était valide, *dès lors que les actions dont ils étaient accusés n'étaient pas considérées comme illégales.* Le juge a acquitté les employés de Scotiabank et leur a octroyé une protection constitutionnelle maximale.

Deux mois plus tard, le juge de Sonora — celui qui avait levé les charges contre les cadres de la banque — a traité le recours d'*amparo* présenté au nom de Juan Linares Montúfar contre le même mandat d'arrêt. Mais il a décrété que l'accusé ne pouvait recevoir qu'une protection limitée. D'après le juge, le mandat d'arrêt qui le concernait était encore valide ; il ne présentait que quelques erreurs formelles concernant l'accusation et l'affaire devait suivre son cours. Pourquoi ce juge, qui avait déclaré la nullité de l'accusation quelques mois auparavant, abordait-il un mandat d'arrêt identique sous un angle totalement distinct ? Il ne pouvait y avoir qu'une raison : le magistrat était contre nous parce que nous menacions de mettre au jour l'enchevêtrement de complicités et de relations qui existait entre la sphère politique et les milieux d'affaires mexicains.

Au milieu de ces injustices, nous avons appris que le PGR, à travers son département spécialisé dans le crime organisé (*Subprocuraduría de Investigación Especializada en Delincuencia Organizada,* SIEDO), m'accusait d'un nouveau crime au niveau fédéral : le blanchiment d'argent.

Au Mexique, le blanchiment d'argent se définit comme une « opération réalisée avec des fonds acquis de manière illégale » et cette nouvelle charge se basait sur la même accusation que celle de fraude financière. La logique du SIEDO était la suivante : puisque nous avions soi-disant liquidé de façon illicite le Trust des Mineurs (et qu'on nous accusait d'avoir commis un délit financier), tout usage des fonds obtenus à travers cette transaction devenait un usage de fonds *acquis de manière illégale.* Par conséquent, en indemnisant les mineurs et leur famille et en couvrant les dépenses du syndicat, nous étions accusés d'avoir blanchi de l'argent même si aucun crime n'avait été réellement commis. Se pliant au désir de vengeance personnelle d'un petit groupe d'hommes d'affaires malhonnêtes, le SIEDO perdait son temps et dépensait l'argent du contribuable mexicain en inventant des accusations fallacieuses, au lieu de consacrer ses efforts et ses ressources à poursuivre de véritables criminels et des bandes du crime organisé.

À l'été 2006, nous avons appris avec soulagement que la demande de poursuites pour cause de blanchiment d'argent émanant du SIEDO avait été rejetée à deux reprises. Tout d'abord, le tribunal du neuvième district pour les crimes fédéraux de Mexico a refusé de lancer la procédure demandée, et le 31 juillet 2006, le tribunal unitaire du cinquième circuit pour les affaires pénales du premier circuit a confirmé cette annulation. En août, un juge fédéral a confirmé la décision et a révélé la nature frauduleuse des charges en argumentant que « non seulement les indices prouvant l'origine illégale des actifs étaient inexistants », mais qu'en plus « les preuves démontraient qu'ils étaient d'origine légale » et que « les documents attestaient de ce que les actifs appartenaient au Syndicat des mineurs ». Par fortune, ce système dominé par la corruption n'avait pas eu raison de tous les juges honnêtes.

Depuis Vancouver, je suivais de près les avancées de l'équipe juridique chargée de préparer ma défense et de contester les mandats d'arrêt contre mes collègues et moi-même. Ce travail impliquait la mise en place d'un dispositif juridique de grande ampleur. Mᵉ del Toro préparait sans relâche notre défense tandis que les avocats fiscalistes Mᵉ José Contreras et Mᵉ José Juan Janeiro ainsi que les spécialistes du droit civil Mᵉ Juan Carlos Hernández et Mᵉ Jesús Hernández nous soutenaient admirablement malgré la complexité de la situation. Après 2006, lorsque la bataille judiciaire s'est corsée, nous avons été dans l'obligation de changer de stratégie, de diversifier nos sources de revenus, d'assurer des liens de solidarité internationale et de développer une coopération interne fondée sur la loyauté et l'unité. Malgré le gel de nos comptes bancaires, nous avons réussi à concevoir un plan de résistance pour une période de plus de cinq ans, qui nous permet — encore aujourd'hui — de continuer la bataille.

Après mon départ au Canada, Grupo México et ses alliés ont travaillé main dans la main avec le ministère du Travail, le ministère de l'Économie et le ministère de l'Intérieur afin de détruire les dirigeants du Syndicat des mineurs. Ils sont même allés jusqu'à collaborer avec le ministère des Affaires Étrangères et ont fait pression sur l'ambassadeur canadien pour qu'il annule les visas qui allaient permettre aux dirigeants syndicaux de se rendre à Vancouver. Heureusement, aucune de ces tentatives n'a abouti.

Le PGR a également sollicité l'aide du ministère des Affaires Étrangères durant le mois qui a suivi mon départ, afin d'obtenir mon expulsion ou mon extradition vers le Mexique où j'aurais sans aucun doute été jeté en prison pour une durée indéfinie. Comme à son habitude, le gouvernement mexicain a d'abord essayé d'aborder la question sous l'angle de la migration, espérant que le Canada se conformerait à la législation en matière d'immigration pour me renvoyer au Mexique. Mais l'expulsion n'a jamais été mentionnée ni même envisagée par le gouvernement canadien.

Après l'échec de cette première tentative, les autorités mexicaines ont créé de toutes pièces les documents nécessaires à mon extradition. Quiconque connaissant un tant soit peu le processus d'extradition se serait rendu compte du caractère infondé de ces accusations. Les fonctionnaires canadiens ne se sont jamais pris au jeu et n'ont jamais donné suite à cette demande d'extradition. Pour eux, c'était une affaire importante qui méritait une attention particulière et ils y ont consacré du temps pour aller au fond des choses.

Comment le gouvernement mexicain espérait-il conserver sa dignité face à la communauté internationale s'il employait ce genre de stratégie fallacieuse avec les pays étrangers ? Ces agissements devraient être considérés comme un scandale international et le jour viendra où éclatera la vérité sur ces mensonges et ces supercheries.

Comme les semaines sont devenues des mois au Canada, ma famille a commencé à s'habituer à sa nouvelle vie. Le syndicat a lui aussi pris ses dispositions pour fonctionner avec un dirigeant exilé. Pour déjouer la distance, nous utilisions les moyens de communication modernes et grâce aux nouvelles technologies, j'ai été à même d'organiser la résistance, de partager continuellement mes idées et d'apporter mon soutien moral. Je me suis peu à peu habitué à ce genre d'arrangements, poussé en partie par l'indignation due à mon départ forcé. Je me suis souvent senti impuissant parce qu'incapable d'être aux côtés de mes collègues pour continuer avec eux la bataille en faveur de la justice et des mineurs de Pasta de Conchos et leurs familles. Plus d'une fois, j'ai essayé de rentrer au Mexique, passant outre les conseils de mes avocats et de mes collègues du syndicat. Cette situation a fait naître en moi une rage profonde à l'encontre de ce gouvernement dirigé par des individus sans scrupules aspirant à détruire à tout prix notre organisation. Les gouvernements de Vicente Fox et de Felipe Calderón sont tachés du sang des mineurs et cela, jamais personne ne l'oubliera. Tout ce qu'ils ont fait pour dissimuler les crimes d'hommes d'affaires corrompus restera à jamais gravé dans la mémoire des travailleurs.

Mon exil forcé a représenté un immense engagement et un défi gigantesque, mais il m'a aussi donné plus de force pour continuer le combat. Lorsque j'ai quitté mon pays alors que mes collègues étaient en danger, pas une seconde je n'ai songé à abandonner ma mission ni à renoncer à mes fonctions de secrétaire général. Je me suis engagé à tenir mes promesses et à remplir mon rôle tant que je pourrais compter sur le soutien total des membres du syndicat. Cela s'est vérifié à plusieurs reprises durant ces sept dernières années, pendant lesquelles j'ai été réélu six fois à l'unanimité.

NEUF

UNE LUTTE MONDIALE

Celui-là seul mérite la liberté et la vie
Qui doit chaque jour les conquérir.

—JOHANN WOLFGANG VON GOETHE

En juillet 2006, de bonnes nouvelles nous sont parvenues montrant que la corruption de Fox, du ministère du Travail et du parquet ne s'étaient pas infiltrées dans tous les secteurs du gouvernement et de l'activité politique mexicaine. Suite à la tragédie de Pasta de Conchos, le Congrès mexicain avait décidé de créer une commission spéciale pour déterminer les causes de l'accident, et devant les pressions des membres du Congrès, la Commission nationale des droits de l'Homme a entrepris une minutieuse enquête pour analyser le contexte dans lequel s'était produite la catastrophe et la prise en charge assurée ici par Grupo México et le ministère du Travail. Le 17 juillet, la Commission a publié un communiqué de presse présentant les résultats de son enquête. Elle attribuait clairement l'accident à un déficit de sécurité et d'hygiène et rejetait la plus grande responsabilité sur les fonctionnaires chargés d'inspecter et de superviser la mine. Elle considérait également comme responsables Grupo México et l'entreprise sous-traitante, après avoir remarqué que les conditions de sécurité sur le site étaient extrêmement médiocres. Grupo México était accusé d'avoir bâclé les opérations de sauvetage et la Commission dressait une liste d'erreurs et d'omissions commises dans la gestion de la tragédie vis-à-vis de l'opinion publique.

Les avocats chargés de ma défense m'ont immédiatement envoyé le rapport par courrier électronique et m'en ont remis une copie lors de leur venue au Canada. Si la Commission ne nous apprenait rien de nouveau, le fait qu'un rapport officiel accuse les véritables coupables était en soi une avancée significative, mais néanmoins insuffisante car le rapport n'exigeait aucune procédure pénale à l'encontre de Germán Larrea, du ministre du Travail, des représentants du groupe, ni même à l'encontre des fonctionnaires du gouvernement. Finalement, les résultats publiés par ce rapport ne faisaient que raviver notre rage. Nous étions reconnaissants de l'incroyable solidarité des dirigeants syndicaux à travers le monde et de l'honnêteté de la Commission, mais je savais que la véritable histoire qui se cachait derrière ce rapport devait être révélée. Les familles des victimes – et le peuple mexicain – méritaient de connaître l'ampleur des abus et des complots qui se tramaient dans les bureaux de Grupo México, de Grupo Villacero, de Grupo Peñoles, d'Altos Hornos de México, jusque dans les bureaux du gouvernement.

En décembre 2006, Jeff Faux, auteur de *The Global Class War*, m'a adressé un exemplaire de son livre accompagné d'une dédicace particulièrement encourageante qui m'a inspiré pour continuer notre combat. Je ne connaissais pas personnellement Faux, mais il était très proche des dirigeants des Métallos et de la FAT-COI et il avait suivi de près l'histoire de Los Mineros. Faux avait demandé au directeur des Métallos, Ken Neumann, de me remettre un exemplaire de son livre, ce qu'il n'a pas manqué de faire à l'occasion de la fête de Noël du District 3 organisée par mon cher ami Steve Hunt. J'ai tellement apprécié le cadeau de Faux que je l'ai dévoré dès la semaine suivante.

La lecture de ce livre m'a donné envie de partager mon expérience. À l'instar de Faux, je tenais à mettre au grand jour toute l'injustice qui se cachait derrière la tragédie de Pasta de Conchos. J'avais accordé de nombreuses interviews aux journalistes mais les rares fois où celles-ci avaient été publiées, ce n'était jamais dans les grands médias. Le public avait besoin de savoir la vérité sur les hommes qui gouvernaient le Mexique.

L'agression dont nous sommes victimes doit se poser comme un signal d'alarme destiné à tous les dirigeants syndicaux du Mexique et du monde entier. Elle doit également servir à montrer au peuple mexicain qu'il est dangereusement menacé par des politiques économiques perverses, par une corruption généralisée, et par quelques hommes d'affaires assoiffés de profits. Quant à notre lutte, elle doit être un avertissement à l'attention des multinationales qui pensent pouvoir violer les droits des travailleurs dans l'impunité la plus totale.

En refusant de dépenser un million de dollars qui aurait permis d'éviter le désastre de Pasta de Conchos, Germán Larrea agissait par pure cupidité alors que, la même année, Grupo México avait engrangé six milliards de dollars de bénéfices. En affichant une telle avarice, l'entreprise oubliait qu'elle n'était pas propriétaire des ressources naturelles du Mexique, pas plus que ne l'était le président en exercice. D'après la Constitution mexicaine, les ressources minérales souterraines sont la propriété de la Nation et doivent être exploitées raisonnablement au travers de concessions que le gouvernement octroie à des entreprises ou à des individus. Nul homme politique n'est en droit de les céder à ses amis pour leur permettre d'en tirer d'exorbitants bénéfices. L'ensemble des ressources minérales du pays – le gaz, le pétrole, les métaux, et tout autre matériau extrait des entrailles de la terre – font partie du patrimoine national et les bénéfices obtenus à partir de leur exploitation doivent servir en priorité à assurer le bien-être des travailleurs qui risquent leur vie pour les extraire.

Le mouvement des mineurs tel que nous le connaissons aujourd'hui prend ses racines dans l'histoire du pays. De 1940 à 1970, le Mexique a connu une période de « développement stabilisateur » caractérisée par la croissance et la paix sociale. Pendant ces années-là, les exigences et les besoins des mineurs étaient respectés et le Syndicat des mineurs jouissait d'une grande reconnaissance. Ce « développement stabilisateur » s'est atténué peu à peu jusqu'à disparaître, au moment où le Mexique s'est intégré dans l'économie mondiale. De 1988 à la fin du XXème siècle, les gouvernements de Carlos Salinas de Gortari et d'Ernesto Zedillo ont privatisé de multiples entreprises, dont bon nombre consacrées à l'extraction minière, à l'industrie métallurgique et sidérurgique, au point qu'aujourd'hui, en 2013, plus aucune entreprise de ce secteur n'appartient à l'État. Le secteur semi-gouvernemental de l'économie a été démantelé, mettant fin au modèle économique mixte – entreprises privées travaillant en tandem avec le secteur public et l'économie sociale – qui avait prévalu et s'était développé depuis le gouvernement d'Adolfo López Mateos (1958-1964). Dans les années 90, le nombre d'entreprises publiques est passé de 1 155 à moins de 200, la plupart ayant été vendues aux investisseurs pour une bouchée de pain. L'essor du marché mexicain des valeurs durant cette décennie-là n'aura finalement été profitable qu'à ces investisseurs et à ces hommes d'affaires ; le gouvernement mexicain lui-même reconnaît cette disparité dans une annonce parue dans *USA Today* : « Le nombre de citoyens vivant en dessous du seuil de pauvreté est passé de 13 millions en 1990 à 24 millions en 1994 ». Aujourd'hui, en 2013, ce chiffre s'élève à quelque 50 millions.

La politique des privatisations a également exacerbé les conditions d'exploitation des mineurs et des travailleurs d'autres secteurs jusqu'à ce qu'éclate, en 2006, le conflit minier. Aucune mesure n'a été suggérée pour remédier à ce problème depuis l'an 2000, lorsque sont arrivés au pouvoir les gouvernements conservateurs de Vicente Fox (2000-2006) et de Felipe Calderón (2006-2012), tous deux au service des industriels. Suivant la voie néolibérale tracée par Salinas et Zedillo, ces gouvernements ont tant privilégié le secteur privé que l'on ne sait plus vraiment aujourd'hui si ceux qui gouvernent le pays sont les dirigeants élus par le peuple, ou des dirigeants du secteur privé qui n'ont jamais été choisis.

Tout au long de l'histoire, l'octroi de concessions à des fins d'extraction des ressources a été caractérisé par un phénomène de complicité. En échange d'un soutien politique et financier, les politiciens au pouvoir trahissent la Constitution et octroient des concessions sous des conditions favorables aux entreprises privées et à quelques individus. En plus de leur accorder des autorisations illimitées pour exploiter les ressources naturelles, les gouverneurs leur concèdent des exonérations d'impôts et les autorisent à déverser des résidus toxiques et à imposer le déplacement de communautés indiennes. Les entreprises sont devenues des monopoles qui cherchent à engranger un maximum de bénéfices à n'importe quel prix. Pendant ce temps, les questions de santé et de sécurité sont passées sous silence et tout se fait dans la complicité des hommes politiques, qui continuent d'octroyer des concessions à des entreprises aux pratiques abusives.

La tragédie de Pasta de Conchos n'a pas même donné à réfléchir à cette classe dirigeante qui persiste à profiter sans vergogne de ces concessions. En 2006, aucune concession de gaz naturel n'avait encore été octroyée ; mais peu après la catastrophe, Germán Larrea a obtenu, avec l'appui de Calderón et Salazar, la première concession de gaz naturel – en violation de l'article 27 de la Constitution mexicaine qui stipule que l'exploitation des hydrocarbures est exclusivement réservée à l'État. Pour obtenir cette concession, qui représentait une valeur initiale de 600 millions de dollars par an, le groupe s'est appuyé sur le fait que la tragédie de Pasta de Conchos « ne laissait pas d'autre choix » et que, par mesure de sécurité, il était préférable d'exploiter le gaz méthane à la place du charbon. La Commission régulatrice de l'énergie qui est en charge des concessions – une institution d'ailleurs dirigée par le fils de Salazar, Francisco Xavier Salazar Diez de Sollano – n'a vu aucun problème à faire profiter de cette aubaine Grupo México. Avant que ce groupe ne tire profit de cette nouvelle concession, l'État aurait dû lui confisquer tous les biens qu'il avait acquis de façon inconstitutionnelle et le contraindre à aller chercher les soixante-trois corps ensevelis à l'intérieur de la mine, qui attendent toujours une digne sépulture.

Depuis l'explosion de Pasta de Conchos, le gouvernement a cédé à Grupo México plus de six cent nouvelles concessions minières – au rythme d'une centaine par an. Chaque concession représente des milliers d'hectares exploitables du territoire national, permettant ainsi à Larrea et Grupo México de devenir les premiers concessionnaires et spéculateurs du pays. Aujourd'hui, selon les estimations officielles, plus de 25 pour cent du territoire national a été distribué sous forme de concessions à des compagnies privées, aussi bien nationales qu'étrangères. Mais les nouvelles acquisitions de Grupo México ne se limitent plus à des projets miniers : le groupe s'est aussi approprié des voies ferrées, des infrastructures portuaires, des projets de forage terrestre et maritime, des projets d'ingénierie et de construction, des complexes touristiques en bord de mer, des terrains de golf, des résidences privées et des exploitations agricoles. En dépit de la tragédie de Pasta de Conchos et de la mort de nos collègues, Germán Larrea et Grupo México n'ont jamais cessé d'investir dans de nouveaux projets – toujours sous la protection des gouvernements de Fox et de Calderón, ainsi que de certaines nouvelles autorités.

Les privatisations ont débuté en 1980 sous le mandat de Salinas. Mexicana del Cobre et Mexicana de Cananea comptent parmi les toutes premières pertes du peuple mexicain. La quasi-totalité des richesses de ces entreprises – à l'exception des 5 pour cent destinés au Trust des Mineurs – est passée aux mains de Larrea et de ses associés chez Grupo México. De la même façon, Altos Hornos de México (AHMSA) a été soustraite au patrimoine national et cédée à Alonso Ancira Elizondo et à Xavier Autrey ; Las Truchas, l'usine sidérurgique de Lázaro Cárdenas, a été cédée aux frères Villarreal Guajardo de Grupo Villacero, tandis qu'Aceros Planos de México (APM) a été cédée aux familles Canales et Clariond, membres du PAN. Et la liste d'entreprises privatisées est encore longue.

Les liens de parenté et d'amitié ont été au cœur de ces obscurs processus de privatisation. Les fonctionnaires du gouvernement ont vendu à leurs familles et à leurs amis les actifs et les réserves qui faisaient partie du patrimoine national à des prix ridiculement bas – des cadeaux, pour ainsi dire. Un bon exemple en est la relation entre Pedro Aspe – ministre du Budget sous l'administration Salinas – et Alberto Bailleres, propriétaire du centre commercial *El Palacio de Hierro*, de la compagnie d'assurance GNP et du conglomérat Grupo Bal – qui contrôle Grupo Peñoles, le deuxième plus grand exploitant minier du pays (sans oublier que Bailleres est, tout comme Germán Larrea, membre du Conseil d'administration de Televisa). Les deux hommes se sont rapprochés lorsque la fille d'Aspe s'est mariée avec le fils de Bailleres. Dès lors, les concessions sont passées du gouvernement aux mains de Bailleres avec une facilité déconcertante, ce qui lui a permis d'amasser la deuxième plus grande fortune du Mexique. C'est également Aspe qui a supervisé, toujours sous Salinas, la privatisation des mines de Nacozari et de Cananea, vendues là aussi pour une bouchée de pain à Grupo México. Après avoir quitté ses fonctions, Aspe s'est servi des relations qu'il avait entretenues en tant que ministre du Budget pour construire à son tour sa propre fortune.

En versant de l'argent aux fonctionnaires du PAN, Germán Larrea et d'autres hommes d'affaires de son acabit s'assuraient des concessions juteuses et le maintien de leur influence au sein de gouvernement – à travers des fonctionnaires qu'ils contrôlaient ou des nominations auxquelles ils participaient. Les conflits d'intérêt n'étaient pas un problème pour des hommes tels que Fox ou Calderón, qui ne voyaient aucun inconvénient à placer à la tête d'un secteur déterminé une personne dont les intérêts étaient liés à ce même secteur. Une telle situation ne soulevait aucun problème d'honnêteté ni de responsabilité politique. Au contraire, d'après eux, avoir de l'expérience dans le monde de l'entreprise était un atout. Il n'est d'ailleurs pas rare que des entreprises adressent des lettres de recommandation en faveur de certaines personnes qui sont parfaitement incapables de travailler au sein du service public après avoir consacré leur vie au service de la cupidité capitaliste.

Tout au long de son mandat, Vicente Fox est resté fidèle aux entreprises qui soutenaient ses intérêts personnels et idéologiques, qui ont financé sa campagne politique et qui ont consenti d'importantes donations à *Vamos México*, la fondation créée par sa femme, Marta Sahagún. Lui aussi a oublié qu'il n'était que le gérant des ressources du pays, et non le propriétaire. Le pouvoir lui est monté à la tête, comme à tant d'autres, et lui a fait commettre de graves erreurs à l'encontre des intérêts nationaux. Les bénéfices engrangés par ces individus à travers l'exploitation des ressources mexicaines ont considérablement augmenté. Lorsque le conflit minier a éclaté il y a sept ans, le prix du cuivre s'élevait à près de 150 centimes de dollar le kilo, le prix de l'or avoisinait les 10 dollars le gramme, l'argent coûtait approximativement 15 centimes de dollars le gramme. Sept ans après, la croissance de la demande et du marché spéculatif dans des pays comme la Chine, la Corée, l'Inde et le Japon ont entraîné une augmentation exponentielle des prix : le cuivre frôle les 9,70 dollars le kilo – soit 600 pour cent de plus qu'il y a cinq ans, l'or coûte plus de 58 dollars le gramme, soit cinq fois plus qu'avant, et le prix de l'argent avoisine les 1,20 dollar le gramme, neuf fois plus qu'il y a cinq ans. Aujourd'hui, ces prix fluctuent en permanence, mais en maintenant une tendance haussière.

Ces augmentations ne profitent pourtant à personne, si ce n'est aux hommes d'affaires eux-mêmes. Leurs entreprises font tout pour établir des coûts fixes de production et de main-d'œuvre et elles ignorent – ou feignent d'ignorer – à quel point leurs marges de bénéfices ont augmenté. Le Syndicat des mineurs se bat depuis longtemps pour une hausse des salaires et des avantages sociaux au profit des travailleurs, et nous continuerons de lutter sans relâche car nous savons parfaitement que les entreprises peuvent se permettre ces augmentations, et nous savons aussi que les salaires n'ont que peu d'impact sur la rentabilité à long terme de ces géants transnationaux.

Lorsque nous comparons les salaires des mineurs et des ouvriers des usines métallurgiques et sidérurgiques au Mexique avec ceux de leurs collègues au Canada et aux États-Unis, nous remarquons que les salaires sont quinze fois plus élevés dans ces deux pays qu'au Mexique. Un mineur mexicain peut gagner près de 20 dollars par journée de huit heures, alors que le salaire horaire d'un travailleur américain ou canadien tourne autour de 35 dollars. Cette disparité salariale est effarante. L'analyse comparative ne correspond pas au concept de justice économique et d'égalité qui devrait prévaloir et va à l'encontre du respect des intérêts des travailleurs mexicains et de leurs familles.

Les mineurs du Mexique, des États-Unis, du Canada – et ceux de partout ailleurs – réalisent les mêmes activités d'extraction et de transformation des minéraux avec les mêmes équipements et la même technologie dans le même type d'installations. Ils y produisent les mêmes matériaux et les mêmes métaux qui sont ensuite cotés sur les marchés internationaux. Et pourtant, les risques pour les mineurs sont nettement plus élevés au Mexique que chez leurs voisins du nord, où les systèmes de santé et de sécurité sont bien plus évolués.

Aucun motif économique ne permet aux compagnies minières, métallurgiques, sidérurgiques, ou de tout autre secteur industriel d'expliquer la disparité entre les salaires payés au Mexique et ceux que reçoivent les travailleurs au Canada, aux États-Unis ou dans d'autres pays développés. Les chefs d'entreprises mexicains justifient en général cet écart de salaire par la différence du coût de la vie. Cependant, si nous prenons les coûts comparatifs réels, nous remarquons que la vie au Mexique est tout au plus deux fois moins chère que dans les pays développés : cette différence ne suffit donc pas à expliquer pourquoi les salaires sont quinze fois plus bas au Mexique.

L'exploitation et la discrimination de la main-d'œuvre mexicaine se justifient encore moins quand on sait que les produits nationaux issus des mines et de la sidérurgie sont cotés aux mêmes prix sur les marchés internationaux des métaux basés à Londres, à New York, à Tokyo ou à Hong Kong, des prix d'ailleurs déterminés par les acheteurs et les importateurs de ces pays. Ainsi, les prix internationaux de l'or, de l'argent et du cuivre sont toujours les mêmes, qu'ils soient extraits, produits ou transformés au Mexique, au Canada ou aux États-Unis. Voilà pourquoi rien ne peut justifier que des niveaux aussi élevés d'exploitation, d'abus et de marginalisation soient tolérés par le gouvernement mexicain, avec l'aval des entreprises.

Comment alors expliquer ces différences salariales entre le Mexique et des pays comme les États-Unis ou le Canada ? La seule justification possible réside dans la différence du degré d'exploitation des travailleurs. Si nous produisons la même chose avec les mêmes équipements et les mêmes technologies, sous des conditions identiques – en réalité, les conditions sont bien plus médiocres au Mexique – le salaire obtenu pour ce même travail renseigne sur le degré d'exploitation de la main-d'œuvre que les gouvernements sont prêts à accepter. Au Mexique, le gouvernement tolère un degré d'exploitation de la main-d'œuvre bien trop élevé, nettement supérieur au seuil toléré aux États-Unis ou au Canada.

Le cas du Mexique illustre clairement la distorsion générée par une politique économique exclusivement destinée à augmenter les bénéfices du secteur privé, notamment durant la dernière décennie. Le problème majeur étant que cette politique financière et fiscale – censée créer des mesures incitatives pour les grandes entreprises, par exemple à travers des exemptions d'impôts considérables – est très mal ciblée. La plupart de ces grandes entreprises, parmi lesquelles se trouvent les compagnies minières, sont redevables de plusieurs millions de pesos d'impôts à l'État, soit parce qu'elles ne les ont pas acquittés, soit parce qu'ils ont été remboursés, soit parce que le gouvernement a décidé de les en exonérer. J'évoque en annexe les relations entre ces chefs d'entreprise taxés de «

mauvais payeurs », qui illustrent bien les injustices et les inégalités sévissant au Mexique.

En janvier 2010, Carlos Fernández-Vega de *La Jornada* a publié un article mettant en lumière la perversité de la situation. Le célèbre journaliste a révélé qu'un groupe de quarante-deux entreprises avait accumulé une dette d'environ 224 milliards de pesos (quelque 21 milliards de dollars) depuis 2005 – soit une bonne partie des recettes publiques fédérales de la seule année 2009.

Cet exemple ne concerne que l'un des nombreux bénéfices accordés aux entreprises mexicaines lors de l'appropriation individuelle des ressources publiques sous le modèle néolibéral. À ce déficit continu et cumulatif des finances publiques concernant les dettes au gouvernement, il faut ajouter tout ce que les entreprises privées doivent à la Trésorerie de la Nation au titre des douze années au pouvoir du PAN, à une époque où de très fortes pressions étaient exercées sur le contribuable, entraînant de lourdes conséquences pour la classe moyenne et les populations défavorisées.

Ces données remontent à plus de trois ans en arrière, mais les chiffres réels de l'évasion fiscale des grandes entreprises ont été révélés récemment. Le 26 février 2011, *La Jornada* a publié l'information suivante : « L'auditeur général de la Fédération a déclaré que le Service d'administration fiscale (SAT, d'après son acronyme espagnol) n'avait pas recouvré la somme de 462 milliards de pesos (33,7 milliards de dollars environ) à titre de « dépenses fiscales », la plupart étant des reports ou des subventions.»

Le chiffre précédent représente une portion importante des prélèvements d'impôts du pays. Remarquez que cette somme ne correspond qu'aux impôts non-payés de 2009. La dette des années précédentes doit être inimaginable ! Rappelons que ce phénomène existe depuis plusieurs années, avant même que le PAN n'arrive au pouvoir, mais qu'il s'est exacerbé sous les mandats de Fox et de Calderón. Toujours est-il qu'en 2009, sur l'ensemble des entreprises du pays, la dette due au ministère du Budget se montait à un total de 462 milliards de pesos, et la moitié de cette dette (223,7 milliards de pesos) se rapportait aux grandes entreprises mexicaines.

Dans le même article, *La Jornada* assurait qu'en 2010, au Mexique, la fuite des capitaux avait augmenté de 79 pour cent – le double du total des investissements directs étrangers – et s'élevait ainsi à 759,7 milliards de pesos (53,4 milliards de dollars).

Si nous ajoutons à la fuite de capitaux de 2010 la dette fiscale colossale que les autorités ont manqué de collecter en 2009, nous pouvons en conclure que le Mexique a brusquement été décapitalisé durant ces deux années. S'il n'est pas encaissé par le gouvernement via l'impôt, un capital n'augmente pas la capacité économique d'un pays à investir dans le développement. De plus, un capital qui a quitté le Mexique n'y revient jamais sous forme d'investissements pouvant générer des emplois stables. Quant au peu de capital qui reste, il est transféré aux banques étrangères, généralement américaines ou européennes – et dans les paradis fiscaux. Nous pouvons donc avancer que ces grands groupes ne contribuent qu'à financer le développement d'autres pays, en particulier celui de notre puissant voisin du nord.

En définitive, en plus du déficit chronique de capitaux dont souffre le Mexique et du manque de ressources émanant d'investisseurs étrangers, une grande partie du capital mexicain quitte le pays pour financer des programmes et des entreprises étrangères. Tout cela semble répondre à un même schéma visant à déposséder les Mexicains de leurs ressources économiques, un plan machiné par des entreprises privées qui n'ont pas la moindre velléité nationaliste, qui n'investissent pas leurs capitaux au Mexique et qui cherchent la protection des États-Unis et d'autres pays en vue de financer leurs affaires au détriment des finances mexicaines, publiques autant que privées. Tout cela a été rendu possible grâce au soutien – ou à la complicité délibérée – du gouvernement conservateur du PAN.

Comme si cela ne suffisait pas, la politique fiscale mexicaine actuelle retombe de tout son poids sur la population restée dans le pays, qui a déjà un lourd fardeau à porter. Le gouvernement cherche constamment à augmenter la TVA et les impôts directs ou indirects sur les services publics – électricité, gaz naturel, carburant – ainsi que sur les produits de base.

Loin de stimuler l'économie, cette situation suscite de graves inégalités et renforce les privilèges d'une petite minorité. Ces mesures empêchent toute croissance à court, à moyen ou à long terme pouvant entraîner un développement solide, stable et équitable. Elles ne font que favoriser ceux qui ont déjà la possibilité de payer, au détriment de ceux qui ne peuvent pas.

L'obsession du profit affichée par le secteur industriel entraîne des conséquences qui vont bien au-delà des schémas d'évasion fiscale et de la persistance à proposer des bas salaires. Comme nous l'avons vu, les grandes entreprises refusent d'investir dans des mesures de sécurité de base, et en l'espace de cinq ans, 200 travailleurs sont morts dans les mines et sur les sites exploités par Grupo México. Ce chiffre ne devrait pas aller en diminuant si Germán Feliciano Larrea et d'autres hommes d'affaires de son acabit continuent à tout gérer comme ils l'entendent.

La situation vécue par Los Mineros ces dernières années n'est pas une simple agression contre un groupe de travailleurs mais une guerre totale contre le syndicalisme libre et démocratique et une attaque sans précédent dans notre pays. Elle reflète les ambitions, la soif insatiable de pouvoir et le manque de considération de certains groupes qui, en suivant les théories de la mondialisation et des organisations internationales, en plus de leurs propres intérêts, cherchent à détruire l'autonomie et la liberté des travailleurs et, en fin de compte, le syndicalisme lui-même.

La brutalité avec laquelle les attaques contre les mineurs et les sidérurgistes mexicains ont été orchestrées montre à quel point le capitalisme débridé porte atteinte aux droits fondamentaux des travailleurs et des classes sociales les plus défavorisées. Mais elle témoigne surtout de systèmes d'exploitation sans principes ni éthique, incapables de comprendre que lorsque la situation se renverse en faveur des opprimés et des défavorisés, la réaction est bien plus violente.

Le Mexique n'a nul besoin d'une nouvelle culture syndicale, mais d'une nouvelle culture patronale et gouvernementale. Ce pays doit changer la mentalité de ces hommes d'affaires insensibles aux pratiques abusives, et celle des autorités qui essayent à tout prix de maintenir les plus grandes marges de bénéfice aux dépens des mesures de sécurité les plus simples et du bien-être des travailleurs qui génèrent leurs bénéfices.

Ces hommes d'affaires et ces politiciens ne comprennent pas ou ne veulent pas accepter – du fait de leur mentalité, de leur cupidité exacerbée, du manque de respect pour les droits de l'homme, les droits du travail, la sécurité et la santé, en un mot, en raison du peu de respect que leur inspire la vie humaine – qu'en assumant leur responsabilité sociale et en développant de bonnes relations avec les travailleurs et les syndicats, d'importants bénéfices pourraient être générés et ainsi profiter à toutes les parties impliquées dans la chaîne de production. Des individus comme Germán Larrea et les fonctionnaires du ministère du Travail considèrent que les syndicats sont destructeurs par nature et ils n'arrivent pas à comprendre que ces organisations pourraient devenir de puissants alliés. Lorsque les travailleurs assument conjointement la responsabilité avec la compagnie et qu'ils sont capables de négocier de façon productive, une progression en termes de production, d'efficacité, de compétitivité et de création d'emplois peut se mettre en place. Lorsqu'une entreprise fait preuve de bonne volonté et de respect envers les employés, et qu'elle tient les engagements qu'elle a conclus avec eux, la productivité et l'efficacité augmentent et les problèmes se résolvent rapidement, permettant ainsi d'éviter les conflits et les pertes de temps. Ce type de bénéfice se reflète au-delà même de l'entreprise : un niveau élevé de production et une classe ouvrière pacifique et satisfaite de son travail sont autant de facteurs contribuant largement au renforcement des relations de production et à la croissance économique d'un pays. **Le Mexique connaît aujourd'hui des conditions violentes et difficiles** qui limitent la portée de l'action syndicale. Les gouvernements de droite favorisant le secteur privé ont appliqué une stratégie cynique et agressive pour soumettre les syndicats aux demandes impérieuses des grandes entreprises et à leur appétit du pouvoir. Si leur succès n'a été que partiel, ils ont néanmoins été très néfastes pour le mouvement des mineurs. Certains d'entre eux se sont ralliés à la persécution politique lancée à mon encontre, en tant que dirigeant du mouvement et du syndicat, et contre le Syndicat des mineurs lui-même.

Mais rien dans cette lutte ne nous fera baisser les bras, même si le syndicat est pour la première fois de son histoire confronté à une répression d'une telle ampleur, aussi violente et perverse, que ce soit à l'encontre des mineurs, du syndicat ou des dirigeants eux-mêmes.

La réaction du syndicat face à la persécution politique dont il a été victime au cours des sept dernières années constitue un combat historique pour la défense de l'autonomie syndicale, de la liberté et des droits fondamentaux des travailleurs. D'une certaine façon, ce conflit et ce mouvement ont inspiré tous les syndicats du Mexique et du monde. L'admirable résistance et la dignité avec laquelle nous avons défendu nos droits, nos principes et nos valeurs fondamentales ont suscité l'intérêt des syndicats, des fédérations internationales et des organisations qui ont compris le sens et la transcendance de l'effort, du travail, du courage et du dévouement de tous ceux qui ont lutté pour que les travailleurs et la démocratie sortent victorieux de cette lutte mondiale.

Depuis l'incursion de la technocratie néolibérale dans les années 80, la plupart des politiciens mexicains ont essayé d'ignorer la réalité du pays. Ils se sont fabriqué un Mexique imaginaire qui correspond à leurs désirs et à leur démagogie, mais qui ne reflète en rien le quotidien des Mexicains. Que ce soit par convenance, par conviction ou par incapacité, ces politiciens ont décidé de fermer les yeux sur la pauvreté qui touche une grande partie des citoyens. S'ils décidaient d'affronter directement cette réalité, leurs politiques économiques seraient nécessairement différentes. Ils ignorent que le Mexique est un pays de travailleurs – qu'ils soient citadins, de classe moyenne, agriculteurs, paysans, indiens ou immigrés. Pour le PAN comme pour Fox, le Mexique « appartient aux hommes d'affaires, et est dirigé par des hommes d'affaires, pour des hommes d'affaires ». Cette vision est une déformation catastrophique du concept de République. Ces politiciens oublient que la législation du travail a été créée pour protéger les intérêts des travailleurs et non pour satisfaire leurs appétits voraces. Dans la rue, on entendait souvent que le pays était devenu « Foxland » ou « DisneyFox ».

Les politiciens de droite ont perdu tout sens moral. Mais le gouvernement a la capacité de remédier aux multiples problèmes du pays car la structure juridique, économique et politique du Mexique est fondamentalement très solide. Elle a été ébranlée mais elle n'est pas détruite. Réparer les dommages causés prendra du temps, mais nous devons nous y atteler rapidement pour ne pas sombrer dans une profonde crise nationale.

Depuis l'arrivée au pouvoir de Fox et du PAN, nos difficultés se sont accrues de façon exponentielle. Calderón, le successeur de Fox, s'est lancé dans une guerre chaotique contre le crime organisé qui a provoqué la mort et la disparition de 150 000 personnes depuis 2006. Le pays souffre d'un chômage massif et les jeunes sans opportunités éducatives ni perspectives d'emploi se tournent vers les bandes criminelles. Selon les données officielles, plus de sept millions de jeunes entre 17 et 21 ans n'ont ni formation, ni travail. Le crime organisé attire de plus en plus ces jeunes, que l'on appelle les « ni-ni ». Le chiffre du chômage par rapport à la population active mexicaine était de 14 millions en 2012. La dette interne et externe augmente à un rythme alarmant, tandis que les capitaux sortent du pays. Les prix, en particulier ceux des produits de base, ont grimpé de façon exponentielle. La corruption est omniprésente, aussi bien dans le système judiciaire qu'à Los Pinos. Tous ces démons ont pris des proportions colossales et les Mexicains perdent patience.

Notre lutte a des implications allant au-delà de la confusion qui règne actuellement dans le pays. Les principes que nous défendons sont semblables à ceux des luttes syndicales d'autres mouvements à l'étranger. Les multinationales et les entreprises internationales préfèrent exploiter la main-d'œuvre et les ressources naturelles – en particulier les ressources non renouvelables comme les minéraux, le pétrole et le gaz – dans les pays en voie de développement car les gouvernements les y autorisent. Le Syndicat des mineurs a toujours revendiqué de bonnes conditions de travail et c'est sur ce point que nous entrons le plus souvent en conflit avec le gouvernement. Celui-ci devrait être plus exigeant envers les investisseurs mexicains et les investisseurs étrangers quant aux conditions de travail, à la santé, à la sécurité et aux mesures de protection contre la pollution environnementale. Les investisseurs assument une grande responsabilité sociale et juridique et ne devraient pas opérer sans tenir compte des ressources et sans respecter les lois qui régissent le pays. Il devrait être interdit aux multinationales de s'emparer des ressources du Mexique sans que le peuple ne perçoive une partie des bénéfices. Ces entreprises devraient modérer leur quête du profit à tout prix, sous peine de finir par épuiser toutes les réserves de la planète.

Les principes de base de ces entreprises doivent changer. Tandis que les conditions de travail au sein de ces groupes se dégradent avec le temps et que les avantages sociaux diminuent considérablement, nous assistons à la mise en place de politiques mondiales axées sur la défense des intérêts de ces multinationales. Nous avons donc proposé aux dirigeants syndicaux du monde entier de donner une dimension mondiale aux syndicats ainsi qu'aux luttes syndicales, à l'instar de ces multinationales. Nous ne pouvons plus lutter pour les droits des travailleurs de façon isolée, en résolvant les conflits individuellement ou en manifestant localement. Aujourd'hui, nous avons besoin d'étendre notre réseau pour livrer une bataille mondiale.

Le secteur minier et sidérurgique se compose aujourd'hui de grandes corporations multinationales qui mettent en place des stratégies communes pour préserver leurs intérêts – des entreprises comme Grupo México, comme les anglo-australiennes BHP Billiton, Rio Tinto, et sa filiale canadienne Rio Tinto Alcan, ou encore la brésilienne Vale. Forts d'une technologie de pointe et d'immenses ressources financières, ces groupes traversent les frontières et les océans pour aller exploiter les ressources naturelles et la main-d'œuvre. Devant un tel panorama, les travailleurs ont plus que jamais besoin d'une stratégie de défense à caractère mondial permettant de sauvegarder leurs intérêts communs. Nous devons travailler ensemble pour permettre à la classe ouvrière et aux syndicats de mieux résister face aux agressions des multinationales et des gouvernements.

Fort heureusement, nos idées ont été entendues. Au mois de juin 2012, un congrès mondial réunissant à Copenhague les trois fédérations syndicales mondiales les plus importantes de nos secteurs a permis la création d'IndustriALL Global Union, une fédération internationale de travailleurs représentant plus de 50 millions de membres dans 140 pays. J'ai eu l'honneur d'être élu membre du nouveau Comité exécutif à l'unanimité, par 1 400 délégués.

Nous devons rassembler les membres de la classe ouvrière du monde entier et de tous les secteurs. Sans une organisation capable de servir de contrepoids face aux ambitions, à l'avidité et à l'exploitation massive des entreprises et des gouvernements adeptes du libre-échange, les inégalités mondiales continueront de faire des ravages et de se creuser jusqu'à entraîner d'énormes crises sociales et politiques à travers le globe.

Un pays qui protège les intérêts particuliers d'une petite minorité aux dépens d'une grande majorité exploitée est condamné à l'échec, en particulier lorsque la frustration des opprimés entraîne l'agitation et la violence généralisées. Aujourd'hui, les syndicats représentent un contrepoids qui contribue à équilibrer les inégalités et l'exploitation. Loin d'être inutiles ou obsolètes, ils sont au contraire plus que jamais nécessaires.

DIX

L'ESPOIR DÉÇU

*Comme les poissons, les gouvernements pourrissent
d'abord par la tête.*

—PROVERBE RUSSE

Au milieu du mois de novembre 2006, la Fédération Internationale
des Organisations de travailleurs de la Métallurgie (FIOM) a tenu une
conférence de presse dans le Théâtre **11 de Julio**, non loin du siège de
Los Mineros à Mexico. Dans ce théâtre, dont le nom rend hommage à
la date de fondation du syndicat en 1934, et devant une vaste délégation de dirigeants syndicaux venus du Mexique et du monde entier,
le secrétaire général de la FIOM, Marcello Malentacchi, a déclaré que
les Journées d'Action Internationale en solidarité avec le Syndicat des
mineurs se tiendraient à partir du 11 décembre. Malentacchi avait en
outre demandé personnellement à de nombreux membres du Congrès
et à des sénateurs de faire pression sur le gouvernement mexicain pour
qu'il cesse les agressions à notre encontre. Lors de cette conférence, il a
demandé aux travailleurs d'en faire autant à échelle mondiale.

Lorsque le 11 décembre est enfin arrivé, j'étais profondément ému et honoré de voir éclore une solidarité internationale en faveur de notre cause. Des organisations syndicales de plus de trente pays à travers le monde – du Kenya jusqu'au Japon en passant par la France – ont envoyé des courriers aux ambassadeurs mexicains pour exiger le respect des droits des travailleurs. Bon nombre de ces activistes ont manifesté devant les ambassades et ont expliqué à la presse que les actions du gouvernement mexicain étaient un manque de respect à l'égard des travailleurs. À Vancouver, j'ai aidé les Métallos et d'autres syndicats plus petits à organiser une manifestation devant le consulat mexicain. Lors de ce rassemblement, j'ai évoqué le long conflit qui durait déjà depuis presque un an et j'ai insisté sur l'importance de lutter pour la dignité et la liberté des travailleurs, partout où celles-ci étaient menacées.

J'étais enthousiaste ce jour-là, en voyant tant de monde se rallier à la cause de Los Mineros. Nous allions avoir besoin de tout ce soutien pour continuer le combat contre ces grands industriels réactionnaires et corrompus. Je me réjouissais de savoir que ces manifestations enverraient un message fort à Felipe Calderón, qui venait de prendre la relève à la tête du gouvernement. Ces élections avaient d'ailleurs été controversées, et la transparence et la légalité du processus électoral avaient été fortement remises en question. Mais l'important était que Fox n'était plus au pouvoir. Jack Layton, chef du Nouveau Parti démocratique du Canada (NPD) avait fait parvenir à Calderón une demande d'audience provenant de Los Mineros. La perspective de voir arriver un nouveau président avait réveillé en nous des espoirs de changement car rien ne pouvait être pire que Fox et son épouse pour Los Mineros ; en outre, Calderón semblait disposé à négocier pour chercher une solution au conflit. Mais notre déception allait être profonde.

Fin 2006, deux mois avant que Fox n'achève son mandat, le ministre de l'Intérieur Carlos María Abascal m'a envoyé un message pour me dire qu'il serait préférable d'arriver à un accord avec l'administration Fox afin de ne pas transmettre au gouvernement de Calderón le problème lié à la reconnaissance du dirigeant de Los Mineros. Abascal insistait : il conseillait fortement de parvenir à un accord avec Fox avant que Calderón ne s'installe à Los Pinos. Selon ses propres termes, le gouvernement suivant serait « bien pire et bien plus agressif ». Il était persuadé que le gouvernement de Calderón ne chercherait aucun arrangement, ni avec le syndicat, ni avec moi ; au contraire, il pousserait la confrontation jusqu'à détruire le Syndicat des mineurs, ma famille et ma personne. Abascal a fini par me dire que si je démissionnais, l'administration Fox mettrait fin à toutes les accusations et stopperait sa campagne de diffamation avant que Calderón ne prenne les rênes du pouvoir.

Pas une seconde je n'ai songé à accepter cette proposition indécente (cette ultime tentative d'extorsion était pathétique) car démissionner revenait à nier leur responsabilité dans la tragédie de Pasta de Conchos. Si j'avais accepté de quitter mon poste de dirigeant, j'aurais tacitement reconnu avoir commis une irrégularité ou un délit au sein du syndicat, et je refusais de laisser un tel mensonge se propager. En guise de réponse, j'ai simplement dit à Abascal : « Je suis le dirigeant du Syndicat national des mineurs, élu à l'unanimité par les travailleurs suite à un vote libre et démocratique. Eux seuls ont le droit de décider si je dois rester ou non à la tête de l'organisation. Ce n'est pas au gouvernement de prendre une telle décision, et encore moins aux entreprises qui emploient nos membres. »

Lorsque Fox a terminé son mandat, les revendications du syndicat n'avaient pas changé : nous exigions toujours que notre autonomie soit respectée, que les coupables de la tragédie de Pasta de Conchos soient traduits en justice, que les corps de nos collègues mineurs soient récupérés et que les familles reçoivent sans délais une juste compensation.

Durant les jours qui ont suivi sa prise de pouvoir, Felipe Calderón a demandé à son nouveau ministre du Travail, Javier Lozano Alarcón – très peu connu à cette époque – de convoquer des réunions avec certains de mes collègues du Comité exécutif et avec Carlos et Néstor de Buen, nos conseillers juridiques en matière de droit du travail. Dès leurs premiers échanges, Lozano leur a fait part de l'apparente disposition de l'administration à mener une négociation concertée au sujet des grèves qui étaient encore en cours dans certaines sections du syndicat ; il a également évoqué la volonté d'en finir avec les agressions contre le Syndicat des mineurs. Apparemment, le gouvernement souhaitait revenir à la normalité et se montrait disposé à trouver rapidement une solution.

Selon Lozano, Calderón n'était pas à l'origine du conflit, il ne faisait que l'hériter de Fox et était entièrement disposé à y mettre un terme. Durant ce mois de novembre, le nouveau gouvernement semblait montrer de bonnes intentions, contrairement à ce qu'avait annoncé Abascal. Une semaine avant Noël, Lozano a fait savoir aux membres du Comité exécutif du syndicat et à nos conseillers qu'il avait reçu des instructions précises de la part du président pour mettre fin au conflit et arriver à une solution négociée qui se conformerait à la loi tout en respectant l'autonomie du syndicat. Lozano a ajouté qu'il ne partirait pas en vacances afin de rester disponible au cas où une solution se présentait. Mais tout cela n'était que mensonge : à peine investi de ses nouvelles fonctions, de telles vacances n'étaient certainement pas prévues et nous le savions pertinemment.

Les promesses d'une négociation juste sont restées lettre morte et Lozano n'a jamais concrétisé ses intentions. L'année 2007 avait pourtant débuté avec la tenue de deux réunions au ministère du Travail, auxquelles ont assisté nos conseillers juridiques ainsi que plusieurs membres du Comité exécutif. Mais ces premiers échanges – au cours desquels Lozano a refusé de s'adresser à moi en tant que secrétaire général – étaient tellement vagues et désorganisés qu'ils n'ont mené à rien. Lozano affirmait que le nouveau président avait la volonté de mettre un terme au conflit et de retirer les charges qui pesaient contre nous, mais à la condition que tous les membres du Comité exécutif renoncent à leur fonction et que je démissionne de mon poste. Dès la deuxième réunion, pressentant que le conflit ne se résoudrait pas, mes collègues ont demandé à Lozano d'organiser une troisième réunion, plus officielle cette fois.

Lorsqu'ils ont exigé de lui qu'il m'invite formellement en tant que secrétaire général, il a répondu que ce serait fait, mais je n'ai jamais rien reçu
de sa part puisque la troisième réunion n'a jamais eu lieu. Il semblait que
rien n'avait changé depuis l'époque où nous gérions le conflit face à Fox
et Salazar.

La « solution » promise par Calderón et Lozano – à savoir, ma
démission – négligeait totalement l'opinion des travailleurs, les statuts du syndicat, la Constitution mexicaine et la législation du travail
imposant au gouvernement un devoir de respect quant à l'autonomie
syndicale. Durant les soixante dernières années, le gouvernement avait
ratifié de nombreux accords avec l'Organisation internationale du Travail. Parmi eux, la Convention n° 87 qui reconnaît la liberté syndicale et
concède aux travailleurs le droit de créer et de s'affilier à un syndicat sans
ingérence du gouvernement. Si cette proposition nous a été suggérée
un nombre incalculable de fois, les dirigeants syndicaux et moi-même
avons pourtant toujours refusé de renoncer à la responsabilité qui nous
avait été confiée de façon légale et démocratique par les travailleurs. Il
n'était pas question de céder aux caprices de l'entreprise qui avait causé
la mort de nos soixante-cinq collègues à Pasta de Conchos.

Calderón n'a jamais accordé au syndicat l'audience que nous avions demandée mais au début du mois d'avril 2007, des représentants
du gouvernement ont commencé à venir au Canada pour s'entretenir
avec moi et tenter de résoudre le conflit. Parmi eux, le sous-secrétaire
du gouvernement, Abraham González Uyeda, un ancien ingénieur,
propriétaire d'une grande entreprise de production laitière. Deux ans
auparavant, il avait organisé pour son anniversaire une fête somptueuse
dans son ranch de Las Palmas, à Jalisco, son État natal. Devant une
assemblée constituée de nombreux membres du PAN, González avait
pris la parole et suggéré que Felipe Calderón se porte candidat aux prochaines élections présidentielles. Cette proposition, qui marquait alors
le lancement officiel de la candidature de Calderón, n'a pas échappé aux
médias qui se sont emparés de l'affaire dès le lendemain. À l'instar de

tous les présidents mexicains, Fox contrôlait son parti d'une main de fer et il n'a guère apprécié cette nomination officieuse qui ne respectait pas les règles de sélection des candidats du PAN. À cette époque, Calderón occupait encore le poste de ministre de l'Énergie, mais Fox l'en a rapidement destitué à titre de sanction.

González s'est rendu au Canada en 2007 pour m'annoncer que Calderón souhaitait mettre un terme au conflit. Nous nous sommes réunis à Toronto, mais sa proposition, tout comme celle de Lozano, me semblait inacceptable. La première condition était que je renonce à mon poste de dirigeant du Syndicat des mineurs. González m'a assuré qu'une fois que j'aurais accepté, le gouvernement cesserait de nous accuser, moi et les autres dirigeants syndicaux. C'était encore une fois la même rengaine, la même proposition illégale et les mêmes fausses accusations inventées par le gouvernement. Aucune solution n'était en fait envisageable ; le gouvernement n'était pas prêt à négocier, il voulait simplement imposer ses décisions arbitraires.

Les mois passaient sans espoir de sortir de la crise et le gouvernement devenait de plus en plus agressif à l'encontre du syndicat. Calderón et son administration s'étaient rapidement lancés sur la même voie que celle tracée par Fox et se pliaient à présent aux caprices de Germán Larrea et des frères Villarreal. Ce que nous craignions le plus était devenu réalité. Tout portait à croire que ces hommes d'affaires s'étaient réunis avec Calderón et l'avaient convaincu de détruire la démocratie et l'autonomie qui faisaient la fierté de notre syndicat.

Pendant ce temps, la plainte de l'État pour délits financiers suivait son cours, même si nous étions parvenus à quelques avancées. Me Marco del Toro et son équipe avaient réussi à convaincre la justice fédérale de transférer à Mexico les mandats d'arrêt émis à Sonora et à San Luis Potosí car ceux-ci ne relevaient pas de ces juridictions. L'affaire se concentrerait dorénavant sur trois tribunaux à Mexico : le tribunal fédéral 18 (qui traitait le mandat émis à San Luis Potosi), le tribunal fédéral 51 (qui traitait le mandat émis à Sonora) et le tribunal 32 (qui traitait le mandat émis à Nuevo León). Nous mobilisions beaucoup d'énergie et d'argent pour assurer notre défense, et Felipe Calderón et Javier Lozano permettaient que ces accusations sans fondement suivent leur cours, alors qu'ils savaient parfaitement que les crimes dont on nous accusait avaient été inventés de toutes pièces.

Si je m'en réfère aux six dernières années passées, je ne crois pas qu'un seul fonctionnaire de l'administration Calderón ait véritablement eu l'intention de trouver une solution au conflit à travers la négociation. Ce comportement insidieux n'avait d'autre but que de nous distraire et nous manipuler. Ils se donnaient des airs de politiciens raisonnables et sensés pour que nous remettions notre confiance entre leurs mains, alors qu'ils attendaient en fait le moment propice pour imposer illégalement des dirigeants syndicaux qui se plieraient à leurs ordres et leurs caprices. Depuis 2006, nous avons enduré la persécution politique exercée par le gouvernement de Calderón, dans la *droite ligne de l'héritage de* l'administration Fox, vouée à satisfaire les ambitions des grandes entreprises et à soutenir Grupo México et Grupo Villacero. Ce soutien constant au service des intérêts des hommes d'affaires va bien au-delà du secteur minier et métallurgique : l'administration Calderón a protégé activement Gastón Azcárraga, l'ancien directeur de la compagnie aérienne Mexicana, qui avait provoqué la faillite de l'entreprise et le licenciement de la plupart de ses employés.

Si Calderón est ainsi aveuglé, c'est parce qu'il doit son ascension aux capitaux ainsi engagés par ces hommes d'affaires, qui sont bien décidés à le contrôler. Dès son premier jour à la tête du gouvernement, ils n'ont pas manqué de lui rappeler qui l'avait mis au pouvoir. Sinon, comment expliquer cette soumission si évidente à leurs caprices ? Le Mexique était donc dirigé par Germán Feliciano Larrea et ses acolytes, et non par le président Calderón. De la même façon qu'ils l'avaient fait pour Fox, ces magnats ont ôté à Calderón toute volonté.

D'après le classement des hommes les plus riches du Mexique publié par *Forbes* en 2012, Germán Larrea se trouvait en deuxième position avec une fortune nette de 16 milliards de dollars. Arturo Bailleres González lui emboîtait le pas, avec 11 milliards. Grupo Bal, son conglomérat, contrôle Grupo Peñoles et la chaîne de magasins *El Palacio de Hierro*. Les mines de Grupo Peñoles ressemblent à celles de Grupo México : leur état est si déplorable qu'elles ressemblent à un camp de concentration où règnent l'absence de normes de sécurité et la maltraitance des travailleurs. Dans le classement *Forbes* apparaissent d'autres ennemis de Los Mineros, comme Ricardo Salinas Pliego, président de TV Azteca, et Emilio Azcárraga, président de Televisa – comptant tous deux parmi les principaux persécuteurs du syndicat, amis de Vicente Fox, de Marta Sahagún et de Germán Larrea. En 2013, Bailleres a détrôné Larrea de sa deuxième position.

En regardant de plus près le classement *Forbes*, on s'aperçoit que la somme des fortunes des onze hommes d'affaires les plus riches du Mexique totalise 125 milliards de dollars – soit 12,4 pour cent du PIB annuel du Mexique – un chiffre qui dépasse le fond de réserves du pays s'élevant à 121 milliards. Pendant ce temps, 50 millions de Mexicains, soit quasiment la moitié de la population, vivent dans la pauvreté et le pays manque de fonds pour financer l'éducation publique et couvrir les besoins en matière de santé, de travail et d'infrastructure. Il était évident que ces hommes d'affaires aspiraient tout particulièrement à ce que Calderón continue de persécuter le Syndicat des mineurs et d'autres syndicats indépendants et démocratiques du Mexique, comme le Syndicat mexicain des électriciens ou l'Association syndicale des pilotes aviateurs (ASPA), en proie à des luttes similaires à la nôtre durant ces trois dernières années.

Calderón aura finalement été aussi hostile et même plus agressif encore et irresponsable envers Los Mineros que ne l'aura été Fox. De la même façon, Javier Lozano s'est révélé être aussi pervers que son prédécesseur Salazar, qui s'était déjà montré très agressif envers le syndicat. Tout au long de son mandat, Lozano a adopté une position

« anti-mineurs » afin de maintenir de bonnes relations avec Germán Larrea, Alonso Ancira et les autres grands patrons réactionnaires du Mexique.

Salazar et Lozano ont dégradé la fonction de ministre du Travail, trahissant la confiance publique et rompant avec la tradition de respect envers les droits des travailleurs. Certes les fonctionnaires qui avaient occupé ce poste sous les gouvernements précédents tendaient eux aussi à se plier aux intérêts du secteur privé, mais ils avaient néanmoins réussi à concilier ces intérêts avec ceux des travailleurs. Adolfo López Mateos, qui était ministre du Travail sous Adolfo Ruiz Cortines (1952-1958), a été élu président du Mexique en 1958, devenant l'un des dirigeants nationaux les plus importants du XXème siècle. Sous la présidence de López Mateos, Salomón González Blanco est à son tour devenu ministre du Travail, et s'est acquitté de sa fonction avec brio. Porfirio Muñoz Ledo, ministre du Travail sous Luis Echeverría (1970-1976), a lui aussi rempli ses fonctions avec intelligence et justesse. Salazar et Lozano n'auront fait qu'entacher l'héritage laissé par ces hommes politiques à l'esprit conciliateur et constructif, en poursuivant, attaquant et insultant les mineurs et les métallos mexicains avec plus de haine et de brutalité que n'importe quel autre fonctionnaire des administrations Fox et Calderón, pourtant saturées d'individus haïssant la classe ouvrière.

Javier Lozano avait fait ses études à la *Escuela Libre de Derecho*, un institut de droit où il avait rencontré Felipe Calderón. Après s'être diplômé, il a occupé un poste au Banco de México avant de commencer à travailler au ministère des Finances où il a rempli différentes fonctions, comme celle de contrôleur de PEMEX, la plus grande entreprise pétrolière nationale. À cette époque, Lozano était membre du PRI. En 1998, le président Ernesto Zedillo (1994-2000) l'avait nommé directeur de COFETEL, la commission fédérale de télécommunications (cette commission faisait partie du ministère des Communications et des Transports, dirigé par Carlos Ruíz Sacristán. En 2011, Ruiz deviendrait d'ailleurs membre du Comité de direction de Grupo México). Depuis qu'il était à la tête de COFETEL, Lozano affichait un net favoritisme envers l'entreprise Unefon, pour laquelle il a négocié deux extensions ou amplifications simultanées – totalement illégales – permettant à la compagnie d'économiser des milliards de pesos. En 1999, le président de TV Azteca, Ricardo Salinas Pliego – ami et client de la société de conseil de Javier Lozano Alarcón appelée *Javier Lozano & Asociados* – a racheté 50 pour cent d'Unefon. Depuis les années 90 déjà, Lozano utilisait son poste de fonctionnaire de l'État pour gagner les faveurs des grands patrons.

En 1999, Lozano Alarcón, qui était encore membre du PRI, a été nommé ministre délégué à la Communication au ministère de l'Intérieur. Il a fondé l'Institut du Droit des Télécommunications et a continué à exercer en tant que consultant privé chez *Javier Lozano & Asociados*. En mars 2003, le gouverneur de Puebla, Melquíades Morales, membre du PRI lui aussi, a nommé Lozano représentant du Gouvernement de l'État de Puebla à Mexico.

En 2005, Lozano a démissionné de ce dernier poste pour se consacrer à plein temps à la collecte de fonds au profit de la campagne de Felipe Calderón. Juan Ignacio Zavala, le beau-frère de Calderón, connaissait bien Lozano et c'est lui qui l'a introduit dans l'entourage du futur président, rétablissant ainsi le contact entre ces deux hommes qui s'étaient connus jadis à l'université. Le 1er décembre 2006, Calderón a récompensé Lozano pour ses « efforts » en le nommant ministre du Travail et de la Prévision sociale. Très vite, la carrière de Lozano allait connaître un tournant opportuniste puisqu'il est devenu membre du PAN le 30 juin 2007. Assoiffé de pouvoir, il a cru naïvement qu'il pourrait se porter candidat à la présidence du PAN sous Calderón. Cela aurait été l'apogée de sa misérable et malhonnête carrière.

Un journaliste doué du nom de José Sobrevilla a mené une vaste enquête sur la vie de Lozano. Dans le cadre de ses recherches, il a eu accès à une partie de ses archives personnelles, qui lui ont permis de révéler ce qui suit :

Dans plusieurs médias, Lozano a été taxé – entre autres – de querelleur et de petite brute par divers groupes et organisations ; toutefois, dans le numéro 1740 de la revue Proceso, *daté du 9 mars 2010, la journaliste Jesusa Cervantes a déclaré que le président Calderón, son cabinet et Petróleos Mexicanos (Pemex) savaient parfaitement que Gerardo, le frère de Javier Lozano, au travers de son entreprise Holland & Knight-Gallástegui y Lozano S.C., avait profité des informations confidentielles fournies par son frère pour obtenir, aux côtés de l'entreprise Intermix située aux îles Caïman, la marque déposée Pemex pour le Canada et les États-Unis (…)*

De nombreux spécialistes ont signalé que la nullité de la marque pouvait être demandée sur la base de l'Accord de libre-échange nord-américain. Cependant, ni Pemex ni le gouvernement mexicain n'ont pris de mesures à cet égard bien que le président Calderón et l'ensemble de son cabinet aient reçu des communiqués les informant de cette procédure, a confié à Proceso *le porte-parole de l'entreprise Intermix.*

En tant que ministre du Travail, Lozano a fait montre d'une attitude indifférente et incendiaire envers son entourage. Marcelo Ebrard, gouverneur de Mexico en 2006, était l'une de ses principales cibles. Lozano avait publiquement dénoncé la solidarité dont Ebrard avait fait preuve à l'égard de manifestants qui protestaient à Mexico – ce dernier, en guise de réponse, lui avait suggéré d'aller étudier les lois de la ville (*La Jornada*, 15 juillet 2007). Lozano avait ensuite critiqué le gouverneur pour avoir mis en place des aides gouvernementales destinées à soutenir l'État de Tabasco, dévasté au lendemain de fortes inondations.

Javier Lozano Alarcón s'est également montré agressif envers le magnat Carlos Slim, directeur et principal actionnaire du géant des télécommunications, Telmex. Lorsqu'il avait travaillé à COFETEL, Lozano avait tenté d'ouvrir le marché des télécommunications au profit de ses

amis de Televisa et de TV Azteca – en d'autres termes, il avait essayé de
rompre avec le monopole de Telmex en donnant du pouvoir aux monopoles des médias. Pourquoi ? Simplement en raison de son rapprochement avec certains cadres de Televisa et de TV Azteca. Peu de temps
après, durant la campagne présidentielle de Calderón, Lozano a déclaré
qu'il souhaitait devenir ministre des Communications et des Transports.
Mais Slim – première fortune mondiale en 2010, 2011 et 2012, selon le
classement *Forbes* – se rappelant des actions et des décisions prises par
Lozano à COFETEL ainsi que de ses intérêts à l'égard de Televisa et de
TV Azteca – s'est appuyé sur son immense pouvoir pour faire pression
sur Calderón et empêcher Lozano d'atteindre cette position. Calderón a
cédé et a fini par confier à Lozano le ministère du Travail.

Par la suite, Lozano aiderait à machiner un plan afin de déclarer
la faillite de la *Compañía Mexicana de Luz y Fuerza del Centro*, une
manœuvre qui a entraîné la perte de 44 000 emplois en un seul jour et
dont l'objectif était la destruction du Syndicat mexicain des électriciens
(SME) qui était, comme le nôtre, un des rares syndicats démocratiques
et indépendants du Mexique. En outre, Lozano a ouvertement fait part
de ses doutes dans le cadre de la défense publique de Jorge Mier y de la
Barrera – un fonctionnaire haut placé du ministère du Travail et un de
ses anciens collègues chez COFETEL – lorsque celui-ci a été licencié par
le Conseil de la magistrature fédérale, accusé de fraude et de corruption.

Mais le plus grand scandale de Lozano allait avoir lieu en 2007,
lorsque le gouvernement mexicain a accusé de trafic de drogues Zhenli
Ye Gon, un entrepreneur chinois qui importait de la pseudoéphédrine.
Lors d'une interview avec Associated Press, Zhenli a déclaré que Lozano
lui avait demandé de cacher 205 millions de dollars en espèces dans sa
résidence de Mexico – de l'argent destiné, selon Zhenli, au financement
de la campagne présidentielle de Felipe Calderón en 2005. L'homme
d'affaires expliquait que Lozano avait menacé de le tuer s'il refusait de
cacher l'argent et lui avait déclaré : « *copelas o cuello* » (tu *coopèles* ou tu
meurs) en faisant mine de se trancher la gorge. Lozano a nié en bloc ces

accusations et aucune procédure pénale n'a été lancée. Calderón a semblé oublier bien vite que cet incident avait eu lieu, alors que le peuple mexicain avait pu découvrir à la télévision les piles de billets entassées chez Zhenli. Par la suite, l'argent a disparu et l'affaire a été classée.

Dès les premiers mois de l'administration Calderón, nous avons observé la manière dont Javier Lozano prenait la relève au ministère du Travail : il s'est mis à défendre jalousement les intérêts de Grupo México, tout en projetant une image publique sans aucun rapport avec sa fonction. Quant à Álvaro Castro Estrada, son ministre délégué, il n'était pas en reste. Il agissait comme s'il était le porte-parole de Grupo México et non un fonctionnaire de l'État. Chacun à leur tour, ils ont proposé de retirer les accusations qui pesaient sur nous et de débloquer nos comptes bancaires si Los Mineros mettait fin à toutes les grèves contre Grupo México et si l'on permettait que l'entreprise impose ses marionnettes à la direction du syndicat.

Lozano nous persécutait car il gardait au fond de lui un profond ressentiment contre Los Mineros et contre tout syndicat mexicain indépendant et démocratique. Il était principalement en conflit avec Los Mineros, mais il a également connu de nombreux différends avec les dirigeants du Syndicat des pilotes aviateurs, avec les veuves de Pasta de Conchos, avec l'Union nationale des travailleurs (UNT), avec le Syndicat mexicain des électriciens ainsi qu'avec des défenseurs des droits syndicaux tels que Néstor de Buen, Carlos de Buen, Arturo Alcalde Justiniani et Manuel Fuentes. Ces avocats ont vite compris que les décisions de Lozano avaient un objectif très clair : bénéficier aux hommes d'affaires dont il était complice. D'autres avocats spécialisés dans le droit du travail, et qui ont préféré garder l'anonymat, ainsi que certains employés du ministère du Travail, partagent le même avis.

Preuve supplémentaire de la soumission de Lozano, Larrea faisait souvent référence à ce dernier comme *son toutou*, et ce en présence de ses partenaires commerciaux tout comme de l'intéressé lui-même. Le surnom péjoratif donné par Larrea au ministre du Travail m'a été confirmé par de nombreux hommes d'affaires venus au Canada, ainsi que par un journaliste proche de l'équipe juridique de Larrea. Il semblait vouloir se vanter devant tout le monde de disposer d'un fonctionnaire haut placé comme d'un jouet ou d'un esclave. En 2005, Larrea m'avait aussi dit que Fox n'était qu'un *abruti* et qu'il n'avait aucun mal à le convaincre de collaborer avec lui. Il pensait certainement la même chose de Calderón et de son nouveau *toutou*. À ma grande surprise, Lozano semblait pourtant ravi d'être ainsi à la botte de Larrea : durant tout son mandat, il a démontré une fidélité sans faille à son nouveau maître.

Son attitude condescendante et irresponsable s'est à nouveau manifestée lors d'un rassemblement syndical en 2007. Un groupe de travailleurs issus de nombreux syndicats, dont Los Mineros, s'était réuni pour protester devant les bureaux du ministère du Travail. Ils demandaient à être reçus par Lozano pour discuter avec lui des accusations mensongères proférées par Elías Morales et Grupo México, et comprendre pourquoi il soutenait ces diffamations. Leur seule réponse aura été une pancarte, placée à sa demande devant le bâtiment et où il était écrit : « Les procès criminels ne sont pas gérés par ce ministère ». Sa complicité et sa soumission à Larrea faisaient encore une fois surface.

En plus de jouer la provocation, Javier Lozano Alarcón ne connaissait pas la législation du travail et ne respectait pas l'état de droit. Ce ministre du Travail – le pire qu'ait connu le Mexique – aura placé l'ensemble du ministère au service des hommes d'affaires et de leurs intérêts les plus obscurs et les plus réactionnaires. Mais le plus rageant est qu'il a cherché à se présenter au peuple mexicain comme quelqu'un de respectueux à l'égard des travailleurs. Lorsque Jack Layton, dirigeant du Nouveau Parti démocratique du Canada, s'est rendu au Mexique pour rencontrer Lozano et lui demander de mettre un terme aux pressions que le gouvernement exerçait sur Los Mineros et sur ma personne, celui-ci a ensuite publié un communiqué de presse où il donnait une description totalement erronée de cette rencontre. Alors que Layton avait fermement condamné l'attitude du ministère du Travail, le communiqué de presse de Lozano évoquait cette réunion comme une rencontre cordiale entre deux bons amis. Non sans cynisme, Lozano déclarait qu'il adhérait aux idées de Layton et que son ministère avait toujours respecté les principes d'autonomie et de liberté syndicales. Tout cela n'était qu'un tissu de mensonges visant à semer la confusion. Les agressions ont continué comme avant, les comptes bancaires n'ont pas été débloqués et Lozano refusait toujours de me reconnaître comme dirigeant de Los Mineros.

Cet homme, tout comme Calderón, s'est comporté exactement comme son prédécesseur. Nous pensions que le vent tournerait après Fox, Salazar et Abascal, mais notre espoir a fini par s'évanouir. Déçus, mais bel et bien décidés à continuer le combat, nous nous sommes préparés à mener de nouvelles batailles contre un autre gouvernement du PAN, aussi anti-syndicaliste et favorable aux entreprises que le précédent.

ONZE

PREUVE DE CONSPIRATION

La bureaucratie, pouvoir gigantesque mis en mouvement
par des nains

—HONORÉ DE BALZAC

Le 19 février 2007, lors du premier anniversaire de la tragédie, Humberto Moreira Valdés, le gouverneur de Coahuila, a surpris tout le monde en accusant publiquement Fox, qui venait d'être remplacé à la tête du gouvernement. Lors d'un entretien radiophonique avec un journaliste mexicain chevronné, Jacobo Zabludovsky, Moreira a déclaré que suite à la catastrophe, le président Fox l'avait convoqué à Los Pinos, avec le ministre de l'Intérieur Abascal et le ministre du Travail Salazar. Alors qu'ils discutaient de la meilleure façon de répondre aux revendications des familles des victimes, Fox a interrompu la conversation pour demander au gouverneur de réfléchir à une stratégie qui permettrait de porter plainte contre le dirigeant de Los Mineros, Napoleón Gómez Urrutia.

Évidemment, je n'avais commis aucun crime mais le président cherchait un moyen rapide de dissimuler la négligence de son administration qui avait entraîné la mort de soixante-cinq mineurs. Comme Fox savait que je n'hésiterais pas à l'accuser ouvertement, il cherchait une excuse pour salir ma réputation et se débarrasser du dirigeant syndical problématique que j'étais devenu. Lorsque Moreira lui a répondu que je n'avais commis aucun délit dans son État, Fox a insisté pour que le gouverneur en invente un, n'importe lequel, afin de pouvoir m'accuser. Moreira a répété que je n'avais commis aucun délit dans son État et la conversation n'en finissait plus : Fox essayait de convaincre le gouverneur d'inventer un délit, Moreira refusait en disant qu'il ne pouvait arrêter une personne innocente. Le président a finalement répondu « je te comprends, mais que fait-on alors ? » Lorsque la réunion a pris fin, au moment de se quitter, Fox a demandé à Moreira de ne pas ébruiter le contenu de cette discussion. « Parce que tu ne te tais jamais, toi, » lui a dit Fox. « Avec le respect que je te dois, toi non plus, » a répondu le gouverneur.

Cette surprenante anecdote a fait la une des journaux. Le 20 février 2007, *La Jornada* a publié un article intitulé : « *Moreira dispuesto a recordar a Fox su propuesta para encarcelar al líder minero* » (Moreira prêt à rappeler à Fox sa proposition d'emprisonner le dirigeant des mineurs) :

Le gouverneur de Coahuila, Humberto Moreira, a assuré qu'il était prêt à rappeler à Fox que suite à la catastrophe minière de Pasta de Conchos, l'ex-président fédéral lui avait proposé d'accuser et d'envoyer en prison le dirigeant déchu du Syndicat des mineurs, Napoleón Gómez Urrutia, dans l'objectif de « détourner l'attention ».

Lors d'un entretien radiophonique avec le journaliste Jacobo Zabludovsky, le gouverneur de l'État a affirmé que Fox lui avait soumis cette proposition lors d'une réunion qui s'est tenue dans la résidence officielle de Los Pinos, en présence du ministre de l'Intérieur, Carlos Abascal, et du ministre du Travail, Francisco Salazar Sáenz.

« Ses collaborateurs, le ministre de l'Intérieur et le ministre du Travail, étaient là, mais moi je peux le lui dire en face, » a-t-il déclaré à Zabludovsky.

« Seriez-vous prêt à le lui dire ? » a demandé le journaliste.

« Ça et la façon dont s'est déroulée la conversation, parce que le président peut oublier les conversations qu'il tient avec des gouverneurs, mais un gouverneur n'oublie jamais les conversations qu'il tient avec un président, » a répondu Moreira.

Le journaliste lui a ensuite demandé pourquoi il avait attendu un an avant de rendre publique cette conversation. Moreira a répondu qu'il ne l'avait pas fait avant parce que le PGR avait exercé trop de pression en nous accusant de fraude, moi et les autres membres du Comité exécutif. Mais la stratégie de distraction qu'ils avaient mise en place pour semer la confusion à Coahuila en était arrivée à un tel point qu'il avait finalement décidé de tout révéler.

Moreira a également assuré avoir bel et bien confié à la presse les déclarations de Fox après l'effondrement de la mine et il a affirmé qu'il avait été le seul à informer la presse du décès des mineurs, alors que Salazar continuait à prétendre qu'ils pouvaient être encore vivants. En réalité, Moreira avait seulement déclaré qu'il révélerait les propositions immorales que le président Fox lui avait faites à ce moment-là. Et ce n'est qu'un an plus tard qu'il a finalement révélé le contenu de ces propositions.

Quelle était la véritable raison de ce délai ? Selon moi, c'est Felipe Calderón qui a encouragé Moreira à faire ces révélations. Fox, qui avait terminé son mandat, continuait à faire des déclarations publiques comme s'il était encore au pouvoir. Il agissait comme s'il était l'ombre de Calderón, ce qui mettait ce dernier très mal à l'aise, en particulier alors qu'il s'efforçait d'avoir l'air d'un président légitime face aux multiples accusations de fraude électorale qui émanaient du candidat du PRD, Andrés Manuel López Obrador. En encourageant Moreira à rendre publique sa conversation avec Fox, Calderón espérait souiller l'image de Fox et le faire taire pendant un moment.

Lors de l'interview, Moreira a précisé qu'il faisait ces déclarations par pure honnêteté. Ce qu'il voulait, premièrement, c'était que les responsables de la tragédie soient traduits en justice. Deuxièmement, que les soixante-cinq morts de la mine de charbon ne restent pas impunies, que l'on juge les responsables et que les engagements tenus envers les veuves soient respectés. Enfin, que l'on embauche du personnel et que l'on mette en place les ressources nécessaires pour éviter d'autres tragédies de ce genre dans son État.

Au-delà des raisons qui l'ont amené à faire ces révélations, il faut savoir que Moreira a refusé de se plier aux caprices du président Fox durant les jours ayant suivi la tragédie. Nul doute que Fox avait adressé le même type de requête aux fonctionnaires de Sonora, de San Luis Potosí et de Nuevo León – les trois États qui avaient émis des mandats d'arrêt contre nous après que le PGR leur a envoyé un exemplaire du dossier.

Aussi scandaleux qu'il soit de constater qu'un président puisse ainsi exiger la détention d'un citoyen innocent, l'histoire de Moreira ne m'a pourtant pas surpris lorsque mes avocats m'ont contacté au sujet de l'interview. L'anecdote démontrait, une fois encore, que la campagne lancée à notre encontre représentait non seulement un exercice illégal de la justice, mais aussi une stratégie savamment calculée afin de faire taire un dirigeant syndical qui entravait des intérêts privés. Fox avait essayé d'intégrer Moreira au groupe qui planifiait déjà la destruction du Syndicat des mineurs avant même la tragédie de Pasta de Conchos.

À mesure qu'approchait la date du premier anniversaire de notre départ du Mexique, nous comprenions mieux – avec preuves à l'appui – à quel point les actions des conspirateurs étaient préméditées. Nous détenions un grand nombre de preuves démontrant que l'assaut anti-syndicaliste était le fruit d'un plan organisé et exécuté dans le dos du peuple mexicain. Le premier signe de la conspiration qui visait à détruire le syndicat avait été l'avertissement d'Abascal durant la prise de pouvoir du gouverneur Moreira, fin 2005, quand il m'avait confié que Larrea, Bailleres et les frères Villarreal s'étaient réunis avec Fox pour exprimer leur mécontentement vis-à-vis du pouvoir croissant du Syndicat des mineurs.

Une autre preuve de ce complot a été révélée peu après mon départ du Mexique, au beau milieu des menaces de mort et des diffamations relayées par les médias. À la mi-mars 2006, j'ai contacté Roberto Madrazo, qui avait été président du PRI de 2002 à 2005, avant d'être nommé candidat à la présidence et de perdre face à Calderón cette même année. Lors d'un dîner avec les membres du Comité exécutif, ces derniers lui avaient demandé si, dans le cas où il serait nommé officiellement candidat présidentiel du PRI, il soutiendrait ma candidature au poste de Sénateur de la République, représentant mon État natal, Nuevo León. Durant les années précédentes, le Syndicat avait compté dans ses rangs deux sénateurs et dix députés fédéraux. Il était donc logique de demander le rétablissement des liens politiques entre le PRI et les mineurs – dont la plupart avaient voté pour les candidats du PRI et avaient soutenu leur campagne.

Pour ma part, j'espérais que Madrazo maintiendrait son soutien à ma candidature, mais la véritable raison pour laquelle je l'ai appelé ce jour-là était pour lui demander d'intervenir auprès du président Vicente Fox. Il pourrait peut-être le convaincre de mettre fin à cette absurde confrontation en lui démontrant que ce chemin ne menait nulle part. Lorsque Madrazo a décroché son portable, il m'a salué d'un ton aimable, puis m'a demandé comment j'allais et où je me trouvais. J'ai répondu par ma phrase habituelle « je suis plus près que tu ne le penses » et je lui ai dit que j'allais bien, mais que j'étais très contrarié par la persécution politique menée par Fox, Salazar et Larrea, ainsi que par la campagne médiatique qui jetait sur moi le discrédit et ne cessait de s'intensifier.

Roberto m'a dit qu'il parlerait à Fox en mon nom, puis m'a demandé de ne pas hésiter à le rappeler en cas de besoin. Pendant notre conversation, il m'a assuré que les attaques dont nous étions victimes n'affecteraient en rien son soutien à ma candidature au Sénat. Avant de raccrocher, Madrazo m'a demandé : « devine qui est venu me voir il

y a quelques jours ? » Je lui ai répondu que je ne savais pas, que sûrement beaucoup de personnes souhaitaient s'entretenir avec un candidat à la présidence. Il m'a dit que le groupe d'hommes d'affaires dirigé
par Larrea, Ancira, Bailleres et Julio Villarreal était passé à son bureau
pour lui demander de ne plus soutenir ma campagne pour le Sénat, ceci
afin d'éviter de me propulser à un niveau qui risquait de fortement les
incommoder. Si je gagnais, j'allais occuper simultanément les fonctions
de Sénateur de la République, de dirigeant du Syndicat des mineurs et
de vice-président du Congrès du travail (conformément aux élections
de 2006). Cette perspective-là les terrorisait ; ils savaient que je lutterais
sans relâche dans l'intérêt des travailleurs et que je ne me soumettrais
pas à leurs ordres.

Lorsque je lui ai demandé ce qu'il leur avait répondu, il a dit : « Je les
ai envoyés au diable en leur expliquant que les candidats que je soutenais dans la course au Sénat étaient une affaire interne au parti, et que
Napoleón était le leader de centaines de milliers de travailleurs, dont de
nombreux activistes et organisateurs qui avaient le droit d'être représentés par leur dirigeant au Sénat ». La pression que le secteur privé exerçait sur Madrazo était à peine croyable. J'étais persuadé que l'objectif
premier de ces hommes d'affaires réactionnaires était d'entraver le pouvoir du syndicat. Encore une preuve qui mettait en lumière la façon dont
ces hommes travaillaient dans l'ombre pour protéger leurs intérêts.

Les différents événements constituant la toile de fond du conflit
étaient autant de preuves qui confirmaient l'existence d'une conspiration visant à m'éliminer et à détruire Los Mineros. Trois évènements
différents avaient eu lieu dans un laps de temps trop court pour qu'il
s'agisse d'une coïncidence. Des personnages importants tiraient les
ficelles en coulisse : en premier lieu, certains membres du Congrès du
travail, dirigés par Víctor Flores, avaient décidé de s'unir à Vicente Fox
et à l'administration du PAN le 15 février 2006. Renonçant à leurs principes démocratiques, ils assuraient leur position politique et personnelle
en échange de leur appui aux réformes de la législation du travail menées

par Fox. Deux jours après, leurs hommes de main ont pris d'assaut le siège de Los Mineros. Fox et ses collaborateurs savaient que notre syndicat était une grande menace pour leurs plans, ils ont donc eu recours à la violence et au vandalisme. Le troisième évènement qui aurait lieu le lendemain serait la découverte de la *toma de nota* remise à Elías Morales, qui le plaçait illégalement à la tête du Syndicat des mineurs. En réalité, cela s'était produit deux jours plus tôt, mais nous ne l'avions découvert que le 17 février 2006.

Ces trois évènements quasi-simultanés impliquaient différents acteurs, mais tous prouvaient que Fox, Salazar, Abascal et les patrons qui les achetaient, avaient soigneusement mis en place ce plan. Autrement, comment Victor Flores et Elías Morales auraient-ils pu obtenir aussi rapidement la *toma de nota* ? Comment aurions-nous pu croire à une pure coïncidence lorsqu'une bande de criminels avait attaqué le siège du syndicat exactement la même semaine où les conspirateurs essayaient de m'évincer de la direction ? Dès lors que la tragédie à Coahuila avait eu lieu le week-end suivant, les soupçons de conspiration n'ont pas été notre priorité car tous nos efforts se sont tournés vers le sauvetage de nos collègues. Il devenait essentiel de maintenir notre syndicat en vie afin de pouvoir continuer la lutte en représentation des mineurs.

Ce n'est qu'au mois d'avril 2007, lorsque le PDG d'une entreprise sidérurgique de premier plan m'a rendu visite à Vancouver, que j'ai compris depuis quand se tramait ce complot. Nous avions passé la journée en réunion, à discuter de la convention collective et de certains accords de productivité visant à rapporter des bénéfices aussi bien à l'entreprise qu'aux mineurs. Après une longue journée de travail, nous sommes allés dîner. Détendus et satisfaits du résultat des négociations, nous avons commandé nos plats.

Au cours du dîner, je lui ai demandé quelle était son opinion au sujet du conflit minier. Ce chef d'entreprise avait toujours été proche du Syndicat des mineurs, mais j'étais persuadé qu'il en savait long sur la façon dont les patrons mexicains agissaient à porte close. Il m'a alors raconté que début 2005, il avait été invité à de nombreuses réunions dans les bureaux du ministre de l'Économie, Fernando Canales Clariond, et de l'ancien ministre du Travail, Carlos María Abascal. Il avait aussi reçu une invitation à dîner chez Julio Villarreal Guajardo à Monterrey, l'un des trois frères Villarreal, de Grupo Villacero. L'objectif de ces réunions était de discuter de l'avenir de l'industrie minière et métallurgique au Mexique. Pour Clariond, comme pour Abascal, Los Mineros venait contrarier leurs ambitions dans ce secteur. Bien qu'aillant décliné l'invitation, cet homme pouvait me dire qui avait assisté à ces réunions. La liste incluait les ennemis les plus puissants et les plus agressifs de Los Mineros : les frères Villarreal, Germán Larrea, Xavier García de Quevedo, Carlos María Abascal, Francisco Javier Salazar, le sous-ministre du Travail de l'époque, Emilio Gómez Vives ; Alberto Bailleres González, de Grupo Peñoles et son collègue Jaime Lomelín ; Alonso Ancira Elizondo de Altos Hornos de México ; Fernando Canales, le ministre de l'Économie de Fox (cousin de Bernardo Canales, l'avocat qui nous avait piteusement défendus avant de s'enfuir) ; et enfin Santiago Clariond, le cousin de Fernando, président d'une filiale de Grupo IMSA, une aciérie appartenant à la famille Clariond.

Mais deux autres noms dans cette liste m'ont fait comprendre que ce n'était pas un simple dîner d'affaires : Elías Morales et Benito Ortiz Elizalde, qui l'accompagnait depuis longtemps dans ses activités criminelles. Ces deux hommes avaient été expulsés du Syndicat des mineurs depuis l'an 2000, accusés de trahison, de corruption et d'espionnage en faveur des entreprises et du gouvernement. À présent, le PDG me racontait que ces deux personnages avaient commencé à fréquenter les grands patrons de cette coalition ennemie, un an avant que les agressions ne commencent. A priori, ces hommes n'avaient aucune raison d'assister à ces réunions, à moins que ce groupe d'hommes d'affaires et de politiciens n'ait envisagé de leur soutirer des informations ; et c'est exactement ce qui est arrivé. À présent, je sais avec certitude que Morales, Grupo México, et les autres conspirateurs ambitieux, avares et sans scrupules, planifiaient notre destruction depuis le début de l'année 2005. Leur plan macabre et sinistre prévoyait de maintenir le syndicat, mais de remplacer la direction par des marionnettes comme Morales – ou tout autre homme faisant passer ses ambitions et son opportunisme avant les principes de loyauté et d'honnêteté qui caractérisent les véritables dirigeants. Ces individus, qui étaient disposés à vendre leurs collègues syndicalistes pour leur intérêt personnel, avaient été engagés pour nous épier et pour obtenir toutes les informations possibles afin de semer la confusion et créer des divisions internes.

L'homme qui m'a raconté ce qui s'est passé dans ces réunions a tenu à préciser que ni lui ni ses collègues n'avaient pris part aux réunions, et encore moins à la conspiration. Son entreprise était une des seules qui avaient considéré avec objectivité l'indécence des actions entreprises à notre encontre et qui avaient refusé d'y participer. Il m'a également dit que Vicente Fox et sa femme Marta Sahagún étaient pleinement conscients de cette conspiration et qu'ils la soutenaient. L'implication du président dans une affaire d'abus de pouvoir comme celle-ci ne constitue pas seulement une cause de destitution, elle peut aussi entraîner une mise en examen. Malheureusement, s'il est un pays où ce type d'infraction à la loi est passé sous silence, et où les coupables se cachent derrière des rideaux de fumée, c'est bien le Mexique.

Un groupe d'individus sans scrupules – des hommes d'affaires, des politiciens, des marionnettes, et des syndicalistes devenus leurs acolytes – s'étaient réunis pour planifier et préméditer ma destruction, celle de mes collègues et du syndicat, parce que nous étions un obstacle à leurs intérêts personnels pervers : si cela ne constituait pas une preuve suffisante de conspiration, je ne vois pas ce qui pouvait l'être.

Même si la catastrophe minière a pris de cours Grupo México et le gouvernement de Fox, leurs représentants n'ont pas hésité à sauter sur l'occasion pour accélérer l'exécution d'une nouvelle phase de la conspiration tramée dans les bureaux de Los Pinos. Ils s'étaient préparés pour nous attaquer bien avant que la mine ne s'effondre et cet évènement leur a donné une nouvelle raison de collaborer pour m'évincer et détourner l'attention publique. S'ils ne le faisaient pas, ils couraient le risque d'être impliqués dans la mort des soixante-cinq mineurs et de finir sous les verrous.

La persécution s'est intensifiée lorsque j'ai rendu publique mon accusation d'homicide industriel. Toute la hargne et la perversité du pouvoir économique et politique du Mexique sont alors retombées sur nous. Ces agressions ont été rendues possibles grâce aux connections établies au préalable entre le ministère du Travail de Fox, les entreprises et les médias, dont les actions étaient parfaitement préméditées et coordonnées. Ces chefs d'entreprises réactionnaires et ces hommes politiques ambitieux cherchent depuis longtemps à tirer profit de gouvernements comme celui-là, constitué d'éminentes figures anti-syndicalistes de droite.

Nous avons été la cible principale de ce complot, mais celui-ci ne doit pas être vu comme une attaque isolée contre les travailleurs syndiqués du secteur minier, de la sidérurgie et de la métallurgie au Mexique. Ces hommes d'affaires et les hommes politiques qui les protègent ont livré une bataille généralisée contre le syndicalisme démocratique et indépendant. Fox, puis Calderón, ont violemment attaqué le Syndicat mexicain des électriciens et l'Association syndicale des pilotes et aviateurs, entre autres. Le Syndicat des mineurs a seulement été le premier de la longue liste d'attentats contre les syndicats démocratiques et indépendants, planifiés depuis 2005.

Certains hommes d'affaires mexicains ont continué de collaborer avec des politiciens de droite pour éradiquer les syndicats démocratiques dans le pays. Depuis la prise de pouvoir du PAN en 2000, nous avons traversé une sorte de décennie perdue : les inégalités ont augmenté de façon exponentielle et les abus de pouvoir se sont généralisés. Notre arme principale est la solidarité, car ni le Mexique, ni les Mexicains, ne méritent une situation aussi intolérable. Ces individus ont donné une mauvaise image de notre pays à l'étranger, et ont causé des torts considérables à la société mexicaine. Pour le bien-être de nos enfants et de nos petits-enfants, cette situation doit changer.

Après les accusations de Moreira, un autre reportage a été publié qui prouvait une fois de plus l'existence d'une conspiration directe contre le Syndicat des mineurs. Parmi les intervenants invités à la cérémonie d'ouverture de la Convention générale extraordinaire du Syndicat des mineurs, au mois d'avril 2007, se trouvait Francisco Hernández Juárez – dirigeant du Syndicat des standardistes mexicains et président de l'Union nationale des travailleurs (UNT). J'avais déjà rencontré Hernández dans le cadre d'affaires liées au syndicat, mais je ne le connaissais pas personnellement. Durant son discours, auquel j'assistais par visioconférence, il a mentionné une information très convaincante concernant les premières tentatives de déstabilisation de Los Mineros.

À la grande surprise des 900 participants présents, il a indiqué que début 2005, Carlos María Abascal, alors ministre du Travail, lui avait confié « qu'ils venaient chercher Napoleón Gómez Urrutia ». Cela avait eu lieu un an avant la tragédie et la tentative d'imposer Morales à la tête de la direction. L'affirmation d'Hernández, dont je n'avais jamais eu vent, prouvait une fois de plus qu'ils avaient clairement essayé de m'évincer du poste de secrétaire général du syndicat bien avant 2006, l'année marquant le début du conflit. Hernández Juárez avait oublié qu'une offense contre un des nôtres est une offense contre tous et que la véritable lutte pour la justice, la liberté et la dignité syndicale reposait avant tout sur une solidarité de classe.

Hernández Juárez a refait la même déclaration durant la Convention générale ordinaire des mineurs en mai 2008, à laquelle j'ai également été invité. Ses déclarations nous ont fait l'effet d'une douche froide. Le 1ᵉʳ décembre 2005, Abascal m'avait prévenu que les choses se compliquaient sous l'effet des pressions exercées par les hommes d'affaires ennemis du syndicat, mais le conflit a éclaté si peu de temps après que nous avons été incapables de réunir assez d'éléments pour préparer une stratégie de défense et pouvoir contre-attaquer.

J'étais fou de rage en entendant les propos d'Hernández Juárez, mais je savais que nous devions rester focalisés sur la défense du syndicat et exiger que justice soit rendue à Pasta de Conchos. Un an déjà s'était écoulé, et nous nous défendions encore des fausses accusations de fraude. Cependant, nous avions remporté une victoire très significative : en mars 2007, peu après notre convention annuelle, le quatrième tribunal spécialisé en affaires du travail du premier circuit a déclaré que j'étais le dirigeant légitime du Syndicat des mineurs et que le ministère du Travail avait abusé de son autorité et n'avait pas respecté les procédures en refusant de me reconnaître en tant que tel. Selon la règlementation, le gouvernement était obligé de me reconnaître officiellement comme secrétaire général à travers une *toma de nota* déposée dans un délai de quarante-huit heures. On retirait enfin son faux titre à Elías Morales.

Mais au lieu d'admettre leur défaite, les forces alliées ont attaqué de plus belle. Après ma réintégration officielle à la tête du Syndicat des mineurs, les conspirateurs ont concentré tous leurs efforts sur une campagne médiatique à niveau national.

DOUZE

CALOMNIES ET RÉHABILITATION

La vérité n'appartient pas à celui qui crie le plus fort.

RABINDRANATH TAGORE

En 2007, les avocats du syndicat ont introduit un recours officiel devant le PGR pour les crimes commis à Pasta de Conchos. En vertu du code pénal, nous avions porté plainte pour homicide industriel par négligence intentionnelle ou malveillante — également connu sous le nom d'»homicide d'entreprise» — une accusation portée contre Germán Larrea, le Conseil d'administration de Grupo México, Francisco Salazar, le sous-ministre du Travail Emilio Gómez Vives, et l'ensemble des fonctionnaires et inspecteurs du ministère du Travail. L'affaire a été présentée devant l'Unité spéciale d'investigation pour les délits commis par des agents de la fonction publique (*Unidad Especializada en Investigación de Delitos Cometidos por Servidores Públicos*), sous le numéro d'enquête préliminaire 4085/07/08.

Plus de sept ans se sont écoulés depuis le dépôt de cette plainte, et pourtant le PGR n'a jamais consenti à mener même la moindre enquête préliminaire et n'a jamais examiné les faits que nous avions exposés. Au lieu de cela, il s'est contenté de geler notre recours et nos poursuites ont été abandonnées. Il a maintenu que le syndicat lui-même était responsable de la catastrophe, démontrant une fois de plus sa fidèle soumission et son soutien vis-à-vis de Grupo México, poursuivant aux côtés de ce dernier les persécutions à mon encontre et à l'encontre de mes quatre collègues pour des crimes que nous n'avions pas commis, espérant ainsi détourner l'attention des véritables auteurs de cet homicide industriel. Les magistrats du parquet semblaient avoir oublié les soixante-cinq vies perdues en février 2006 et les familles affectées par ces disparitions. Comme nous pouvions nous y attendre, ils n'ont pas démontré d'intérêt à révéler les méfaits de leurs puissants alliés.

Mais Los Mineros n'a jamais perdu espoir d'obtenir justice. Certes, j'avais pleinement exercé mes fonctions de secrétaire général durant la dernière année de mon séjour au Canada, mais ma réintégration officielle à la tête du syndicat, ordonnée par la Cour suprême, a fait renaître en nous l'espoir que le système juridique n'avait pas tout entier cédé à la corruption. Quoi que très tardif, un jugement juste a été rendu et le comportement du ministère du Travail a été sévèrement critiqué. On avait enfin respecté le désir des travailleurs de se débarrasser de ce traître d'Elías Morales.

Véritable humiliation pour Grupo México et le ministère du Travail, notre triomphe a redonné des forces à l'ensemble de l'organisation. Ainsi châtiés par la Cour suprême et confrontés à la lente progression de leur campagne juridique à notre encontre — et, qui plus est, encore excédés suite à nos accusations d'homicide industriel — les ennemis du syndicat ont commencé à élaborer un nouveau plan. Depuis le début du conflit, Grupo México tenait réunion tous les mercredis afin de délibérer spécifiquement sur les efforts déployés contre Los Mineros. Assistaient à ces réunions des cadres supérieurs de chez Grupo México, les juristes internes et les avocats pénalistes de l'entreprise, de même que d'anciens fonctionnaires du gouvernement désormais employés par le groupe. Étaient également conviés des publicitaires, des psychologues et des consultants, tous corrompus, qui les conseillaient quant aux meilleures stratégies d'attaque à adopter à notre encontre. Au cours de ces réunions, chacune des parties présentes se voyait investie d'une mission pour la semaine : on identifiait qui serait le mieux placé pour soudoyer ou exercer les pressions les plus efficaces, et qui serait visé par ces actions. Suite à la réprimande adressée par la Cour suprême, ce groupe d'individus malintentionnés a radicalement changé d'approche et jeté son dévolu sur les médias nationaux. Ils emploieraient tous les moyens possibles pour monter le peuple contre moi.

Alors que les médias avaient d'emblée affiché un parti-pris en notre défaveur, Grupo México initiait à présent une campagne publicitaire onéreuse contre les dirigeants du Syndicat des mineurs, financée par ses propres deniers. Il s'agissait d'une offensive diffamatoire sans pareille dans l'histoire des attaques déjà orchestrées à l'encontre d'un dirigeant syndical au Mexique. Leur campagne commerciale a été lancée le 20 avril 2008, sur la base d'une série de spots télévisés calomnieux qui m'accusaient d'avoir détourné les 55 millions de dollars du Trust des Mineurs. Sur un fond musical dramatique et sinistre, une voix me décrivait comme un criminel sans scrupules et prétendait que les « victimes » supposées de mes crimes — les mineurs — espéraient me voir finir sous les verrous. À la fin, les auteurs présumés du spot étaient identifiés en petits caractères : « Section XI du Syndicat des mineurs de Santa Bárbara, Chihuahua, et Section VI Charcas, San Luis Potosí. » Dans toutes ces sections, Grupo México avait menti aux membres de Los Mineros, et les avait soudoyés et menacés jusqu'à ce qu'ils renoncent au syndicat. Ces pratiques coercitives illégales avaient eu raison d'une faible minorité de travailleurs locaux et nous avons fini par perdre quelques sections syndicales qui appartenaient à l'organisation depuis plus de 50 ans — il va de soi que jamais ces sections n'auraient pu se permettre ce type de publicité. Cette campagne de plusieurs millions de dollars avait été financée en exclusivité par Grupo México.

La publicité avait été diffusée à l'échelon national sur Canal 2 de Televisa, et ce n'est pas un hasard si Germán Larrea et Alberto Bailleres siègent tous deux au conseil d'administration de Televisa dont ils sont actionnaires. Un autre spot publicitaire, également diffusé dans tout le pays sur Canal 2 de Televisa mais aussi sur Canal 13 de Televisión Azteca, présentait des accusations similaires et affirmait une fois encore que ces mêmes sections — qui appartenaient toutes deux à des travailleurs de Grupo México — en avaient supporté le coût. Pendant huit mois, d'avril à décembre, les spots sont passés à des heures de forte audience — lors des matchs de football très attendus, par exemple — occupant les plages horaires de diffusion les plus onéreuses et les plus prisées. Nous avons estimé qu'au final ces publicités diffamatoires avaient été diffusées à près de 800 reprises, toujours en prime time.

Germán Larrea avait bien assez d'argent à injecter et le fait que tout le monde sache d'où venait le financement de ces spots lui était bien égal, étant donnée sa nature cynique. En fin de compte, en nous appuyant sur le coût de diffusion associé à cette plage horaire de forte audience, nous avons estimé que Grupo México avait investi quelque 200 millions de dollars durant ces huit mois de campagne. Le plus absurde étant que ce montant était près de quatre fois supérieur aux 55 millions que l'on nous accusait d'avoir détournés du Trust des Mineurs. Jaime Lomelín, PDG de Grupo Peñoles, la deuxième compagnie minière la plus importante du Mexique, m'avait en effet confirmé lors d'une visite au Canada, que Larrea aurait déclaré à plusieurs reprises qu'il lui importait peu de perdre l'ensemble de sa fortune dans cette bataille contre le Syndicat des mineurs. L'un de nos avocats fiscalistes qui entretenait des contacts avec un membre de l'équipe chargée de défendre Larrea m'avait déjà fait part de propos similaires. C'est sans aucun scrupule que l'entreprise dépensait son argent, dans le seul but de salir ma personne et de s'immiscer dans les affaires du syndicat. Pour lutter contre nous, elle avait engagé plus d'une trentaine de cabinets juridiques, tout en faisant lamentablement étalage des compensations misérables versées aux familles des victimes de Pasta de Conchos. La façon dont Germán Larrea dépensait son argent était clairement révélatrice de ses priorités.

Quel pays ayant un tant soit peu le sens de la justice aurait toléré la diffusion de spots télévisés diffamatoires à l'égard d'un individu dont la culpabilité n'avait pas été prouvée ? Quel pays aurait autorisé, et même appuyé, une telle propagande dont le seul et unique but était de monter l'opinion publique contre un homme dont chacun savait qu'il était innocent ? Il semblait que le fait de siéger au conseil d'administration de Televisa, comme dans le cas de Germán Larrea et d'Alberto Bailleres, présentait certains avantages. Nul n'a cherché à stopper la diffusion de ces publicités malveillantes, alors même que nous nous étions tournés vers plusieurs autorités à cette fin. Nous avons fait appel aux médias qui diffusaient ces calomnies à notre encontre et exigé un droit légal de réponse. Aucun d'entre nous n'invoquait le moindre centime de compensation pour cause de préjudice moral, alors que les spots justifiaient clairement une telle revendication ; nous souhaitions simplement exercer notre droit de réponse lorsque nos accusateurs présentaient des informations ou publiaient des articles, qui étaient ou erronés ou calomnieux. Chacun de nos appels a été ignoré.

Puisque nos ressources ne nous permettaient pas de contre-attaquer dans les médias (nos comptes étant encore bloqués), c'est dans les rues que les membres du syndicat ont choisi de se venger. Dans le cadre d'une campagne nationale, les mineurs ont consacré du temps à la réalisation d'immenses affiches qu'ils ont placardées dans des lieux publics, notamment dans les quartiers huppés où Larrea se sentirait particulièrement honteux. Ces posters mentionnaient en grands caractères rouges : « Larrea — l'assassin des mineurs » et « Grupo México Corrompu. » Des bénévoles ont par ailleurs imprimé et distribué de nombreux tracts et dépliants à l'effigie de Larrea, qui levaient le voile sur la situation que les médias avaient si scandaleusement déformée. Certes notre campagne ne pouvait prétendre jouer dans la même cour que l'opération médiatique de Larrea et les millions de dollars qu'elle impliquait, mais c'était là notre meilleure arme pour défendre l'honneur du syndicat et révéler qui étaient réellement Larrea et ses complices, de véritables tyrans et des criminels.

Cherchant à me discréditer et à mettre la presse nationale à sa solde, Grupo México avait fait appel aux services de García Puebla Consultores, une agence de publicité de premier plan appartenant à Eduardo García Puebla, ancien attaché de presse du PRI, forte d'une brigade de consultants, de conseillers et de psychologues, qui avait déjà représenté bon nombre de politiciens. L'agence avait même directement engagé des médias mercenaires afin de publier ses déclarations. Un de nos publicitaires avait obtenu la copie d'une « commande de publicité » à travers laquelle García Puebla Consultores faisait l'acquisition d'un encart publicitaire de 25 centimètres par 38 dans la publication *Milenio* ; l'agence avait fourni au journal le texte intégral de l'article à publier. L'encart acquis par Grupo México apparaissait dans la première section du journal et incluait texte et photographie. Datée du 23 juillet 2007, la commande précisait que l'encart devait être publié dès le lendemain. L'article commandé était intitulé « Les Napistas [terme désignant les partisans de Napoleón] continuent de tirer profit des veuves de Pasta de Conchos » ; ainsi que le suggère le titre, l'article décrivait de manière partiale et erronée comment Los Mineros exploitait les veuves des mineurs disparus à des fins politiques.

Dans la commande de publicité, l'un des publicitaires de chez García Puebla Consultores a eu l'audace d'écrire : « Une fois la mise en page réalisée, merci d'envoyer l'article à l'adresse suivante : materialesgarciapueblaasociados@yahoo.com. » Il est tout à fait normal de solliciter l'approbation d'une annonce mais le problème ici résidait dans le fait que cette publicité inhabituelle apparaissait sur une page impaire (alors qu'en règle générale, les publicités apparaissent sur les pages de gauche du journal), et rien ne la différenciait typographiquement d'un dossier de *Milenio*. Ainsi, les lecteurs étaient portés à croire qu'il s'agissait d'une véritable enquête et non d'une publicité financée par Grupo México.

Cette manière de manipuler l'opinion publique a été monnaie courante tout au long du conflit et elle est encore employée aujourd'hui, à travers différents journaux qui autorisent ce genre de pratiques fallacieuses. *El Universal*, qui compte parmi les journaux les plus lus au Mexique, a convoqué une réunion avec l'un des avocats du syndicat et proposé de publier des articles en notre faveur — en échange d'une contrepartie financière de notre part. À l'heure du déjeuner, dans un centre commercial bondé de Mexico, le représentant d'*El Universal* a fait savoir à notre avocat que pour rendre le récit convaincant, ils devraient d'abord introduire certaines références au conflit et de brefs articles, avant de passer progressivement à des articles plus longs présentant la perspective du syndicat. Selon cet homme, Grupo México leur avait versé 800 000 dollars pour couvrir une année d'attaques à notre encontre, mais l'accord arrivé à échéance n'avait pas encore été reconduit. Il a ensuite annoncé à notre avocat que pour la même somme — et sans que l'on ait à fournir la moindre documentation ni le moindre justificatif — ils publieraient des articles en ma faveur et diffuseraient des reportages révélant le point de vue du syndicat sur les stations de radio appartenant à leur groupe.

Au cours de cette conversation, notre avocat a remarqué un petit point de lumière rouge voltigeant à proximité de leur table, qui rappelait la visée laser d'un pistolet. Cette lumière a rapidement disparu, mais l'avocat a ensuite appris par un ami travaillant au sein du gouvernement qu'il s'agissait non pas du laser d'une arme, mais d'un dispositif d'écoute. Tel était le degré d'obsession atteint par les ennemis du syndicat.

Avant de décliner l'offre d'*El Universal* (jamais nous n'aurions recouru aux mêmes tactiques que celles employées par nos ennemis), notre avocat a questionné le représentant du journal au sujet de Pedro Ferriz, un animateur radio appartenant à leur groupe qui m'attaquait systématiquement dans son émission, et refusait d'entendre ma propre version des faits. L'homme s'est contenté de répondre que Ferriz était rémunéré pour ses services professionnels et qu'il devait se plier à la politique de l'entreprise. Du reste, cette dernière interdisait strictement à ses animateurs ou à leurs invités d'attaquer le président ou l'un des membres du clergé. Nous déplorons hélas, et ce au détriment de la presse mexicaine en général, des agissements similaires pour bon nombre d'autres employés qui se sont ainsi conformés aux ordres immoraux dictés par leurs patrons.

Bien entendu, nous avons catégoriquement refusé l'offre d'*El Universal*, qui proposait de nous vendre le « privilège » d'un reportage impartial. Grupo México, lui, a fini par renouveler son contrat et le journal s'est remis à publier des articles antisyndicaux. *El Universal* nous avait en fait sollicités dans le seul but de négocier ensuite des montants encore supérieurs avec Grupo México. Il est certain que l'accord conclu entre Grupo México et *El Universal* n'était pas un cas isolé. Nous avons appris que l'entreprise avait acquitté un montant encore plus élevé au quotidien *El Financiero* — dans lequel elle avait d'ailleurs investi — pour obtenir une couverture favorable de sa part : 3 millions de dollars par an. Nul doute qu'elle avait passé ce même type d'accord avec la plupart des autres médias mexicains.

Outre les attaques émanant des principaux journaux et des grandes chaînes de télévision, de nouvelles publications ont été fondées dans le seul but d'attaquer le Syndicat des mineurs. Citons la plus notable d'entre elles, le magazine appelé *MX*, créé conjointement par Grupo México, par des membres du PAN et par le président Fox en personne. Certes, ils ont tenté de faire passer ce périodique pour une publication sérieuse, en incluant de nombreux autres sujets, mais le magazine restait focalisé sur Los Mineros. Seuls cinq ou six numéros sont parus en 2006 avant que *MX* ne disparaisse du marché, incapable de se maintenir à flot en se basant uniquement sur des mensonges.

Pendant ce temps, le gouvernement a, lui aussi, joué son rôle pour monter l'opinion publique contre les dirigeants du Syndicat des mineurs, laissant paraître des communiqués de presse partiaux et des rapports faussés au sujet des mineurs, dont bon nombre étaient préparés dans les bureaux du ministère du Travail et des présidents Fox puis Calderón, eux-mêmes. Ces écrits étaient alors envoyés directement aux médias qui divulguaient les déclarations erronées et masquaient les erreurs du gouvernement. Leurs efforts ont fini par payer, tout du moins en partie : la quasi-totalité des médias mexicains qui couvraient notre conflit avec Grupo México et le gouvernement nous dénigraient, le syndicat autant que ma personne.

Le contrôle exercé sur les médias par le gouvernement n'est pas un fait nouveau au Mexique. Mais à l'heure actuelle, en raison de la privatisation des chaînes de télévision, nous observons le phénomène inverse — désormais aux mains des géants de l'industrie, ce sont les médias qui dictent leur comportement aux politiciens. À travers Notimex, l'organe de presse officiel du gouvernement, les dirigeants institutionnels — forts de l'appui de riches entrepreneurs — diffusent l'information afin de cultiver une image très particulière. Ainsi aux mains d'un gouvernement de droite, Notimex est devenu un instrument sectaire qui manipule l'opinion publique. Cette obsession pour les demi-vérités et la distorsion des faits n'est pas sans rappeler les célèbres propos de Joseph Goebbels, propagandiste d'Hitler : « Un mensonge répété dix fois reste un mensonge ; répété dix mille fois il devient une vérité. »

Parfois, les chaînes de télévision, le gouvernement et les puissantes sociétés mexicaines semblent former une vaste organisation criminelle qui cherche à manipuler la « vérité » aux yeux du peuple mexicain. Au XXIème siècle, la télévision est devenue l'opium du peuple au Mexique. Neuf familles se partagent la propriété des médias les plus importants du pays, parmi lesquels Televisa et TV Azteca. Le ministère de l'Intérieur octroie des concessions à ces familles qui, en retour, accordent au gouvernement des couvertures élogieuses dans les médias nationaux. Nos ennemis ont profité de ce système abusif pour intensifier les attaques contre le Syndicat des mineurs et monter l'opinion publique contre nous.

D'un point de vue journalistique, est-ce vraiment un comportement rationnel et éthique ? Non, évidemment. Mais l' »art » de manipuler l'opinion publique par le biais d'ententes financières honteuses est admis dans une culture telle que la nôtre, si profondément ancrée dans la manipulation et le mensonge, au détriment de l'intégrité du journalisme mexicain. Dans notre pays, il est facile d'acheter la conscience de nombreux journalistes, qui sont par ailleurs les principaux vecteurs de l'information auprès du grand public. Si vous disposez des fonds nécessaires, il est tout à fait possible de conduire un lynchage public et d'imprimer une avalanche de slogans trompeurs et de mensonges en toute impunité.

Depuis le début, nombreuses étaient les entreprises qui, à l'instar de Grupo México, de Grupo Peñoles, et d'Altos Hornos de México, avaient pour habitude de soudoyer les *professionnels* de la communication, versant des millions de dollars chaque année afin d'empêcher toute parution ou diffusion favorable au Syndicat des mineurs. Elles avaient imposé un black-out médiatique, par crainte que le public ne découvre un jour le pot aux roses. Elles interdisaient même des nouvelles objectives présentant le conflit du point de vue des deux parties. Les deux seules options autorisées consistaient à déformer la vérité ou à faire le silence sur l'affaire, en omettant bien de mentionner toute progression de notre lutte en faveur des droits des travailleurs. Les conspirateurs avaient ainsi édifié un mur empêchant le public de découvrir la vérité sur le conflit. Jamais la presse ne mentionnait les procès qui nous remportions, mais lorsqu'un faux mandat d'arrêt était émis, elle s'emparait du sujet.

À maintes reprises, j'ai accordé à divers reporters des entrevues longues et détaillées au sujet de Pasta de Conchos et du conflit minier — mais jamais elles n'ont été publiées. Ce fut le cas bien souvent au cours des semaines qui ont suivi la catastrophe, et même encore au cours des années suivantes. Au lancement des opérations de sauvetage conduites à Pasta de Conchos, j'ai dénoncé les atrocités et les conditions de sécurité déplorables auprès de nombreux reporters — mais ceux-ci transmettaient finalement leurs rapports comme si ces faits n'avaient jamais été mentionnés. Le public n'avait eu vent d'aucun de mes commentaires à ce sujet. Bien plus tard, à l'automne 2008, le célèbre journaliste et directeur de l'information de TV Azteca Javier Alatorre s'est rendu à Vancouver accompagné d'une équipe de techniciens afin de m'interviewer. Il m'avait également interviewé au lendemain de l'explosion à Pasta de Conchos mais cette entrevue n'avait jamais été publiée, comme toutes les autres d'ailleurs. J'en éprouvais encore une certaine colère ; j'avais cependant attribué l'omission non pas à Alatorre mais au propriétaire de TV Azteca, Ricardo Salinas Pliego, proche ami de Germán Larrea. Pour cette seconde entrevue avec Alatorre, nous descendions la rue Burrard sous une légère bruine canadienne ; j'ai brossé un tableau détaillé du conflit et exprimé mon ressenti personnel ainsi que celui de tous les mineurs quant à la répression que nous subissions. Il s'en est suivi une entrevue longue et détaillée dans laquelle je défiais le ministre du Travail Javier Lozano, dans le cadre d'un débat public auquel il pouvait participer seul ou accompagné des hommes d'affaires qui le contrôlaient. Pas un seul passage de cette entrevue n'a été diffusé, et Alatorre ne m'a jamais adressé d'exemplaire de son article ni de l'entretien de plusieurs heures qu'il m'avait alors promis.

Jour après jour, pendant plus de sept ans, nous avons lutté contre les intentions malveillantes et les mensonges relayés par les médias et nous continuerons ainsi avec l'intime conviction que la vérité finirait tôt ou tard par éclater. La campagne dirigée contre nous a suscité une vaste méprise quant à la véritable nature du conflit nous opposant à Grupo México, ce qui explique pourquoi bon nombre de personnes bien intentionnées, mais mal informées, ont été étonnées de découvrir la vérité sur la question. Mais si tôt leurs yeux ouverts, elles n'ont pas tardé à changer radicalement d'avis.

Dans d'autres pays, la loi aurait sévèrement sanctionné une campagne cherchant aussi ouvertement à déformer la vérité mais au Mexique, les auteurs de mensonges sévissent dans la plus totale impunité. Il va sans dire que le gouvernement mexicain tout entier n'aurait jamais dû tolérer de tels abus de la part des sociétés contrôlant les médias, dès lors que certaines — à l'instar de celle employant les travailleurs de l'industrie électrique — sont des concessions de l'État que les propriétaires ont utilisé dans leur propre intérêt. Face à la prise de pouvoir spectaculaire de ces groupes, les administrateurs et les politiciens ont admis de tels agissements.

Au début du conflit, notre stratégie visait à répondre aux accusations ainsi qu'aux mensonges et à nous en expliquer. Mais chaque fois que nous cherchions à nous défendre, nous nous enfoncions encore plus dans le piège qui nous avait été tendu. Pour dévoiler la vérité au public, une seule solution s'offrait à nous : diffuser nos messages au travers de publicités ou de rapports payants qui se révélaient extrêmement onéreux ; s'agissant d'une annonce à caractère politique, la facture était encore plus salée. Et lorsque de telles attaques sont le fait de la présidence et de multinationales telles que Grupo México, il est très complexe de lutter contre les médias. Nous ne pouvions pas nous permettre un tel prix — car en jouant sur ce terrain, nous aurions risqué la ruine du syndicat.

Les règles du jeu étaient si injustes que nous avons décidé d'adopter une tout autre stratégie. Nous avons pris le parti de consolider nos mécanismes de communication interne, de renforcer l'unité et la solidarité parmi les travailleurs et, dans le même temps, d'améliorer la communication avec d'autres syndicats démocratiques, au Mexique comme à l'étranger. Nous étions certains qu'à travers l'honnêteté, la solidarité et la collaboration, nous parviendrions à rétablir la vérité auprès de l'opinion publique. Je suis fier de pouvoir dire que les campagnes médiatiques perverses et unilatérales n'ont fait que renforcer notre détermination et aucun des membres du syndicat — à l'exception d'une faible minorité de sections syndicales contraintes par Grupo México à se rallier à l'opposition — n'a cru aux mensonges flagrants relayés par des *professionnels* de la communication si aisément corruptibles.

Je me dois néanmoins de mentionner quelques exceptions notables dans les médias ainsi que certains journalistes qui, même au cœur de cette incroyable manœuvre de distorsion de la vérité, ont eu le courage de la révéler telle qu'elle était réellement. Certains jouissent d'un tel prestige que, bien qu'employés par les sociétés qui nous ont attaqués, ils ont tout de même été en mesure de publier mes interviews et de rédiger des chroniques honnêtes au sujet du conflit. Figuraient parmi ces journalistes intègres feu Miguel Ángel Granados Chapa du journal *Reforma* et de l'hebdomadaire *Proceso* ; Carmen Aristegui de MVS Radio ; Javier Solórzano, qui travaille pour différents médias et anime une émission de radio ; Jacobo et Abraham Zabludovsky et leurs émissions de radio respectives ; Marcela Gómez Zalce de *Milenio* ; Ramón Alberto Garza de *Reporte Índigo* ; Ricardo Rocha et son programme « Detrás de la Noticia » ; le journaliste indépendant Francisco Rodríguez ; Carmen Lira, Carlos Fernández-Vega et Miguel Ángel Rivera de *La Jornada* ; José Gutiérrez Vivó, à travers son émission de radio ; Juan Bustillos du magazine *Impacto*, et d'autres encore, à des degrés divers. Certains avocats spécialisés en droit du travail, à l'image de Néstor et Carlos de Buen ainsi que d'Arturo Alcalde Justiniani, sont également à l'origine d'importants articles sur les abus de Grupo México et de leurs partenaires industriels. En ayant le courage de mettre au grand jour la vérité sur le conflit opposant le Syndicat des mineurs aux administrations de Fox et Calderón, ces individus se sont comportés en véritables *professionnels*, prouvant ainsi que tout n'était pas perdu pour le Mexique.

La contribution de *La Jornada* mérite tout particulièrement d'être soulignée, puisqu'elle n'a eu de cesse de couvrir le conflit avec objectivité et de défendre les intérêts des mineurs. Toutes les deux semaines, depuis deux ans, *La Jornada* me permet d'ailleurs d'écrire un article. Ce journal a également fait face aux campagnes agressives et hostiles menées par les autres médias, de même qu'aux campagnes publicitaires fallacieuses conduites par le gouvernement. Le magazine *Proceso* s'est lui aussi montré plus ou moins objectif en dénonçant les complicités et les agressions à l'encontre du Syndicat des mineurs et de ses membres.

Ce genre de publications fondées sur des principes représente une frange seulement des médias qui, aussi petite puisse-t-elle être, n'en demeure pas moins efficace. Leurs lecteurs sont réfléchis, et leurs auteurs invitent à la prudence et insufflent une bouffée d'air frais dans un environnement journalistique contaminé par les intérêts privés et les abus de pouvoir du gouvernement de droite. Ces voix appellent à la conscience des citoyens, les invitant à ne pas céder à cette grave faute qu'est la corruption, aujourd'hui érigée en mode de vie au Mexique.

Il n'est assurément pas aisé pour un journaliste indépendant de couvrir objectivement des sujets aussi délicats. Certains, influencés à l'origine par la campagne massive menée par le PAN et ses entreprises partenaires, n'ont ouvert les yeux que tardivement. J'admire ces auteurs qui sont allés jusqu'à réfuter les mensonges officiels pour soutenir le combat des mineurs en faveur de la justice. Fort heureusement pour le Mexique et pour sa démocratie, tous les journalistes ne sont pas disposés à céder à ces tentatives de corruption éhontées, en dépit des moyens financiers exorbitants mobilisés contre Los Mineros et malgré le contrôle exercé par le gouvernement sur les médias.

Outre les quelques courageux journalistes ayant refusé de prendre part à la guerre contre le Syndicat des mineurs, nous avons bénéficié de l'appui constant de nos amis au sein du mouvement syndical. J'ai toujours été honoré du soutien qui nous a été témoigné à l'échelle internationale, par des dirigeants syndicaux, des juges étrangers, des avocats et des professeurs de droit, des universitaires et des législateurs issus des quatre coins du globe, mais aussi des politiciens et des leaders d'opinion qui ont tous compris que nous étions victimes d'une persécution malveillante et injuste et n'ont pas cru aux mensonges relayés par les médias.

Néanmoins, nous savions qu'il nous faudrait disposer de preuves tangibles pour démontrer qu'aucun dollar n'avait été subtilisé parmi les 55 millions qui composaient le Trust des Mineurs. Nous devions démontrer au-delà de tout doute que Larrea et ses marionnettes au sein du gouvernement m'accusaient à tort d'avoir escroqué les membres de mon propre syndicat. Pour me laver de tous ces prétendus crimes dont j'étais accusé, la FIOM a fait appel début 2007 au cabinet Horwath Berney Audit, la division suisse de la société internationale d'audit, d'expertise comptable et de conseil Crowe Horwath, afin de réaliser un audit indépendant des états financiers du syndicat.

Les résultats de l'analyse ont été rendus publics à Mexico sept mois plus tard, le 19 juillet 2007, à l'occasion d'une conférence de presse réunissant des représentants du Syndicat des Métallos ainsi que de la FIOM. Horwath Berney a présenté comme suit les conclusions de l'audit :

- 20,5 millions de dollars se trouvent sur les comptes du Syndicat des mineurs. La totalité ayant été saisie illégalement par le Conseil fédéral de conciliation et d'arbitrage en 2006.

- 21,8 millions de dollars ont été versés aux travailleurs qui répondaient aux critères établis par le syndicat en sa qualité d'unique propriétaire des actifs du Trust. Une fois les actifs du Trust des Mineurs devenus la propriété du syndicat, les membres du syndicat ont décidé librement de distribuer une partie de ces actifs aux travailleurs et aux anciens travailleurs des compagnies privatisées — celles qui étaient censées verser en premier lieu 5 pour cent de leurs actions. Plus de cinq mille travailleurs (ou familles ou représentants légaux de travailleurs) ont perçu une part de cette somme dont ils ont accusé réception en signant un justificatif. Afin de prouver que 22 millions de dollars avaient été alloués aux travailleurs sans que le PGR ou les avocats de Grupo México ne s'y opposent, nous avons présenté sept caisses contenant lesdits reçus, accompagnés de copies de données personnelles et d'autres documents valides.

- 1 million de dollars prélevés à titre de commissions bancaires pour l'administration du Trust, ce montant ayant été confirmé par les archives de la banque.

- 3,9 millions de dollars de frais de justice, versés aux avocats qui ont réussi en 2004, au terme de quinze années de procès, à recouvrer les 55 millions dont Grupo México était redevable envers le syndicat. Ce montant avait été défini bien des années auparavant.

- Une enveloppe de 1,7 millions de dollars a servi à la rénovation de plusieurs bâtiments appartenant au syndicat, comme en attestent les nombreux justificatifs correspondants.

- 5,2 millions de dollars ont été investis dans des biens immobiliers appartenant au syndicat.

- 900 000 dollars ont été versés à des fins d'impression de communiqués de presse dans divers journaux et autres médias tout au long du conflit.

Après consultation du rapport, Jorge Campos Miranda, représentant de la FIOM en Amérique latine, a déclaré que celui-ci « démontre avec certitude que les 55 millions ont été alloués en toute régularité et que les accusations à l'encontre de Gómez Urrutia sont sans fondement ». Les Métallos sont arrivés à la même conclusion et ont demandé au gouvernement mexicain de cesser de persécuter le syndicat, de débloquer nos actifs gelés et de retirer les charges pesant sur les dirigeants.

En dépit des conclusions du cabinet Horwath Berney, l'administration Calderón s'est entêtée à défendre son imposture jusqu'au bout. Le PGR et le ministère du Travail ont continué d'affirmer que les 55 millions de dollars avaient fait l'objet de malversation, sans tenir compte du fait que 40 pour cent de ces actifs avaient été *saisis par le gouvernement lui-même*. La campagne médiatique dirigée contre nous s'est poursuivie activement, ignorant totalement les conclusions du cabinet Horwath Berney. Et les accusations de malversation au niveau de l'État ont suivi leur cours.

Au mois d'octobre 2007, j'ai même découvert que Germán Larrea avait tenté de s'immiscer dans le processus d'audit indépendant que nous avions mené. De hauts responsables du cabinet Horwath Berney avaient informé le secrétaire général de la FIOM, Marcello Malentacchi, d'un courrier que leur avait adressé Larrea sollicitant certains documents relatifs à l'audit partiellement diligenté par la FIOM. Les représentants de Horwath Berney avaient éconduit Larrea de manière catégorique, sachant que celui-ci aspirait certainement à influencer les résultats de l'audit. Et ils ont remis le courrier à Malentacchi. Malentacchi a alors adressé une lettre à Larrea, l'informant qu'il avait eu connaissance de la requête de Grupo México quant aux documents concernés. « Plutôt que de tenter de contacter Horwath Berney », avait écrit Malentacchi, « il serait préférable de convoquer une réunion directe entre la FIOM et Grupo México afin de chercher une solution conjointe au conflit affectant les membres du Syndicat des mineurs au sein des entreprises contrôlées par Grupo México ». Grupo México n'a plus jamais répondu.

Pour m'assurer une défense aussi solide et juste que possible, mes avocats se sont également tournés vers l'Institut de recherche juridique (*Instituto de Investigaciones Jurídicas*) de l'UNAM ainsi que l'Institut de droit de l'Université ibéro-américaine afin de soumettre à leur examen l'ensemble de la documentation afférant à la liquidation du Trust des Mineurs et à la gestion des actifs correspondants. Au terme d'une analyse approfondie, ces deux instances académiques nous ont présenté leur rapport par écrit et chacune en a conclu qu'aucun actif appartenant au Trust des Mineurs n'avait été détourné, confirmant ainsi l'audit mené par le cabinet Horwath Berney. De l'avis des experts qui avaient analysé les documents, le Trust avait été créé, modifié puis liquidé de façon régulière, à l'inverse de ce que Germán Larrea et ses acolytes tentaient de faire croire aux citoyens mexicains.

Cette réhabilitation nous procurait une agréable satisfaction, bien qu'aucun fonctionnaire mexicain n'y ait accordé de véritable attention. Nous savions que le Syndicat des mineurs avait toujours géré ses actifs dans la transparence et l'honnêteté. Quoiqu'en pleine tempête médiatique, les conclusions du cabinet Horwath Berney nous procuraient une arme supplémentaire pour nous défendre face à la perversion malsaine de notre ennemi.

TREIZE

TROIS GRÈVES

Sitôt que les hommes sont en société, ils perdent le sentiment
de leur faiblesse (…) et commencent à sentir leur force.

—MONTESQUIEU

Lorsque Grupo México et ses alliés du PAN se sont mobilisés pour
me poursuivre et m'obliger à quitter le pays, ils espéraient sans aucun
doute que les mineurs croiraient leurs mensonges. Ils espéraient que
les travailleurs accepteraient aveuglément de faire partie de ces inutiles
syndicats d'entreprise et cesseraient de leur causer tant de problèmes.
Mais même lorsqu'en 2007 les médias ont déployé un grand zèle pour
nous discréditer, les membres de Los Mineros sont restés fermes. Ils
étaient plus déterminés que jamais à lutter pour le respect, la dignité et
la liberté et à s'opposer à l'oppression des multinationales qui ne cherchaient qu'à les exploiter.

Sur trois différents sites de Grupo México, les conditions s'étaient
dégradées à tel point qu'au milieu de l'année 2007 les travailleurs étaient
prêts à entamer une nouvelle grève simultanément. Pendant tout le
mois de juillet, nous avons négocié des conventions collectives avec les

représentants de l'entreprise. Depuis Vancouver, j'étais régulièrement en contact avec les membres du Comité exécutif ainsi qu'avec les commissions de négociation du syndicat de ces trois sites : une mine d'argent à Taxco, dans l'État de Guerrero, une mine de divers minéraux à Sombrerete, dans l'État de Zacatecas, et la célèbre mine de cuivre de Cananea, dans l'État de Sonora. Malgré tous nos efforts pour parvenir à un accord, Grupo México continuait à se montrer irresponsable et arrogant. L'entreprise proposait une augmentation salariale de 3,5 pour cent alors qu'elle pouvait se permettre plus – bien plus – si elle le souhaitait. Le prix des métaux s'était envolé et le marché était excellent. Nous demandions une augmentation de 8 pour cent minimum, mais les dirigeants de l'entreprise qui étaient chargés de la négociation avec le syndicat se refusaient tout simplement à proposer une indemnité correcte aux mineurs.

Durant ce processus de négociation, Grupo México a également refusé de revoir les normes de sécurité des trois mines. Les conditions de travail sur ces trois sites étaient plus hasardeuses que jamais — rivalisant même avec Pasta de Conchos dans les jours qui ont précédé l'explosion. Dans la mine d'argent de Taxco, la section 17 du syndicat a explicitement fait la comparaison avec Pasta de Conchos quand elle a demandé aux responsables de l'entreprise de prendre des mesures pour améliorer les terribles conditions dans la mine. Dans cette ville pittoresque du centre-sud du pays comptant près de 100 000 habitants, l'argent est le pilier de l'économie et les travailleurs risquent quotidiennement leur vie pour l'extraire. La machinerie était en mauvais état et avait besoin d'être remplacée d'urgence ; le système électrique était désastreux, des câbles s'entremêlant même à des conduits d'eau ; les éboulements constituaient une menace constante.

Dans la mine de Sombrerete, les conditions étaient similaires. Le système électrique était dans un état aussi déplorable qu'à Taxco et la dangereuse association entre la poussière de silice et un système de ventilation insuffisant rappelait les conditions de Pasta de Conchos. La poussière de silice, très présente dans la mine de cuivre à ciel ouvert de

Cananea, est connue pour ses effets néfastes sur la santé des mineurs et des tailleurs de pierre. En plus d'être cancérigène, elle est responsable de la silicose, une grave maladie qui entraîne une inflammation et une fibrose des poumons et cause des dommages irréversibles.

Les conditions de travail inacceptables sur les trois sites n'étaient pas une nouveauté. En 2005, la commission de sécurité du syndicat avait déjà alerté le Comité exécutif sur l'état pitoyable des mines, en particulier à Taxco et à Sombrerete. J'avais personnellement visité les mines et immédiatement constaté les négligences et les torts de l'entreprise. Nous avions alors demandé la résolution de ces problèmes ; sans succès.

L'indifférence générale quant à la sécurité était notre principale préoccupation lors des négociations de juillet, mais les mineurs de Taxco, de Sombrerete et de Cananea avaient bien d'autres raisons de protester, parmi lesquelles le lourd impact environnemental des pratiques irresponsables de Grupo México auprès des populations locales. D'autre part, l'entreprise cherchait encore à affaiblir le leadership du syndicat, et ses efforts ne sont pas toujours restés vains. L'une des dernières requêtes des mineurs reprenait la revendication récurrente des dirigeants syndicaux à niveau national : récupérer le corps des mineurs abandonnés à Pasta de Conchos. Mais c'était une condition que les dirigeants de Grupo México jugeaient « inacceptable ».

La date limite des négociations était fixée au 30 juillet 2007. Mais à cette date, Grupo México n'avait fait aucun effort pour satisfaire les besoins et les exigences des travailleurs. Nous n'avions plus d'autre option que de lever dans les trois mines les drapeaux rouges et noirs, en signe de grève. Ce jour-là, les travailleurs des sections syndicales de ces trois terribles sites ont abandonné leur travail, avec le soutien total du Syndicat national, et ont refusé d'y retourner tant qu'ils n'auraient pas gain de cause.

Le 30 juillet a été marqué par une extrême tension pour nous tous, y compris pour moi à Vancouver. Les trois grèves simultanées allaient

mettre Grupo México sous pression. Les dirigeants de l'entreprise semblaient certains que les mineurs ne se mettraient pas en grève, en particulier à Cananea, la propriété la plus grande et la plus importante de
Grupo México. Pourtant, les dirigeants locaux du syndicat m'ont assuré
qu'ils étaient tout à fait prêts à abandonner leur poste si aucun accord
n'était conclu avec l'entreprise. Si nous entamions une grève, nous étions
sûrs d'entrer dans un nouveau conflit et cela me préoccupait, mais nous
révolter contre Grupo México était la seule action digne d'être menée.
Après une longue journée d'appels et de conférences, j'ai donc préparé
un communiqué de presse pour annoncer au monde entier le début de
la triple grève.

Durant les semaines qui ont suivi, le ministre du Travail, Javier
Lozano, et Germán Larrea ont concentré leur attention sur la grève
de Cananea. Cette ville de 32 000 habitants située à 50 kilomètres de la
frontière avec l'Arizona constitue probablement la plus riche réserve de
cuivre d'Amérique latine. La mine de Cananea compte parmi les acquisitions de Grupo México qui ont donné lieu à la création du Trust des
Mineurs en 1990. À cette époque, le président Carlos Salinas avait fermé
la mine, l'avait déclarée en faillite et y avait envoyé les troupes fédérales
pour expulser les travailleurs. Trois mois plus tard, le gouvernement
avait vendu la mine à la famille Larrea pour un prix dérisoire. Aussitôt
après l'acquisition du site, Grupo México a entrepris de démanteler
les systèmes d'aide aux mineurs. La clinique des travailleurs, financée
par l'entreprise, a immédiatement été fermée. Il en a été de même d'un
hôpital qui assurait une prise en charge médicale précieuse pour les
mineurs de Cananea et leurs familles. Il ne restait donc plus dans la zone
de travail qu'un petit centre médical géré par l'entreprise, l'hôpital Ronquillo. Après le rachat de 1990, Grupo México est par ailleurs revenu sur
sa promesse d'approvisionner la ville en eau et en électricité, alors que
ces services étaient pris en charge par le gouvernement lorsqu'il était
propriétaire de la mine. Au lieu de cela, Grupo México a accaparé toute
l'eau de la collectivité et a refusé de payer l'électricité des habitants. De

ce fait, de nombreuses personnes ont été contraintes à vivre sans électricité et à avoir recours à l'eau polluée du Río Sonora.

Dix-sept ans plus tard, plus de 1 200 travailleurs de Cananea réclamaient à nouveau que soient respectés leurs droits fondamentaux, et n'obtenaient pour seule réponse que menaces et répression. Grupo México a vigoureusement dénoncé la grève devant les tribunaux et en a fait de même pour celles de Taxco et Sombrerete. Il n'était pas étonnant que l'une des priorités de Grupo México ait été de garder la mine de Cananea ouverte : d'après *La Jornada*, cette mine générait à elle seule 64 pour cent des bénéfices potentiels de l'entreprise et si l'exploitation du cuivre se poursuivait au même rythme qu'auparavant, selon les experts, les réserves pouvaient encore assurer une activité pendant trente à quatre-vingt-deux ans.

Au lieu de négocier une solution juste, l'entreprise cherchait seulement à ce que la grève de Cananea soit déclarée illégale, avec le soutien du ministre du Travail, Javier Lozano. Le 31 juillet 2007, au lendemain du premier jour de grève, le Conseil fédéral de conciliation et d'arbitrage (JFCA) est intervenu pour prononcer l'illégalité de la grève. Les travailleurs allaient donc être obligés de reprendre leur travail, sous peine d'être licenciés. Le syndicat a demandé sans délai une mesure d'*amparo* afin d'obtenir une protection constitutionnelle contre la décision du Conseil fédéral ; la grève pouvait ainsi se poursuivre dans la légalité. En octobre, nous avons obtenu la protection des tribunaux. Grupo México a tenté de faire appel mais la demande a été rejetée ; les mineurs pouvaient donc poursuivre la grève avec un soutien juridique total.

Dans les années qui ont précédé la grève du 30 juillet 2007, la mine de cuivre de Cananea se trouvait dans un état véritablement lamentable. Une inspection remontant à 2005 et réalisée conjointement par l'entreprise, le syndicat et le ministère du Travail avait donné lieu à un rapport consignant quarante-huit négligences eu égard aux conditions de travail. Seules neuf d'entre elles avaient été très partiellement résolues. En avril 2007, trois mois avant le début de la grève, le ministère du Travail avait réalisé une autre inspection qui mettait en avant soixante-douze problèmes nécessitant une intervention, la plupart liés à des failles dans les systèmes électriques et à des taux critiques de poussière de silice. Pourtant, lorsque la grève a commencé au mois de juillet, aucune mesure n'avait encore été prise.

Au mois d'octobre 2007, alors que la grève battait son plein, la section 65 du syndicat de Cananea a sollicité la réalisation d'une étude de la mine de la part du *Maquiladora Health & Safety Support Network* (réseau de soutien pour la santé et la sécurité). Le MHSSN est un réseau de quatre cents volontaires issus de différents métiers liés à la santé et à la sécurité en milieu professionnel, qui fournit informations et assistance sur les risques professionnels dans les *maquiladoras* — ces entreprises étrangères dont les employés touchent des salaires très faibles — à la frontière entre les États-Unis et le Mexique. L'organisation a accepté d'inspecter la mine où elle a constaté un niveau de négligence déconcertant. L'équipe binationale qui travaillait à Cananea se composait de professionnels de la santé du travail : trois médecins, trois hygiénistes industriels, un technicien en fonction pulmonaire et une infirmière. Le groupe a inspecté les installations, s'est entretenu avec les travailleurs et a réalisé des tests de la fonction pulmonaire sur soixante-huit mineurs qui travaillaient dans la mine de cuivre et dans ses usines de traitement. Le résultat de l'inspection, un rapport de soixante-quatorze pages, condamne de façon incontestable et très documentée la mauvaise gestion des installations par Grupo México. Plus de 220 graves manquements à la santé et à la sécurité dans les installations de Cananea y sont répertoriés. Voici les deux points les plus importants de la liste de problèmes signalés par le MHSSN en première page de son rapport :

• Les conditions observées dans la mine et les usines de traitement ainsi que les pratiques professionnelles rapportées par les travailleurs lors des entretiens dressent le portrait d'un lieu de travail

« délibérément poussé à sa perte ». De sérieuses défaillances en matière de maintenance préventive, des manquements dans la réparation des équipements et dans la révision des dangers les plus évidents ainsi que l'insuffisance avérée des pratiques de nettoyage de base ont abouti à un lieu de travail où les employés sont exposés à des taux élevés de poussières toxiques et de vapeurs acides et utilisent des équipements défectueux ou mal entretenus ; en un mot, un lieu où les employés opèrent dans un environnement dangereux.

- Le démantèlement, par Grupo México, des dépoussiéreurs de l'usine de traitement, survenu il y a environ deux ans, entraîne une exposition des travailleurs à une grande concentration de poussières contenant 23 pour cent de quartz de silice. 51 pour cent seulement des particules analysées sont classées respirables, tandis que la protection à l'aide de masques est tout à fait inadéquate. L'exposition à la silice dans le cadre du travail peut affaiblir le système respiratoire et provoquer des pathologies fatales telles que la silicose et le cancer du poumon.

Le MHSSN a également mentionné que la mine de Cananea fonctionnait dans des conditions qui pouvaient conduire à son effondrement du fait des taux élevés de poussières toxiques et de gaz acides, précisant que ce n'était pas seulement les travailleurs qui étaient exposés à ces dangereux polluants mais aussi leurs familles et les habitants de la ville. La silice détectée dans les tests sanguins des travailleurs atteignait un niveau pouvant provoquer des maladies respiratoires mortelles, comme la silicose dont les symptômes apparaissent après des années d'exposition. Dans les édifices fermés de l'usine de traitement appartenant au complexe, les mineurs avaient été exposés à de fines particules de poussière de silice ayant atteint un niveau dix fois supérieur à la limite légale fixée par le gouvernement.

La partie sans doute la plus marquante du rapport était la série de photographies prises par le MHSSN afin d'illustrer sa description de l'insalubrité de la mine. Ces photos en couleur montraient clairement la poussière accumulée sur les machines et les conduits d'évacuation des poussières déconnectés, ainsi que des trous dans le sol entourés de tas de poussière de silice. D'autres photographies montraient des courroies de moteurs non protégées, des pièces d'acier rongées par les vapeurs acides ou des panneaux de contrôle éventrés dont s'échappaient des câbles électriques couverts de poussière.

En plus de ce rapport, le MHSSN a envoyé le 13 novembre un message au ministre du Travail Lozano déclarant que « les conditions de sécurité et d'hygiène industrielles étaient désastreuses dans la mine de Cananea, tout comme dans les mines de Sombrerete et de Taxco qui appartiennent toutes à Grupo México ». L'organisme a informé le ministre du Travail qu'il menait gratuitement des études similaires à Sombrerete et à Taxco. Au vu des résultats préliminaires et des plaintes du syndicat remontant à 2005, on pouvait s'attendre à ce que les deux mines affichent un niveau de danger similaire à celui de Cananea. Dans sa lettre, le MHSSN invitait Lozano à « visiter les mines pour corroborer personnellement les déplorables conditions de sécurité » et à cesser de « risquer la vie des travailleurs » des sections 65, 201 et 17 du syndicat. L'organisme l'invitait à réunir une commission chargée de vérifier les résultats de l'étude menée en faisant intervenir le ministère de la Santé, les gouvernements des États de Sonora, Zacatecas et Guerrero, le Syndicat des mineurs, le Syndicat des Métallos et la FIOM.

Malgré les résultats du MHSSN, Lozano et le ministère du Travail ont fait preuve de leur indifférence et leur mauvaise foi habituelles. Lozano a envoyé un courrier au MHSSN et a déclaré aux médias par l'entremise de son ministre délégué, Álvaro Castro, que l'étude n'avait aucune valeur légale dans la mesure où elle n'avait pas été supervisée par le ministère du Travail et qu'elle avait été réalisée alors que la mine était en grève.

Le plus effarant dans la lettre de Lozano était que, sans avoir jamais visité les mines, il qualifiait leur état d' »optimal » et déclarait que la plupart des problèmes rencontrés par le MHSSN étaient des difficultés mineures que l'entreprise avait déjà résolues, alors qu'en réalité aucune mesure n'avait été prise pour y remédier. Eduardo Bours, le gouverneur de l'État de Sonora, qui n'avait jamais réalisé une seule inspection, s'est positionné en faveur de Grupo México et de l'exploitation de la mine en remettant en cause la légalité de l'étude du MHSSN.

Garret Brown, hygiéniste industriel diplômé de Californie et coordinateur de l'étude du MHSSN, a répondu très clairement :

La réponse de Grupo México à notre rapport concernant les conditions de santé et de sécurité dans la mine de Cananea contourne délibérément le problème majeur et les conséquences qui en découlent (…). Grupo México a volontairement faussé notre étude, réalisée par des professionnels bénévoles du domaine de la santé professionnelle au Mexique et aux États-Unis. En plus du danger important causé par la présence de poussière de silice, il y a des douzaines d'autres facteurs de risque dans les installations — aussi bien dans les mines que dans les usines de traitement (…). Si Grupo México est si fier des conditions de travail dans la mine de Cananea et dans ses usines de traitement, il devrait accepter la proposition faite le 13 novembre au ministre du Travail mexicain, Javier Lozano Alarcón, de constituer une commission tripartite chargée d'établir un bilan précis des conditions à l'intérieur de la plus grande mine de cuivre du pays (…). De graves risques pèsent toujours sur la santé et la sécurité des mineurs de Cananea en dépit des aspects techniques posés par le code du travail, c'est pourquoi nous demandons au ministère du Travail d'accomplir son devoir en protégeant la santé des travailleurs mexicains de Cananea.

Le discours de Brown faisait écho au communiqué de presse du Syndicat national des mineurs datant de la veille, le 14 novembre 2007, et à la série d'annonces que nous avions publiées dans les journaux de l'État de Sonora et de la ville de Mexico. Nous y présentions les conclusions du

MHSSN et signalions qu'elles « indiquaient l'existence de graves risques pour la santé et la sécurité dans la mine de Cananea, qui nécessitaient des mesures immédiates et à long terme afin de protéger les travailleurs contre les accidents et les expositions chroniques pouvant mener à des maladies professionnelles. » Par ailleurs, nous avons présenté en détail les mesures que devaient prendre Grupo México et le ministère du Travail pour empêcher la mine de Cananea de poursuivre sur cette lancée désastreuse. Comme il fallait s'y attendre, nous n'avons jamais reçu de réponse.

Durant le mois d'août 2007 un nouvel éclat de violence s'est produit, cette fois dans la mine de cuivre La Caridad de Nacozari, dans l'État de Sonora — une autre des mines dont la privatisation avait contribué à la création du Trust des Mineurs en 1990. Le gouvernement a autorisé Grupo México à licencier illégalement tous les employés de La Caridad, soit au total neuf cents membres du syndicat. L'entreprise a alors choisi sept cents de ces membres et les a invités à reprendre leur travail (en usant de menaces et d'intimidations pour les forcer à accepter), puis elle a fait venir 1 200 travailleurs supplémentaires du sud du Mexique. Pour protester contre ces licenciements arbitraires, nous avons obtenu une mesure judiciaire qui permettait aux employés licenciés de retrouver leur travail.

Le 11 août 2007, les travailleurs licenciés se sont présentés sur le site de Nacozari pour solliciter leur réintégration, comme il était stipulé dans la décision arrêtée par le juge. À 20 h 30, plusieurs bus de Grupo México sont arrivés, des hommes en sont descendus et ont commencé à attaquer le groupe de mineurs. Des coups de feu ont été tirés et certains mineurs ont été menés de force vers les autobus. Trois d'entre eux ont tenté de s'échapper en voiture par la fonderie où se trouvait la seule sortie du site, mais elle était bloquée par des agents de sécurité de l'entreprise. Lorsque le conducteur a voulu faire marche arrière, une balle a traversé la vitre, blessant à la tête l'un des mineurs assis à l'arrière,

Reynaldo Hernández González. Le conducteur s'est éloigné en vitesse en criant le nom de son collègue, mais il n'a obtenu aucune réponse. Il s'est alors arrêté et, à la lumière de son briquet, il a constaté que Reynaldo était mort.

Cette même nuit, plusieurs hommes de l'entreprise ont attrapé, frappé et torturé les vingt membres du syndicat qui avaient été forcés à monter dans les autobus. Pour que l'on cesse de les rouer de coups, ils ont fini par dire qu'ils étaient les agresseurs et qu'ils avaient essayé de prendre de force les installations de Grupo México, alors qu'en réalité ils n'avaient fait que demander pacifiquement leur réintégration, conformément à la décision de justice. L'entreprise a également tenté de pousser ces travailleurs à accuser le Syndicat des mineurs d'incitation à la violence. Ils ont également été incarcérés pendant plus d'une journée. À l'inverse, aucun des assaillants n'a été interrogé par la police ni placé en garde à vue. Quelques temps plus tard, une enquête du Centre de réflexion et d'action pour le travail (CEREAL) a démontré que les proches des mineurs de La Caridad avaient appelé la police et l'avaient suppliée de mettre un terme aux violences, mais celle-ci avait refusé d'envoyer des patrouilles. L'une des épouses des travailleurs s'était même rendue au poste de police où on lui avait opposé le même refus. Elle a cependant confié avoir entendu de la bouche d'un officier que l'entreprise avait ordonné de n'envoyer de patrouilles à la mine de Nacozari sous aucun prétexte.

Dans les jours qui ont suivi la mort de Reynaldo Hernández dans la mine de La Caridad, Grupo México et le gouvernement de Sonora ont cherché à dissimuler ce qui s'était passé. Le corps d'Hernández n'a jamais été conduit à l'hôpital mais à la morgue d'Hermosillo, à cinq heures de route. La famille n'a pas pu voir le corps pendant quatre jours, sans qu'aucune explication ne lui ait été donnée. Mais la tentative de dissimulation de la vérité la plus honteuse est le résultat de l'autopsie, qui concluait que la mort de Reynaldo avait été provoquée par un fort traumatisme crânien et non par un coup de feu. Grupo México devait en effet penser qu'un coup porté à la tête paraîtrait beaucoup moins pré-médité qu'un impact de balle.

L'entreprise et le gouverneur de Sonora, Eduardo Bours Castelo, ont alors inventé comme prétexte que les travailleurs étaient sur le point de prendre les installations de Nacozari et que les forces de sécurité avaient été envoyées afin de protéger les travailleurs pendant que l'entreprise défendait son site. Pourtant, les conspirateurs responsables de ce car-nage n'ont à aucun moment fait appel aux forces de sécurité pour proté-ger les mineurs. Celles-ci étaient bien présentes, mais elles sont restées à l'écart et n'ont jamais offert une aide quelconque aux travailleurs qui étaient frappés et visés par les balles. Leur unique tâche était de s'assurer que les brutes engagées par Grupo México menaient à bien leur violente répression.

Le gouverneur Bours a menti à de nombreuses reprises lorsqu'il affir-mait que le gouvernement allait enquêter sur les causes de la mort de Reynaldo Hernández. Il n'y a jamais eu d'enquête ni de condamnation contre les auteurs de ces actes. Bours ne s'est jamais excusé auprès de la famille d'Hernández, ni auprès des familles des travailleurs torturés. Il a ainsi démontré qu'il était l'un des membres du PRI les plus fidèles au PAN (au Mexique, on appelle ces membres de droite du PRI les « emPANizados » – les PANnés). Si l'on se penche sur les antécédents de Bours, on comprend aisément pourquoi cet homme a agi de la sorte : en protégeant les intérêts des entrepreneurs, il protégeait également les siens. Bours est l'héritier de Bachoco, une entreprise du secteur agro-alimentaire créée par son père qui commercialise principalement des produits faits à base de volaille et de porc. Bien qu'ayant conclu de nom-breux marchés au niveau national et multinational, le groupe Bachoco constitue son affaire principale du fait de son quasi-monopole sur le marché de la volaille. À une certaine époque, Bours a également été directeur du Conseil coordinateur des entreprises qui regroupe les hom-mes les plus riches du Mexique. En tant que gouverneur, il s'est consacré à défendre ces hommes d'affaires scandaleusement riches. Lorsqu'il a commencé sa carrière politique, son désir n'était pas de servir l'intérêt public mais d'aider les entrepreneurs, de fonder ses propres entreprises et de satisfaire ses ambitions. C'est pour cela qu'il a couvert des individus tels que Germán Feliciano Larrea. En tant que gouverneur de l'État de Sonora de 2003 à 2009, il a ignoré et nié les agressions commises contre les mineurs par l'entreprise de Larrea, prouvant ainsi que ces groupes industriels agissaient telle une gigantesque organisation criminelle. Ils forment une sorte de confrérie ou de société secrète, se protégeant les uns les autres des conséquences de leurs actions criminelles.

À mesure que s'accentuait cette forme de répression, le soutien international témoigné à Los Mineros se renforçait. Le 14 août — quelques jours après l'assassinat de Reynaldo Hernández —, lors de la conférence régionale de la FIOM (Fédération Internationale des Organisations de travailleurs de la Métallurgie) pour la région Amérique latine et Caraïbes qui s'est tenue à Montevideo, en Uruguay, l'assemblée a exprimé son plein soutien à la lutte en faveur de la dignité, de l'autonomie et de la liberté des mineurs mexicains. L'organisation a décidé d'émettre trois résolutions de solidarité au niveau mondial. 1) Récupérer les soixante-trois corps abandonnés à Pasta de Conchos, traiter correctement les familles, punir les responsables aussi bien au sein de l'entreprise que du gouvernement ; 2) Trouver une solution immédiate aux trois grèves de Cananea, Sombrerete et Taxco ; 3) Mettre fin sans délai à la persécution politique à l'encontre de Napoleón Gómez Urrutia et du Syndicat national des mineurs.

Malgré les appels lancés par la FIOM, Los Mineros et d'autres organisations pour que cessent les persécutions, les attaques contre la démocratie du syndicat ont continué. Germán Larrea souhaitait de tout cœur la fin des grèves de Cananea, Taxco et Sombrerete, et il savait que la seule solution à long terme pour contrôler l'agitation des travailleurs était d'avoir un syndicat qui, au lieu de les rendre forts, les apaise et les assujettisse. C'est dans ce but — puisque sa campagne de diffamation et

de mensonges n'avait pas réussi à les convaincre que j'étais un impos-
teur — que lui et sa bande d'hommes d'affaires ont commencé à intimider directement les travailleurs à travers des menaces directes et des
actes de violence. Le niveau des agressions a explosé en 2007 et de nombreuses personnes, dont dix membres du Comité exécutif du syndicat,
ma famille et moi-même, ont reçu des menaces de mort.

Mario García Ortiz, le délégué de l'État du Michoacán nommé par
le Comité exécutif et qui serait élu comme mon suppléant en tant que
secrétaire général lors de la Convention générale de mai 2008, a subi
d'intenses pressions de la part du gouvernement. Mario avait toujours
été un membre fidèle de Los Mineros et c'est pour cette raison qu'ils
en avaient après lui. Au mois de février 2007, un groupe d'hommes est
arrivé chez lui, où se trouvaient uniquement sa femme et ses enfants. Sa
femme, María, a entendu une voiture s'arrêter devant la maison. Elle
a laissé le linge qu'elle était en train de laver pour voir ce qui se passait. Lorsqu'elle a ouvert la porte, elle s'est retrouvée face à un groupe
d'inconnus. L'un d'entre eux lui a demandé: « Tu es la femme de Mario
García ? » Comme elle a répondu par l'affirmative, ils l'ont attrapée par
les cheveux et lui ont dit qu'elle allait payer pour les actes de son mari.
Ils l'ont ensuite traînée jusqu'à la voiture, l'ont jetée à l'arrière et lui ont
ordonné de ne pas les regarder. Avant de partir, ils ont tiré en direction
de la maison et ont demandé à Miguel, le fils de Mario, où se trouvait
son père. Miguel n'a pas dit un mot, même lorsqu'ils ont menacé de tuer
sa mère. N'obtenant pas de réponse, ils sont partis avec María, laissant
Miguel complètement traumatisé.

Plusieurs témoins de l'enlèvement ont rapidement identifié les ravisseurs, qui n'étaient autres que des policiers en civil. Dans un petit village
comme celui de Mario, tout le monde se connaît et les policiers, même
sans uniformes, sont facilement identifiables. Lorsque Mario m'a appelé
pour me raconter ce qui se passait, il était furieux et extrêmement préoc-
cupé pour sa femme. Il m'a dit qu'il avait décidé avec certains de ses
collègues d'obtenir des garanties qui les aideraient à négocier avec les

kidnappeurs. Ils avaient suivi un groupe de travailleurs — des traîtres au service de Grupo Villacero — jusqu'à une usine d'embouteillage d'eau, les avaient attrapés et enfermés. Il projetait d'interroger ces hommes un par un et de brûler l'édifice si María ne revenait pas complètement indemne. C'était la seule solution que Mario avait trouvée dans son tourment pour faire pression sur les kidnappeurs de son épouse et obtenir sa libération.

J'ai fait tout ce que j'ai pu pour calmer Mario par téléphone et je lui ai assuré que la violence ne résoudrait en rien la situation. Malgré ma rage à l'égard des agresseurs, je lui ai dit qu'il ne fallait pas prendre de décisions irrationnelles et que nous devions garder la tête froide. Si nous agissions de manière irrationnelle, lui ai-je dit, nous nous abaisserions à fonctionner comme nos ennemis, et plus de sang serait encore versé.

Dès que j'ai raccroché, j'ai appelé le gouverneur de l'État de Michoacán, Lázaro Cárdenas Batel, et je lui ai demandé de libérer la femme de Mario García indemne. Je lui ai raconté le plan que Mario menaçait de mettre à exécution si María n'était pas immédiatement relâchée. Nous savions que Cárdenas Batel était un homme faible et qu'il n'allait pas affronter ceux qui attaquaient le syndicat ; il nous l'avait déjà prouvé l'année précédente, en 2006, au moment des attaques contre la fabrique d'acier de Sicartsa. Le gouverneur nous a assuré qu'il ne savait rien de l'enlèvement alors qu'il était clair que les kidnappeurs étaient des membres de la police fédérale.

Finalement, María est restée prisonnière pendant sept heures. Elle a eu les yeux bandés, les pieds et mains liés et a été agressée verbalement pendant toute la durée de son enlèvement. Les ravisseurs ont fini par la libérer en lui enlevant le bandeau et les liens. Et elle s'est tout de suite enfuie en courant.

Aucun de nous ne sait quel a été le facteur qui a entraîné sa libération, ni si Cárdenas Batel ou quelqu'un d'autre a parlé aux policiers, mais nous étions sincèrement rassurés de savoir qu'elle était rentrée chez elle.

Cependant, j'ai toujours de la peine quand je pense au traumatisme psychologique qu'elle-même et son fils adolescent ont subi.

« Je repense tout le temps à ce moment, » dira plus tard María, « mais je dois trouver la force d'aller de l'avant. J'aime mon mari et je sais qu'il travaille pour une cause juste. Je sais qu'il doit défendre les droits des travailleurs du syndicat, et je serai à ses côtés. Quand je vais dormir, je reste habillée, au cas-où. J'envoie souvent mon fils dormir chez les voisins d'en face. Je sais que cela l'a beaucoup affecté car dès qu'il y a un bruit dans la rue, il se lève pour voir ce qui se passe. J'aimerais qu'il consulte un médecin mais il ne veut pas. Il dit que ça lui passera. » Miguel a été tellement perturbé par les menaces et par le traitement infligé à sa mère qu'il a perdu la parole pendant un moment.

« Je tenais ma femme pour morte, » m'a confessé Mario. « Et si elle était morte, ces quinze lâches que nous avions enfermés dans l'usine d'embouteillage seraient morts eux aussi. Nous étions prêts à passer à l'acte s'ils ne la libéraient pas rapidement, c'est la décision que nous avions prise, nous, les travailleurs de la section 271 du Syndicat national. » Aujourd'hui encore, je suis reconnaissant que ces terribles actes n'aient pas été concrétisés, car c'est certainement cela qu'attendaient nos ennemis.

En plus de ses brutales tactiques d'intimidation, Grupo México a également fait des efforts plus importants et plus systématiques pour affaiblir l'organisation du syndicat. Fin 2006, un nouveau syndicat professionnel s'est présenté comme le représentant des travailleurs de la sidérurgie au Mexique et a fait une demande d'immatriculation afin d'être officiellement reconnu par le ministère du Travail. Cette organisation appelée le SUTEEBM (Syndicat national des travailleurs pour l'exploration, l'exploitation et le bénéfice des mines) a été créée avec la participation directe de Grupo México. Tel était le projet de Germán Larrea : fonder un syndicat, géré par l'entreprise, qui créait une illusion de représentation des travailleurs alors qu'il facilitait en réalité leur exploitation. Le SUTEEBM était dirigé par Francisco Hernández Gámez, un ancien mineur de Cananea qui avait été expulsé du syndicat en 2006 après avoir tenté d'organiser sa propre affaire de sous-traitance à l'intérieur de la mine. Le SUTEEBM a obtenu son immatriculation du gouvernement de Calderón si facilement et si rapidement qu'il était difficile de croire qu'il s'agissait d'une organisation sérieuse. Il était clair que l'influence de Larrea, d'Alberto Bailleres et d'Alonso Ancira, avait permis d'accélérer les procédures bureaucratiques, comme cela avait été le cas avec Elías Morales et la *toma de nota* en février 2006. Le ministre du Travail, Javier Lozano, a bien entendu apporté tout son soutien à ces démarches.

En septembre 2007, le Conseil fédéral de conciliation et d'arbitrage (JFCA) a convoqué des élections afin que les mineurs choisissent leur syndicat : le SUTEEBM ou Los Mineros. Il a annoncé une série d'élections sur huit sites de travail de Grupo México dans les États de San Luis Potosí, Chihuahua et Coahuila (les sites de Taxco, Sombrerete et Cananea n'étaient pas inclus car ils étaient toujours en grève). Les leaders de Los Mineros ont été informés moins de deux jours à l'avance de la tenue des élections. À leur issue, Los Mineros — une organisation vieille de soixante-dix ans — avait perdu plusieurs sections face au nouveau syndicat fantoche contrôlé par Germán Larrea, avec tout le soutien du gouvernement.

Les élections se sont déroulées telles des campagnes visant à obliger les membres de Los Mineros à s'affilier au nouveau SUTEEBM. La FIOM, le Centre de réflexion pour l'action professionnelle et de nombreux militants des droits de l'Homme ont dénoncé la fraude électorale en faveur du syndicat contrôlé par Grupo México. Les irrégularités étaient nombreuses. Nos avocats spécialisés en droit du travail et les membres du Comité exécutif qui étaient présents sur les sites ont répertorié tous les efforts mis en œuvre pour intimider les travailleurs.

Tout d'abord, dans de nombreux centres, les élections ont eu lieu dans les bureaux de l'entreprise, en présence des supérieurs et du syndicat de cette dernière. De plus, les bureaux de vote étaient encerclés par les forces de l'ordre fédérales, régionales et municipales envoyées par Lozano dans le but de surveiller les élections. Dans certains endroits, on pouvait même apercevoir des agents de l'armée mexicaine brandissant leurs armes devant les travailleurs. Leur mission était soi-disant d'assurer des « élections sans violence », mais les bureaux de vote semblaient en état de siège.

Pour que l'intimidation soit plus patente encore, il y avait deux urnes dans chaque bureau de vote, clairement marquées des logos du SUTEEBM ou de Los Mineros. Toutes les personnes présentes – y compris les surveillants de l'entreprise, les fonctionnaires du ministère du Travail et les forces de l'ordre – pouvaient voir pour qui votait chaque mineur. À cette époque, le droit du travail mexicain autorisait encore cela, et ce n'est que l'année suivante que la Cour suprême a exigé le vote à bulletin secret dans le cadre des élections syndicales. Dans un tel climat d'intimidation, il était donc impossible pour les travailleurs de choisir librement leur syndicat, comme l'exige pourtant la Convention n° 87 de l'OIT, ratifiée par le Mexique.

Le gouverneur de San Luis Potosí et membre du PAN, Marcelo de los Santos, s'est montré particulièrement actif dans ses menaces contre les mineurs et son influence a été déterminante sur le résultat des élections. De los Santos a mis ses forces de l'ordre à la disposition de Grupo México, qui s'intéressait tout particulièrement aux richesses minérales de la région. L'entreprise a utilisé ces forces pour séquestrer plusieurs mineurs avant les élections et les empêcher de voter. Quinze travailleurs de San Luis Potosí ont aussi été licenciés juste avant les élections, à la fois pour les empêcher de voter et pour intimider leurs collègues.

Lors des élections dans la mine de La Caridad à Nacozari, où Reynaldo Hernández avait été assassiné, les neuf cents mineurs qui avaient été licenciés peu de temps auparavant n'ont pas eu le droit de voter. Les nouveaux travailleurs qu'on avait fait venir pour les remplacer ont reçu des menaces directes afin qu'ils votent pour le syndicat fantoche ; les fonctionnaires de l'entreprise leur ont dit qu'ils seraient renvoyés et reconduits au sud du Mexique si leur syndicat ne gagnait pas les élections. Juste avant le vote, à Nueva Rosita, dans l'État de Coahuila — à quelques kilomètres de Pasta de Conchos — plusieurs travailleurs ont été enfermés dans une mine afin qu'ils ne puissent pas arriver à temps pour le vote. Dans d'autres cas, l'entreprise a simplement eu recours au pot-de-vin, et de nombreux travailleurs ont ainsi reçu entre 150 et 350 pesos en échange de leur soutien au SUTEEBM.

Lorsque les élections se sont achevées et que les sections ont « choisi » de quitter Los Mineros pour intégrer le SUTEEBM, le ministère du Travail a émis un bulletin informatif célébrant la libre décision des travailleurs de s'unir au nouveau syndicat.

Grupo México et le JFCA ont enfreint la loi en organisant cette imposture et ils ont violé le droit universel des travailleurs à la liberté syndicale. Désormais, en tant que membres du SUTEEBM, nombre de nos anciens collègues se trouvaient entièrement à la merci des caprices de l'entreprise. Après l'implantation du syndicat fantoche de Larrea, Grupo México a fait passer la journée de travail des mineurs de huit heures à douze heures. Ce changement – soutenu par le SUTEEBM – impliquait une plus grande exploitation des travailleurs et un risque accru de voir une tragédie similaire à celle de Pasta de Conchos se reproduire. Aujourd'hui, près des trois quarts des mineurs de Nacozari travaillent pour des entreprises de sous-traitance. Ils n'ont même pas l'avantage d'être syndiqués, et encore moins d'appartenir à un syndicat libre et démocratique.

Malgré le harcèlement qu'ils ont subi, les anciens collègues des sections intégrées au SUTEEBM ont exprimé leur désir de réintégrer notre syndicat. Nous restons persuadés qu'ils pourront le faire dès que les conditions seront plus favorables.

Après cette parodie d'élections, le dialogue entre le syndicat et le gouvernement s'est complètement rompu. Le ministre du Travail Lozano montrait ouvertement sa servilité vis-à-vis de Grupo México à travers son opposition à la grève de Cananea et son soutien à l'établissement du SUTEEBM. Il semblait fier d'être le larbin de Larrea et agissait plus comme l'avocat de son entreprise que comme le serviteur du peuple mexicain. Notre seul espoir était de remporter un procès contre lui. Nous avions en effet demandé à la Chambre des députés que Lozano soit démis de ses fonctions et qu'il en soit écarté à jamais. Nous avions également sollicité la conduite d'une enquête pour enrichissement illicite, entrave à la justice et abus de pouvoir. Bien que la Constitution mexicaine déclare que les mines sont une concession d'État et non pas une propriété privée, Lozano — tout comme son prédécesseur — n'a jamais obligé Grupo México à honorer la loi lors des opérations d'exploitation des sites.

Pendant toute la durée de ces abus, nous avons défendu avec acharnement notre droit à la grève et lutté pour maintenir les sites de Taxco, Sombrerete et Cananea en grève. Nous refusions que ces grèves soient déclarées illégales sous l'effet des sournoises manœuvres juridiques de l'entreprise, quoiqu'elle ait tenté de le faire avec insistance et qu'elle y soit par moments parvenue.

Le 11 janvier, le JFCA a émis une seconde résolution contre les travailleurs de Cananea, déclarant à nouveau l'illégalité de la grève qui durait depuis presque six mois. Le verdict laissait aux travailleurs vingt-quatre heures pour reprendre leur travail avant la prise de mesures répressives. Cependant, à peine une heure après que le syndicat a reçu la notification de cette décision, une caravane de quatre-vingts véhicules est arrivée à la mine de Cananea, avec à son bord un contingent d'environ sept cents membres des forces de l'ordre régionales et fédérales. Ils ont tiré des balles en caoutchouc et lancé des bombes lacrymogènes, blessant ainsi entre vingt et quarante mineurs. Larrea avait à nouveau recours aux forces publiques dont il pouvait disposer à tout moment (c'est pourtant le peuple mexicain qui entretient ces forces à travers les impôts qu'il acquitte, Grupo México étant exempt de taxes). Le gouvernement du

PAN qui supportait cet homme d'affaires cupide était heureux de mettre ses troupes à disposition pour protéger l'exploitation de la plus grande source de cuivre du pays.

Les mineurs de Cananea ont fait preuve de la même résistance tenace que leurs prédécesseurs, repoussant les forces de l'ordre et préservant de toutes leurs forces le contrôle du complexe. Un groupe de grévistes s'est également réuni devant la mairie afin de demander à Bours d'ordonner le retrait des troupes du site. Le lendemain, les mineurs ont convoqué une assemblée extraordinaire et j'ai pu m'entretenir avec eux par visioconférence — ce que je faisais une fois par mois depuis le début de la grève. Je les ai écoutés et j'ai pu sentir leur colère ; puis, j'ai prononcé un discours les encourageant à reprendre le contrôle des installations et à lutter avec fierté et dignité. Ils étaient vraiment furieux en raison des actes de répression dont ils étaient les victimes, mais je leur ai assuré que tous les membres du comité et moi-même allions les soutenir jusqu'au bout. Ce même jour, le tribunal a revu sa décision suite à la demande d'*amparo* déposée par notre équipe juridique et il a réaffirmé la légalité de la grève, obligeant ainsi Grupo México à retirer ses forces.

Un mois plus tard, Grupo México et le PGR ont fait appel de la décision du tribunal de reconnaître la grève. Pourtant, un mois après, le juge chargé du dossier a confirmé la protection constitutionnelle dont jouissait le syndicat. Enfin, le 23 avril 2008, le JFCA a publié un troisième jugement annulant complètement sa décision précédente et déclarant à nouveau la grève légale, sans doute pour ne pas être responsable de la violation de l'*amparo* précédemment émis en faveur du syndicat. Nous avons cependant poursuivi notre combat : le 19 mai 2008, Grupo México a déposé une nouvelle demande d'*amparo* contre le jugement du JFCA. Le 23 juillet 2008, le tribunal du travail du quatrième district de Mexico a finalement rejeté l'*amparo* demandé par la compagnie. Cela signifiait que la grève pouvait se poursuivre avec l'approbation des tribunaux.

Nous avions gagné une bataille à Cananea, mais bien d'autres nous attendaient. Cette mine était devenue notre pièce maîtresse dans la lutte contre Grupo México. Il s'agissait de la propriété la plus importante de l'entreprise sur le territoire mexicain, mais aussi d'un lieu sacré pour les mineurs : en déclarant et en défendant la grève, ils perpétuaient l'héritage de leurs ancêtres. En effet, un peu plus d'un siècle auparavant, en 1906, les employés de cette mine s'étaient sacrifiés pour défendre les droits des travailleurs. Sous la dictature de Porfirio Díaz, les conditions dans la mine étaient terribles et les travailleurs mexicains gagnaient trois pesos cinquante par jour, alors que les travailleurs américains de cette même mine en gagnaient cinq. Les mineurs de Cananea ont fait grève pour mettre un terme à la discrimination subie par les travailleurs mexicains. Ils revendiquaient, entre autres, des journées de travail de huit heures, un salaire minimum et l'interdiction du travail des enfants. Le président Díaz avait alors fait appel aux Rangers d'Arizona et aux forces de l'ordre de l'État de Sonora pour écraser le soulèvement. Vingt-deux mineurs ont ainsi perdu la vie, vingt-sept ont été blessés et cinquante arrêtés. La grève avait pris fin par cet acte de violence, mais après le triomphe de la Révolution mexicaine amorcée en 1910, les revendications des mineurs ont été inscrites dans la liste des droits fondamentaux des travailleurs établie par la Constitution de 1917. Voilà l'héritage que les mineurs de Cananea défendaient et honoraient dans leur lutte contre les attaques orchestrées par Grupo México.

Napoleón Gómez Sada et le Président Adolfo López Mateos, lors de sa première élection à la tête du Syndicat National des Travailleurs des Mines, de la Métallurgie, de l'Acier et Affiliés du Mexique (Los Mineros) durant la Convention Nationale de 1960. Au fond, on aperçoit Napoleón Gómez Urrutia.

Université d'Oxford : Napoleón Gómez Urrutia au centre, avec ses collègues de promotion.

Napoleón Gómez Sada lors d'une tournée dans les mines du nord du Mexique.

Napoleón Gómez Urrutia a été Directeur Général de Compañía Minera Autlán de 1992 à 1993. Ici, il discute avec un ouvrier de la fonderie de Teziutlán, à Puebla.

En 2001, Napoleón Gómez Urrutia a été élu Secrétaire Général du Syndicat National des Travailleurs des Mines, de la Métallurgie, de l'Acier et Affiliés du Mexique (Los Mineros).

Napoleón Gómez Urrutia vérifie les conditions de sécurité avec les mineurs à Hercules, une mine de fer dans l'État de Coahuila.

Sur cette image, le photographe Peter Langer montre les difficiles conditions de travail à l'intérieur de la mine.

Napoleón Gómez Urrutia avec les travailleurs de la mine de Fresnillo, dans l'État de Zacatecas, la plus grande mine d'argent au monde.

En 2003, Napoleón Gómez Urrutia a effectué une tournée dans la fonderie de Grupo Peñoles, située à Torreón, Coahuila ; le groupe est le premier producteur d'argent du Mexique.

Napoleón Gómez Urrutia lors d'un contrôle des conditions de travail dans la mine à ciel ouvert de Peña Colorada, appartenant à Ternium et ArcelorMittal. Il s'agissait de la plus grande mine de fer du Mexique en 2004.

Napoleón Gómez Urrutia lors d'un contrôle des conditions de travail et de sécurité dans la mine de Las Cuevas à San Luis Potosí, exploitée par Mexichem, un des plus grands producteurs de fluorite au monde.

Javier Zúñiga, Secrétaire du Travail, Sergio Beltrán, Secrétaire de l'Intérieur, de l'Extérieur et des Actes, Napoleón Gómez Urrutia, Président et Secrétaire Général, José Barajas, Trésorier, Juan Linares, Secrétaire du Comité Général de Surveillance de la Justice. Membres du Comité Exécutif National du Syndicat National des Travailleurs des Mines, de la Métallurgie, de l'Acier et Affiliés du Mexique (Los Mineros), à Highland Valley Copper Mine (Kamloops, Colombie-Britannique), 2010.

Les membres de Los Mineros protestent contre le gouvernement du président Felipe Calderón et les agressions orchestrées par Germán Feliciano Larrea Mota Velasco, Directeur Général et principal actionnaire de Grupo México.

Secouristes sortant de la mine après l'explosion à Pasta de Conchos, le 23 février 2006.

Cette image montre les mauvaises conditions dans la mine de cuivre de Cananea à Sonora. Grupo México exploite la mine sans respecter les normes de sécurité, ce qui met en péril la vie des travailleurs et porte atteinte aux droits fondamentaux des travailleurs.

Les bureaux de Grupo México. Les manifestants reconnaissent Napoleón Gómez Urrutia comme leur dirigeant et exigent la récupération des corps des soixante-trois mineurs, abandonnés sous terre après l'explosion de Pasta de Conchos.

Les membres de Los Mineros manifestent contre Grupo Villacero et son président Julio Villarreal Guajardo, pour violation des accords de la convention collective et les droits fondamentaux des travailleurs à Lázaro Cárdenas, Michoacán. Mai, 2006.

Réunion du Comité trinational de l'Alliance Stratégique de Solidarité entre Los Mineros et le Syndicat des Métallos, dirigé par Napoleón Gómez Urrutia et Leo Gerard en 2011.

Manifestation et journées de solidarité avec le Syndicat des Métallos pendant la grève d'ALCAN Río Tinto, pour protester contre les injustices et les abus commis à Alma, Québec, en avril 2012.

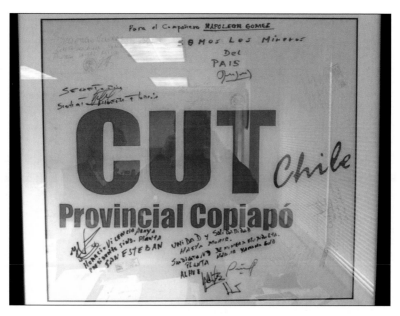

Les dirigeants et les survivants de la tragédie minière de San José Copiapó, au Chili, ont signé un drapeau en remerciement pour la solidarité témoignée en 2010 par Napoleón Gómez Urrutia et Los Mineros du Mexique.

Napoleón Gómez Urrutia devant le monument dédié à son père à Monterrey, sa ville natale.

Napoleón Gómez Urrutia et son épouse, Oralia Casso, lors de la Convention Nationale du NPD de 2009 à Halifax, Nouvelle-Écosse, Canada.

Richard Trumka, Président de la FAT-COI, remet à Oralia Casso le prestigieux Prix International des Droits de l'Homme Meany-Kirkland, qui le reçoit au nom de son mari, Napoleón Gómez Urrutia. Novembre 2011, Washington, D.C.

Napoleón Gómez Urrutia, Ken Neumann et Jack Layton, Président du Nouveau Parti Démocratique (NPD) et Chef de l'Opposition, dans son bureau au Parlement à Ottawa, Canada, en 2011.

De gauche à droite : Ken Georgetti, Président du Congrès du Travail du Canada (CTC), Steve Hunt, Directeur du District 3 du Syndicat des Métallos, Ken Neumann, Directeur National du Syndicat des Métallos du Canada ; Michel Arsenault, Président de la Fédération des Travailleurs et Travailleuses du Québec (FTQ) ; Jim Sinclair, Président de la Fédération du Travail de la Colombie-Britannique, et Napoleón Gómez Urrutia, lors du Congrès du Travail en 2010.

Jyrki Raina, Secrétaire Général d'IndustriALL Global Union et Napoleón Gómez Urrutia, à Montréal en 2010.

Napoleón Gómez Urrutia et Jack Layton, Président du Nouveau Parti Démocratique (NPD) et Chef de l'Opposition du Canada, à Toronto en 2010.

Napoleón Gómez Urrutia devant plus de 100 000 travailleurs réunis sur le Zócalo, la plus grande place de México, à l'occasion de la Fête du Travail. 1er mai 2003 (au-dessus), 1er mai 2004 (en bas).

Deuxième Congrès Mondial de la Confédération Syndicale Internationale (CSI), Vancouver, B.C. 2010.

Napoleón Gómez Urrutia exilé au Canada.

De gauche à droite : Ken Neumann, Directeur National du Syndicat des Métallos pour le Canada ; Darrell Dexter, Premier Ministre de la Province de Nouvelle-Écosse ; Jack Layton, Président du Nouveau Parti Démocratique (NPD) et Chef de l'Opposition ; Napoleón Gómez Urrutia et Gary Doer, Ambassadeur du Canada aux États-Unis et ancien Premier Ministre de la province de Manitoba. Pendant la Convention Nationale du Nouveau Parti Démocratique à Halifax, Nouvelle-Écosse, 2009.

Le Comité Exécutif d'IndustriALL Global Union, réuni à Genève, en Suisse, le 4 et 5 décembre 2013, a pris l'engagement de se joindre aux principales luttes menées par ses affiliés au Mexique. Jyrki Raina, Secrétaire Général d'IndustriALL, Napoleón Gómez Urrutia, Président du Syndicat National des Mineurs et Berthold Huber, Président d'IndustriALL.

Napoleón Gómez Urrutia et Ken Georgetti, Président du Congrès du Travail du Canada (CTC) durant le deuxième Congrès Mondial de la Confédération Syndicale Internationale (CSI), Vancouver, CB, juillet 2010.

Daniel Roi, Directeur du District 5 du Syndicat des Métallos, Napoleón
Gómez Urrutia, Guy Farell, Assistant du Directeur du District 5 des Métallos
et Ken Neumann, Directeur National du Syndicat des Métallos au Canada.
Convention du District 5 à Québec, novembre 2010.

José Luis Fuentes, Directeur des Relations Industrielles et Bill Chilshom, Directeur
Général de ArcelorMittal, Javier Zúñiga, Secrétaire de Travail, Napoleón Gómez
Urrutia, Président du Syndicat National des Mineurs, Mario García, Délégué du
Comité Exécutif National dans l'État du Michoacán, et Secrétaire de l'Intérieur,
de l'Extérieur et des Actes, à l'occasion de la révision des conventions collectives,
Vancouver, en 2010.

Napoleón Gómez Urrutia devant le Consulat du Mexique à Vancouver pendant les Journées d'Action, organisées chaque année par IndustriALL Global Union en solidarité avec la lutte de Los Mineros, devant les ambassades et les consulats mexicains du monde entier, 19 Février 2010.

Avant de quitter le Mexique, Napoleón Gómez a signé une balle de base-ball avec la promesse d'y retourner.

Napoleón Gómez Urrutia écrit *El Colapso de la Dignidad*, sur l'île de Vancouver, Canada.

Présentation de *Collapse of Dignity* à Vancouver, le 17 avril 2013. Sergio Beltrán, Secrétaire de l'Intérieur, de l'Extérieur et des Actes , José Ángel Hernández, Trésorier, Juan Linares, Secrétaire du Comité Général de Surveillance de la Justice, Ken Neumann, Directeur National des Métallos au Canada, Napoleón Gómez Urrutia, Président du Syndicat National des Mineurs, Leo Gerard, Président International des Métallos, Steve Hunt, Directeur du District 3 au Canada, Daniel Roi, Directeur du District 5 au Canada, et Javier Zúñiga, Secrétaire du Travail.

Présentation de *Collapse of Dignity* à Vancouver, le 17 avril 2013. Leo Gerard, Président International du Syndicat des Métallos ; Napoleón Gómez Urrutia, Président du Syndicat National des Mineurs ; Jyrki Raina, Secrétaire Général d'IndustriALL Global Union.

Intervention de Napoleón Gómez Urrutia, Président du Syndicat National des Mineurs lors de la présentation de *Collapse of Dignity* à l'Hôtel Westin Bayshore de Vancouver, le 17 avril 2013.

Napoleón Gómez Urrutia, Président du Syndicat National des Mineurs et Leo Gerard, Président International du Syndicat des Métallos lors de la présentation de *Collapse of Dignity* à Vancouver, le 17 avril 2013.

Steve Hunt, Directeur du District 3 du Syndicat des Métallos ; Ken Neumann, Directeur National du Syndicat des Métallos au Canada ; Leo Gerard, Président International du Syndicat des Métallos ; Napoleón Gómez Urrutia ; Jyrki Raina, Secrétaire Général d'IndustriALL Global Union ; Senzeni Zokwana, Président du Syndicat National des Mineurs d'Afrique du Sud ; Andrew Vickers, Président du Syndicat de l'industrie de la Construction, de la Forêt, des Mines et de l'Énergie en Australie et en Nouvelle-Zélande – intervenant lors de la présentation officielle de *Collapse of Dignity*, 17 avril 2013, Hôtel Westin Bayshore, Vancouver, Canada.

Séance de dédicaces lors de la présentation du livre.

Thomas Mulcair, Président du Nouveau Parti Démocratique (NPD) et Chef de l'Opposition au Canada, et Napoleón Gómez Urrutia lors de la présentation officielle du livre durant la Conférence Nationale de Politique au Canada. 17 avril 2013, Hôtel Westin Bayshore, Vancouver, Canada.

Thomas Mulcair, Président du Nouveau Parti Démocratique (NPD) et Chef de l'Opposition au Canada, Oralia Casso et Napoleón Gómez Urrutia lors de la présentation officielle du livre durant la conférence nationale de politique au Canada. 17 avril 2013, Hôtel Westin Bayshore, Vancouver, Canada.

QUATORZE

L'OFFRE

Tomber est permis, se relever est ordonné !

—PROVERBE RUSSE

Depuis le début du conflit, le syndicat et son Comité exécutif national dépendaient largement de l'aide de leurs conseillers juridiques. Au Mexique, une situation comme la nôtre peut exiger de présenter des *amparos* les uns derrière les autres, avant d'obtenir un résultat définitif. En 2008, deux ans après la tragédie de Pasta Conchos, les tribunaux avaient prononcé de nombreuses sentences tantôt en faveur de nos revendications et des affaires intentées, tantôt en leur défaveur : la légalité de la grève de Cananea, ma reconnaissance en tant que dirigeant syndical et le caractère illégitime des charges de fraude qui pesaient sur mes camarades et sur moi. Même si, au niveau de l'État, certaines décisions avaient été rendues en notre faveur concernant les accusations de fraude, la situation juridique demeurait compliquée et ne progressait que lentement, le PRG faisant appel de toutes les décisions qui nous étaient favorables.

Par chance, dès 2006, nous avons pu compter sur l'aide de notre avocat de la défense, Mᵉ Marco del Toro qui, aujourd'hui encore, est pour moi et pour Los Mineros un allié de poids. Mais son ancien associé, Juan Rivero Legarreta, a été bien moins précieux pour le syndicat.

Alonso Ancira, d'Altos Hornos de Mexico, a été le premier à me mettre en relation avec Rivero, peu de temps après le début du conflit. À ce moment-là, j'étais encore en bons termes avec Ancira et je me suis donc fié à sa recommandation. Au premier stade de la collaboration entre Rivero et le syndicat, il semblait que ce choix avait été le bon. Rivero est arrivé avec son partenaire Mᵉ Marco del Toro et tous deux ont remporté quelques importantes batailles juridiques en faveur des travailleurs et des membres du Comité exécutif. La Cour suprême avait obligé le ministère du Travail à me reconnaître en tant que dirigeant du syndicat et, bien que les accusations de fraude fussent toujours en cours, ils avaient réussi à les concentrer dans les trois tribunaux de la ville de Mexico. Rivero et del Toro avaient aussi aidé les excellents défenseurs des travailleurs Néstor et Carlos de Buen, qui avaient ainsi remporté les procès d'*amparo* en faveur du maintien de la légalité de la grève.

Rivero avait d'emblée affiché une personnalité particulière. C'était un homme de grande taille, qui affectionnait le scandale et l'ostentation et qui se plaisait à vivre dans la mondanité et la prétention. Quand il venait à Vancouver, il portait toujours les vêtements les plus chics et logeait dans des hôtels de prestige. Il acquittait la plupart de ses dépenses au moyen d'une carte de crédit professionnelle que lui avait donnée Alonso Ancira. Être sous les feux de la rampe le fascinait ; chaque fois qu'il avait l'opportunité de passer à la radio ou à la télévision, Rivero en profitait. Et les journalistes étaient bien en peine de lui arracher le micro pendant les interviews.

Ce comportement ostentatoire s'accompagnait d'actions qui devenaient de plus en plus troublantes. Les relations entre Ancira et le syndicat se sont détériorées rapidement – le magnat de l'acier s'était rapproché de la coalition des hommes d'affaires qui en avaient après le syndicat – et l'amitié et la collaboration entre Rivero et ce personnage nous semblaient problématiques. Plusieurs membres du Comité exécutif s'étaient déjà plaints du comportement de Rivero, tout comme quelques membres du Syndicat des Métallos qui collaboraient avec lui. À une occasion, mon épouse lui avait demandé combien de temps encore, selon lui, ma famille devrait-elle attendre avant de pouvoir retourner au Mexique. « Je ne suis pas un magicien, » avait-il répondu, en ajoutant sur un ton rude qu'il ne pouvait savoir combien de temps il faudrait encore avant de pouvoir clarifier la question des charges judiciaires. (Depuis cet incident, ceux d'entre nous qui étaient au Canada l'ont surnommé « le magicien »). Une autre fois, il a dit à Oralia qu'elle devrait divorcer de moi, car cette persécution était sans fin. Quelques mois auparavant, il lui avait déjà fait comprendre qu'il était dommage qu'elle ne m'ait pas encore quitté. Mais malgré tous ces comportements déplacés de sa part, nous avons continué de travailler avec Rivero et ce, principalement parce qu'il était disposé à nous aider sans exiger d'être payé à l'avance. Dès le début, il nous avait dit de ne pas nous préoccuper de l'argent, car son prix serait en fonction des résultats obtenus. Comme les comptes du syndicat étaient encore gelés, nous n'avions pas d'autre solution que de poursuivre à ses côtés.

Mais la situation a fini par devenir absolument insoutenable. Tout au long de 2007, je lui téléphonais presque tous les jours, et lui se rendait à Vancouver une fois par mois. Mais avec le temps, son attitude est devenue beaucoup plus hermétique. Il balayait les points importants de nos conversations et il semblait presque qu'il ne cherchait plus à trouver de solution à nos problèmes. Une fois, il m'a assuré qu'il avait obtenu la levée du séquestre sur ma maison à Mexico, mais j'ai appris bien plus tard qu'il n'en avait jamais rien fait et que mon domicile était encore sous saisie arbitraire et illégale du gouvernement.

Alors qu'il était employé en tant qu'avocat pénaliste, Rivero avait commencé à s'immiscer dans les affaires du syndicat relatives au travail. Au lieu de travailler aux côtés de Me Marco del Toro pour obtenir

l'annulation de ces absurdes mandats d'arrêt, il essayait de me convaincre de quitter mon poste de secrétaire général. Et à un moment donné,
il m'a même conseillé de céder et de renoncer au pouvoir, sans quoi le
gouvernement lancerait une attaque frontale contre le syndicat et ma
famille. J'étais stupéfait en l'écoutant tenir de tels propos, alors que nous
avions placé toute notre confiance entre ses mains.

J'avais tant cru en lui, mais il commençait à se comporter de manière
suspecte, tel un agent double. Quelques temps après, Rivero m'a proposé une « solution » qui, selon lui, mettrait fin au conflit une fois pour
toutes. Il m'a dit qu'il avait déjà arrangé une réunion avec un représentant
de Grupo México, le ministre du Travail Lozano et lui-même, et qu'elle
devrait avoir lieu dans le bureau de Lozano. À eux trois, m'avait assuré
Rivero, ils résoudraient le conflit « librement et sans interférences »,
et sans la présence des membres du syndicat. Je ne sais pas jusqu'à quel
point il a cru en notre naïveté, mais à en juger par sa proposition, il m'a
paru parfaitement clair que notre avocat agissait à la solde des principaux ennemis du syndicat, Germán Larrea et Javier Lozano, sans parler d'Alonso Ancira Elizondo. En réponse à sa « solution », nous avons
indiqué que nous accepterions volontiers cette réunion au bureau de
Lozano afin de trouver une solution au conflit, à condition toutefois que
trois représentants du Comité exécutif national ainsi que notre avocat
du travail, Néstor de Buen, puissent être présents. Bien évidemment,
notre suggestion n'a trouvé que le silence comme réponse.

Le coup de grâce a été porté quand un groupe de membres du Comité
exécutif national a voulu s'entretenir avec moi d'une série de réunions
qu'ils avaient tenues avec Rivero au cours des mois passés. En présence
du ministre du Travail Lozano, Rivero avait maintes et maintes fois
tenté de les convaincre d'être plus conciliants face aux revendications
de Grupo México, d'accepter les propositions de l'entreprise, et il leur
avait conseillé de ne pas exiger une telle augmentation des salaires et
des avantages sociaux. Il avait déclaré à mes collègues qu'ils devaient se
montrer plus flexibles, accepter que je ne sois pas présent et s'habituer à

prendre des décisions en mon absence. Mes collègues m'ont fait savoir que Rivero avait aussi adopté une attitude de totale soumission face au ministre du Travail, ce qui ne plaisait à aucun d'eux. Ainsi, il avait commencé à prendre ma place : il appelait les mineurs *ses* collègues, *ses* travailleurs, comme s'il avait endossé la responsabilité d'agir en tant que mon propre porte-parole. À en juger par les propos que Rivero tenait, de nombreux dirigeants du syndicat étaient convaincus que son objectif était de prendre le contrôle de l'organisation et d'en devenir le secrétaire général.

Ce compte-rendu était particulièrement préoccupant mais coïncidait avec les doutes croissants que je nourrissais à l'égard de Rivero. Je suspectais à présent que ses vrais clients n'étaient pas les membres du syndicat, mais Alonso Ancira, Germán Larrea et Javier Lozano. Il ne faisait aucun doute que quelqu'un – très probablement Lozano – avait fait croire à Rivero que s'il arrivait à m'évincer de mon poste actuel, lui-même serait nommé à la tête du syndicat – aussi longtemps qu'il maintiendrait les travailleurs sous contrôle, bien entendu. Mais il était absurde de penser que cet avocat puisse finir par prendre mon rôle : tout d'abord, les travailleurs ne l'accepteraient jamais (il n'était même pas membre du syndicat) ; par ailleurs, Rivero ne connaissait absolument rien des procédures appliquées par l'organisation, de ses statuts, de son règlement intérieur, ni même de la pratique d'une véritable démocratie syndicale. Il avait mordu à l'hameçon de Lozano, mais c'était dans le piège de sa propre ambition démesurée qu'il était tombé.

À présent que nous avions découvert son petit manège, nous ne pouvions plus laisser Rivero porter atteinte à notre organisation. Il tentait déjà de gagner la loyauté de certains membres du Comité exécutif et ses actes suscitaient des confrontations internes. En février 2008, Rivero s'est rendu à Vancouver où je lui ai déclaré directement que je n'aimais pas sa façon d'agir et qu'il n'était pas habilité à prendre des décisions en mon nom ni au nom d'aucun autre membre du syndicat. Je lui ai précisé que son travail n'était pas d'interférer dans les négociations sur les questions de travail puisqu'il avait été embauché en qualité d'avocat pénaliste de la défense et que sa mission était de lutter bec et ongles pour acquitter ceux qui avaient été faussement accusés. Rivero m'a remercié de le dispenser de ces réunions et m'a dit que désormais, il se concentrerait exclusivement sur les affaires pénales. Nous nous sommes salués sans rien ajouter de plus.

Je suspecte qu'à la sortie de la réunion, Rivero a immédiatement appelé Lozano et Ancira pour les informer de ce qui s'était passé. Comme il ne pouvait plus fourrer son nez dans les négociations liées au travail, Rivero ne leur servait plus à rien. Quand l'avocat est retourné au Mexique, et sans m'en avertir personnellement, il a fait une déclaration publique dans laquelle il annonçait que nous ne souhaitions plus faire appel à ses services en tant qu'avocat de la défense et il se plaignait de la manière dont il avait été traité par le syndicat et moi-même. Les médias soutenus par Larrea, Lozano et Ancira ont repris l'histoire en se montrant solidaires envers Rivero.

Cela était absolument révoltant, mais nous avions au moins réussi à expulser un ennemi interne. Malheureusement, nous serions amenés à revoir Rivero à d'autres occasions.

En mai 2008, le Syndicat des mineurs a tenu sa Convention générale ordinaire bisannuelle dans la ville de Mexico, au Teatro 11 de Julio. Une fois de plus, j'inaugurais la cérémonie par visioconférence face à plus de mille participants, à travers un discours qui proposait un bilan des deux dernières années passées et demandait aux mineurs de faire preuve de force et de résistance. Les mineurs de Taxco, Sombrerete et Cananea étaient dans leur dixième mois de grève ; les accusations de fraude financière contre moi-même et mes collègues suivaient interminablement leurs cours à travers le système judiciaire mexicain gangrené par la corruption ; nous avions déjà perdu de nombreuses sections syndicales lors de l'année écoulée, du fait des menaces et du harcèlement de Lozano et de Grupo México. Malgré tout cela, la grande majorité des membres affiliés conservaient leur énergie et leur fermeté dans la défense de leurs idéaux, des grands objectifs et des propositions du syndicat. Au cours de la conférence, j'ai été unanimement réélu au poste de dirigeant du syndicat alors que je venais de passer deux ans au Canada et que rien ne semblait encore annoncer la fin prochaine de mon exil.

C'est lors de cette convention de 2008 que Francisco Hernández Juárez, secrétaire général du Syndicat des standardistes mexicains et président de l'Union nationale des travailleurs (UNT), a réitéré les propos qu'il avait tenus au sujet de la conspiration qui se tramait depuis très longtemps contre Los Mineros. Hernández Juárez a rappelé qu'en 2005 Carlos María Abascal avait déclaré « qu'ils venaient chercher Napoleón Gómez Urrutia ». C'est par ailleurs au cours de la convention de 2008 que nous avons décidé de prendre de la distance par rapport au Congrès du travail mexicain – une organisation faîtière principalement composée de syndicats associés au PRI. Durant les deux années écoulées depuis la tragédie de Pasta de Conchos, il devenait évident que notre âpre combat pour la démocratie et les droits des travailleurs menaçait les relations confortables entre le Congrès du travail et les administrations de Fox et Calderón. Si, d'un côté, nous avions reçu l'appui enthousiaste de nombreuses voix autour du globe, le Congrès du travail n'a, quant à lui, jamais exprimé le moindre témoignage de soutien ou de solidarité. Et nous savions parfaitement pourquoi : il dépendait des structures de pouvoir existantes pour maintenir sa position et, par conséquent, il n'importait guère à ses représentants que le Syndicat des mineurs en soit un des membres fondateurs, ni même que j'aie autrefois occupé la fonction de président de diverses commissions du Congrès, vu que son objectif principal était de préserver le *statu quo* à n'importe quel prix. Le Congrès avait clairement démontré sa loyauté envers le gouvernement, quelle que soit son idéologie, et non envers les travailleurs dont il s'est engagé à défendre les droits au moment de sa fondation.

Les jours suivant la convention, nous avons regroupé la documentation relative à ma réélection, et nous l'avons adressée au ministère du

Travail ; en vertu de la loi, le ministre Lozano disposait alors de soixante jours pour me transmettre la *toma de nota* qui officialiserait ma reconnaissance à la tête du syndicat, ou qui s'y opposerait. Étant donné qu'un peu plus d'un an auparavant les tribunaux avaient obligé Lozano à me reconnaître en tant que dirigeant, on aurait pu penser qu'il prendrait la bonne décision et respecterait le choix démocratique des mineurs. Mais ce n'est pas ainsi que les choses se sont passées. Durant la dernière semaine de juin 2008, Lozano a convoqué une conférence de presse au cours de laquelle, face à une horde de journalistes, il a annoncé que le ministère du Travail refusait la *toma de nota* à Napoleón Gómez Urrutia. Cette nouvelle a été retransmise par Televisa et TV Azteca, ainsi que par de nombreuses stations de radio. NOTIMEX, l'organe de presse du gouvernement, a aussi pris en compte l'information mais sans signaler le moindre problème ni conflit légal avec l'annonce de Lozano qui faisait pourtant obstruction à la justice et à la liberté syndicale. Aucun rapport proposé autour de cette déclaration n'a signalé que le refus de la *toma de nota* constituait une violation flagrante tant sur le plan de la législation du travail que des principes établis par l'Organisation internationale du Travail, l'agence des Nations Unies chargée de veiller au respect des normes internationales du travail. La convention n° 87 de l'OIT consacre clairement le droit des travailleurs d'élire librement leurs représentants syndicaux et, de plus, son Comité de la liberté syndicale signale au point 404 de son recueil de décisions que « pour éviter le risque de limiter gravement le droit des travailleurs d'élire librement leurs représentants, les plaintes présentées aux tribunaux du travail par une autorité administrative pour contester les résultats d'élections syndicales ne devraient pas avoir pour effet – avant l'achèvement des procédures judiciaires – de suspendre la validité desdites élections ».

Suite à la conférence de presse de Lozano, j'ai été inondé d'appels de la part de mes avocats et collègues du Comité exécutif. Le refus de Lozano était un abus flagrant, mais à dire vrai, nous nous y attendions. Nous étions trop habitués à l'obsession antisyndicale féroce de Lozano pour être surpris. Après tout, le ministre du Travail était le « toutou » de Larrea ; il était la récompense offerte par Calderón aux chefs d'entreprises qui l'avaient soutenu financièrement pour arriver à Los Pinos.

Malgré le refus de nous octroyer la *toma de nota*, le syndicat a continué à travailler comme il le faisait auparavant et j'ai continué à accomplir ma mission de secrétaire général. Los Mineros avait décidé que je resterais à ce poste, avec ou sans l'approbation inutile de Calderón. Mes camarades avaient compris d'emblée qu'un simple document ne changeait rien au fait qu'ils m'aient élu, et ils m'ont assuré un soutien sans failles dans mes fonctions de secrétaire général.

Quelques mois après l'annonce, le Syndicat des mineurs a intenté des poursuites contre Javier Lozano Alarcón et son sous-ministre, Castro Estrada, en raison de cet indigne abus d'autorité. Dans les interviews accordées aux programmes nationaux de radio et de télévision, Lozano affirmait que ces accusations le faisaient rire. Mais il oubliait que même après avoir usé de toutes ses influences pour classer l'affaire, on nous avait systématiquement donné raison dans le cadre des *amparos* et les accusations à son encontre seraient valides une fois son mandat terminé. Une fois dépouillé des privilèges dus à son rang de ministre du Travail, il rirait moins ; tôt ou tard, la justice le rattraperait.

Tout organisme impartial examinant notre cas condamnerait sans hésiter les actions du gouvernement. Au début du mois de juin 2008, la FIOM et le Syndicat des mineurs ont présenté une plainte devant le Comité de la liberté syndicale de l'OIT, qui l'a classée sous la référence 2478. Nous y avons détaillé les agressions orchestrées par le gouvernement mexicain contre le syndicat et ses dirigeants, et nous avons compilé l'ensemble des manœuvres, agressions et violations des lois dont il était responsable jusqu'alors : le rejet de la *toma de nota*, la gelée des comptes bancaires, les violentes répressions et l'assassinat des travailleurs en grève, les menaces de mort, la création d'un syndicat d'entreprise, la détention et la torture de membres du syndicat, et toutes les autres actions commises à notre encontre.

Le 12 juin, notre collègue Marcello Malentacchi, secrétaire général de la FIOM, est intervenu durant la Conférence de l'OIT à Genève et a dénoncé avec passion la persécution politique que nous subissions depuis 2006. Au terme d'un récit détaillé des différents épisodes du conflit minier depuis son commencement en février 2006, il a conclu son discours en ces termes :

> Nous en appelons au gouvernement mexicain afin qu'il :
> Lève toutes les charges toujours en cours contre Napoleón Gómez Urrutia et les autres membres du Syndicat des mineurs mexicain ;
> Fasse comparaître au tribunal, de façon immédiate et transparente, tous les responsables de la falsification de documents et de faits ;
> Récupère les soixante-trois corps ensevelis dans la mine de Pasta de Conchos puis recherche les responsables et les traduise en justice ;
> Enquête sur l'implication de Grupo México dans l'assassinat de Reynaldo Hernández González et la détention et la torture de vingt membres du Syndicat des mineurs mexicain à Nacozari et Sonora ;
> Libère tous les fonds du syndicat illégalement saisis par le gouvernement.
> Le Syndicat des mineurs mexicain cherche à promouvoir activement un mouvement ouvrier démocratique et indépendant au Mexique. Le syndicat a obtenu des bénéfices importants pour ses membres et a pris le parti de parler librement contre les réformes négatives en matière de travail au Mexique.

Après examen de l'affaire n° 2478, le Comité de l'OIT a publié en date du 22 juin 2008 un communiqué imposant au gouvernement du Mexique d'apporter une réponse aux accusations émanant du Syndicat des mineurs et de la FIOM. Le Comité a critiqué directement les actions du gouvernement mexicain en affirmant que l'OIT estime « que les autorités du travail ont tenu une conduite incompatible avec l'article 3 de la convention n° 87 qui établit le droit des travailleurs de choisir librement leurs représentants ». Qui plus est, il était demandé au gouvernement de résoudre rapidement le conflit minier, requête à laquelle il était légalement tenu d'accéder.

J'étais extrêmement reconnaissant d'avoir ainsi été réhabilité par l'Organisation internationale du Travail, mais j'avais malgré tout peu d'espoir de voir à présent le gouvernement mexicain aborder ce confit sous un nouveau jour. Calderón, à l'instar de son prédécesseur Fox, faisait preuve d'une totale indifférence face à la justice. Le contraste avec le gouvernement de ma patrie – totalement corrompu – et le gouvernement du Canada – beaucoup plus libre et démocratique – était abyssal.

Le gouvernement mexicain avait tenté de manipuler le gouvernement canadien afin de rendre ma situation plus difficile et complexe en dehors du pays, en déclarant publiquement qu'il avait demandé mon expulsion à plusieurs reprises, puis mon extradition, en me dépeignant sous des traits démoniaques. Mais à la vérité, le gouvernement mexicain n'avait pas encore demandé mon extradition jusqu'à ce moment-là, il le ferait ultérieurement quand, sur les conseils de mon équipe juridique, je déciderais d'intenter officiellement des poursuites contre lui afin de l'obliger à demander mon extradition. Je savais que si le Canada acceptait cette demande, elle ne serait pas traitée au Mexique mais au Canada, où j'avais des chances de remporter l'affaire et de faire honte à Calderón et au gouvernement mexicain en raison de l'insuffisance des motifs présentés contre moi et des conspirations tramées au sein de son système judiciaire. Heureusement, le gouvernement canadien a rejeté les deux mesures. La première étape du processus d'extradition devait être le réexamen de l'affaire par le Canada, après quoi, si cela retenait et méritait leur attention, intervenaient les étapes suivantes. Grâce au travail honnête des fonctionnaires canadiens qui ont compris la vérité, la demande n'a pas franchi la première étape. Le Canada n'est pas disposé à tolérer la contagion de son propre système juridique sous l'effet des méfaits et des violations commis au Mexique, et c'est pour cela que ses fonctionnaires ont rejeté les pressions subies pour aller à l'encontre de la loi et me juger pour un crime que je n'avais pas commis. Nous avons beaucoup œuvré pour maintenir une communication claire et fréquente avec les fonctionnaires du gouvernement canadien au sujet de l'avancée de notre affaire. À chaque fois qu'un jugement était rendu en notre faveur, Me Marco del Toro élaborait un rapport expliquant nos avancées et transmettait les traductions officielles des documents retranscrivant les procédures judiciaires. Même lorsque certaines de nos procédures d'*amparo* étaient rejetées, ses notes expliquaient que nous avions engagé des recours en appel et que nous obtiendrions gain de cause à l'étape suivante.

Ainsi, alors que les attaques contre le syndicat et ma position de dirigeant se sont intensifiées durant 2008, nous étions heureux d'avoir trouvé refuge en toute sécurité au Canada. Toutefois, les hommes politiques et les chefs d'entreprises continuaient de nous menacer depuis le Mexique, au travers de mails anonymes, de lettres, d'appels à la maison, m'avertissant que je devais renoncer au syndicat et cesser de lutter contre Grupo México.

Le gouvernement continuait à employer les mêmes tactiques illégales à notre encontre, dans le seul but de sanctionner l'audace dont j'avais fait preuve en me dressant contre son pouvoir. À l'occasion d'une de ses manœuvres les plus lâches, le PGR a décidé de saisir une propriété que mon fils Ernesto avait acquise bien des années avant le début du conflit. Nous avons présenté un *amparo* devant le tribunal fédéral pour protester contre la mise sous séquestre de la maison d'Ernesto. Quand mes avocats ont consulté le dossier, ils ont trouvé une page qui, par erreur, n'avait pas été supprimée au tribunal. Voici ce que l'on pouvait lire au début de celle-ci :

(...) POUVOIR JUDICIAIRE FÉDÉRAL

Jugement indirect de protection des droits constitutionnels

n° 410/2007

FILS DE NAPOLEÓN GÓMEZ URRUTIA (...)

Ils n'avaient même pas pris la peine d'écrire le nom de mon fils alors qu'il était le propriétaire du bien ! Cela confirmait incontestablement que cette saisie avait pour unique but de faire pression sur moi et de me menacer pour que je renonce à la direction du syndicat. Pour quelle autre raison aurait-on mentionné mon nom dans le dossier ? Bien entendu, les actions légales contre mon fils n'avaient rien à voir avec moi, mais quand Ernesto s'est présenté au tribunal pour se défendre de cette saisie illégale, il n'a pas été traité autrement que comme le fils d'un ennemi politique.

Malgré les mensonges de Rivero qui nous avait confié que la situation progressait, ma maison à Mexico était toujours sous séquestre. Cependant, quand l'affaire est passée aux mains de Mᵉ Marco del Toro, l'ex-collègue de Rivero, nous avons finalement obtenu une sentence favorable de la part du juge dans laquelle il était déclaré que la propriété n'était plus sous le contrôle du gouvernement. Quand le PRG avait illégalement saisi ma maison en avril 2006, un groupe d'hommes lourdement armés y avait été dépêché pour l'encercler pendant que le parquet en prenait possession ; qui plus est, le gouvernement avait appelé une équipe journalistes pour couvrir cette scandaleuse histoire. Aujourd'hui, des années plus tard, quand Marco est allé récupérer la maison conformément à l'arrêt rendu par le juge, le PRG l'a attendu pour tenter une nouvelle manœuvre d'intimidation. Au moment où Marco s'est garé face à la maison avec l'ordonnance du juge en main et accompagné par un notaire public sur le siège passager, il a pu voir qu'une voiture l'attendait, remplie d'hommes armés appartenant aux forces de police envoyées par le PRG. Lorsqu'il est descendu de sa voiture, les autres hommes ont fait de même en montrant leurs armes et en opposant un visage hostile. Quoi qu'il en soit, Marco avait décidé d'avancer jusqu'à la maison, criant au notaire de prendre note de cette démonstration d'intimidation policière.

Mais d'autres menaces étaient à venir. Durant le mois d'octobre 2008, un des coups les plus terribles se tramait, selon le Général retraité Arturo Acosta Chaparro. Cet homme a raconté que durant ce mois, un groupe de fonctionnaires du gouvernement et des militaires retraités avaient tenu une réunion dans la ville de Mexico. Certains participants avaient pris part au massacre de paysans à Aguas Blancas, Guerrero, en juin 1995. Était également présent le sénateur du PAN Ulises Ramírez – ancien maire de Tlalnepantla, chef des conseillers du ministre de l'Intérieur Juan Camilo Mouriño et, d'après certains ouvrages, membre de « El Yunque » – aux côtés de Mouriño. Ramírez avait offert au Général Acosta des millions de dollars pour qu'il se rende au Canada et accomplisse un « sale travail » : m'enlever, m'amener dans un lieu à l'écart et me faire disparaître. Cette offre, c'était au nom du ministère de l'Intérieur et de Grupo México – qui d'autre sinon ? – qu'il l'avait faite. Le Général Acosta avait un passé controversé : outre le fait d'avoir été enfermé pendant six ans dans une prison militaire pour des liens supposés avec un cartel de trafic de drogue, il était connu pour sa participation à la Guerre Sale (*Guerra Sucia)* dans les années 60 et 70, pendant laquelle le PRI, alors au pouvoir, cherchait à supprimer les mouvements étudiants de gauche et les bandes rebelles organisées. Pendant une période de presque quinze ans, le gouvernement a torturé et assassiné un nombre inconnu de supposés rebelles et la rumeur courait qu'Acosta avait été l'un des plus cruels persécuteurs des membres de groupes de gauche, et qu'il avait kidnappé et assassiné une centaine de dissidents dans l'État de Guerrero. Dans un article publié dans *La Jornada,* Andrés Nájera – président du Comité Eureka, une organisation ayant vocation à rendre justice aux victimes et aux disparus de la *Guerre Sale* – a attribué 30 pour cent du bilan des morts à Acosta. Inutile de préciser que j'étais troublé de savoir qu'un homme tel que lui était sorti de prison et lancé à ma recherche.

Julio Pomar, le chef du service presse du syndicat, a entendu cette histoire de la bouche même du Général Acosta à l'occasion d'un déjeuner de travail avec dix autres personnes. Acosta a raconté au groupe qu'il avait refusé cette mission et avait averti Mouriño et Ramirez qu'il était extrêmement dangereux et difficile d'accomplir ce genre d'opération au Canada, qui possédait des systèmes de sécurité très évolués, en particulier depuis le 11 septembre 2001. Après les attaques terroristes, les gouvernements du Canada et des États-Unis avaient décidé d'intensifier les mesures de contrôle des personnes pénétrant sur leur territoire. À cet effet, ils avaient renforcé et relié leurs systèmes de sécurité, et le Général aurait dû déployer des efforts considérables pour accomplir sa mission.

À l'issue de ce déjeuner, Pomar a dit au Général Acosta qu'il allait porter ces faits à ma connaissance. Le Général n'y voyait aucun inconvénient étant donné qu'il n'avait fait que raconter la vérité. Il lui importait peu que ses déclarations déclenchent la colère du gouvernement ; Calderón lui avait apparemment promis un poste de haut rang, mais il n'avait pas tenu parole. Aussitôt que le récit de Pomar est arrivé à nos oreilles, les avocats ont rédigé un affidavit (déclaration solennelle) décrivant l'incident. Nous avons immédiatement présenté ce document devant le ministère de la Justice canadien à titre de preuve de la persécution institutionnelle dirigée contre ma famille et moi-même.

La réaction du gouvernement canadien a été immédiate. Ma famille avait d'emblée reçu l'aide d'un sergent du service de renseignement de la police montée du Canada (RCMP, d'après son acronyme anglais). Ce sergent entretenait d'étroites relations avec de nombreux membres du Syndicat des Métallos et dès notre arrivée à Vancouver, il s'était montré extrêmement aimable et nous avait accordé toute son aide à chacune de nos entrevues. Lorsque les fonctionnaires fédéraux ont pris connaissance de l'affidavit émis en lien avec le tueur à gage qui était censé m'éliminer, ils ont programmé un rendez-vous avec un détective spécial de la RCMP afin que je m'entretienne avec lui. Ce détective m'a assuré que ma sécurité et celle de ma famille étaient une priorité pour lui et il nous a aidé à installer des alarmes à mon domicile, dans les téléphones de mon bureau et dans mes véhicules de transport pour que je puisse contacter rapidement les autorités en cas de danger. Aujourd'hui encore, ma famille profite de ces mesures de sécurité et nous sommes profondément reconnaissants envers le gouvernement canadien pour la protection accordée.

Toutefois, la police canadienne n'a pas été en mesure d'empêcher tous les abus. Aussi désolant que cela puisse paraître, nous avons fini par nous habituer au fait que toutes nos conversations soient écoutées – aussi bien ma famille et mes avocats que bon nombre de mes collègues. Depuis ma nomination en tant que secrétaire général en 2002, je suspectais la mise sur écoute de mes téléphones et je me doutais que le gouvernement avait pris l'habitude d'espionner tous les sujets en rapport avec le syndicat. Mais après ce qui était arrivé à Pasta de Conchos et mon départ du Mexique, je n'avais plus aucun doute sur ce qui s'était passé auparavant. Des membres de l'équipe juridique du syndicat, qui entretenaient des contacts au sein du PRG et du ministère de l'Intérieur, m'ont assuré que les politiciens pouvaient écouter les conversations téléphoniques – de façon illégale, bien évidemment – et que cette pratique était monnaie courante. Face à ces activités criminelles d'espionnage, ma réponse a été simple : ils pouvaient se sentir libres d'écouter, d'écouter et de continuer à écouter. L'intrusion dans la vie privée est inexcusable, mais moi je n'ai rien à cacher.

L'année 2008 s'est accompagnée de plus de menaces encore contre ma famille, ainsi que d'un complot d'assassinat contre moi, mais aussi d'autres formes de pression plus subtiles – sans être pour autant moins indignes – destinées à me faire renoncer. Depuis mon arrivée au Canada, nombre de politiciens, chefs d'entreprises et dirigeants syndicaux me rendaient visite depuis le Mexique. Figuraient parmi ces personnes Alonso Ancira et Graco Ramírez, ancien sénateur du PRD et ami personnel qui serait élu gouverneur de l'État de Morelos en juillet 2012. J'ai également tenu des conversations téléphoniques avec Manlio Fabio Beltrones – sénateur du PRI, ancien gouverneur de Sonora et chef actuel de la Chambre des députés –, avec le député du PRI Emilio Gamboa Patrón, aujourd'hui à la tête du Sénat mexicain, et avec tant d'autres encore. Tous ces visiteurs m'ont promis leur aide afin de négocier une solution au conflit. Mais aucune de leurs propositions de médiation n'était réellement sérieuse. Chacun, à sa façon, tentait de me convaincre d'abandonner mon poste ; aucun d'eux n'avait de réel désir de résoudre le conflit légalement, en respectant les principes d'autonomie et de liberté syndicales. Pour beaucoup, le syndicat était une sorte de marchandise qui pouvait se négocier et les uniques portes de sortie qu'ils me proposaient impliquaient la destruction de l'organisation. Pour mes collègues et moi-même, qui nous souvenions parfaitement des sacrifices de nos prédécesseurs, nous n'étions pas disposés à accepter une telle solution.

Deux de mes collègues au sein du mouvement syndical – Elba Esther Gordillo et Carlos Romero Deschamps, dirigeants nationaux du Syndicat des travailleurs de l'éducation et du Syndicat des travailleurs du pétrole, respectivement – sont aussi venus me voir au Canada. Comme tous les autres, leur intention était d'intercéder en faveur d'une négociation. Mais à partir du moment où nous commencions à évoquer les solutions envisageables, ils proposaient la même solution que tous les autres : ils espéraient me convaincre de renoncer. D'après ces deux dirigeants syndicaux, cette solution permettrait à Lozano et Calderón de choisir une autre personne à la tête de Los Mineros ; ainsi, toutes les fausses accusations pourraient être retirées et je pourrais regagner le Mexique avec ma famille. Ils étaient convaincus que les choses finiraient par se calmer, probablement lorsque le mandat du PAN arriverait à terme et qu'une fois pour toutes, le conflit se réglerait, et je pourrais reprendre mon poste au syndicat. C'était le même argument que j'avais déjà entendu de la bouche des chefs d'entreprises malhonnêtes et des hommes politiques obsédés par le pouvoir. Ils voulaient que je jette l'éponge et que j'abandonne mes collègues.

J'ai consulté mes camarades mineurs sur cette question à de nombreuses reprises ; et j'ai toujours reçu la même réponse de leur part – un soutien unanime : *Napoleón Gómez Urrutia est le président que nous avons choisi et, avec ou sans toma de nota, il restera notre leader.* Dès lors, chaque fois que l'on me suggérait d'abandonner le syndicat, je donnais la même réponse : « Ce sont les travailleurs mes chefs, pas les entreprises et les politiciens. »

De toutes les parties qui espéraient me voir renoncer, les compagnies minières et sidérurgiques du Mexique étaient celles qui avaient le plus à y gagner. En l'absence de syndicats véritablement démocratiques, elles auraient pu exercer un contrôle absolu sur le secteur. Sans une surveillance appropriée, il était bien plus aisé pour elles de continuer à manipuler les hommes politiques et amasser des bénéfices colossaux. C'est pour cette raison précise que les chefs d'entreprises mexicains avaient déployé tant d'efforts pour mettre fin à mon leadership. Ils étaient disposés à m'offrir une somme d'argent conséquente pour que je m'écarte de leur chemin, et la tentative de corruption la plus flagrante revient à Alonso Ancira Elizondo.

À ses débuts, le gouvernement de Carlos Salinas de Gortari était propriétaire de l'entreprise d'Ancira, Altos Hornos de México. Au cours de la vague de privatisations conduites dans le pays, Salinas a vendu l'entreprise – qui était déjà et qui demeure le premier producteur d'acier du Mexique – aux frères Ancira Elizondo. Ami proche de Salinas, Ancira est devenu actionnaire majoritaire de la société, pour laquelle il a assumé le rôle de directeur général. Comme dans la majorité des accords de privatisation conclus par Salinas, l'entreprise a été cédée quasi gratuitement aux nouveaux propriétaires. La valeur d'Altos Hornos de México avait été estimée à 4 milliards de dollars au moment de la privatisation – un chiffre calculé par les techniciens et les fonctionnaires du gouvernement eux-mêmes – mais les frères Ancira l'ont acquise pour moins de 150 millions de dollars. À elle seule, la valeur de l'inventaire des entrepôts de l'entreprise au moment de la vente était supérieure à son prix d'achat.

Ancira, tout comme Germán Larrea, les frères Villarreal et Alberto Bailleres, est un fervent opposant aux travailleurs qui, paradoxalement, constituent la pièce maîtresse de ses propres affaires. De fait, c'est un opportuniste qui n'a ni amis, ni loyauté, seulement des intérêts. C'est aussi une personne profondément narcissique. Plutôt corpulent, Ancira semble plongé dans une perpétuelle lutte pour perdre du poids et, au fur et à mesure qu'il a pris de l'âge, il a subi plusieurs opérations chirurgicales destinées à le faire paraître plus jeune et plus mince. Où qu'il aille, il est toujours entouré d'assistantes au physique attrayant, généralement âgées d'une vingtaine d'années, à qui il verse d'importantes sommes d'argent pour l'accompagner lors de ses voyages. Si Ancira entend bien donner de lui l'image d'un connaisseur ou d'un expert en droit, le plus souvent, ce n'est que son ignorance qui transparait ; il est un chef d'entreprise de second rang, et certainement pas un universitaire ou un expert dans quoi que ce soit.

Une des stratégies favorites d'Ancira consistait à soutenir des dirigeants syndicaux traîtres ou corrompus, qui pouvaient ensuite servir ses intérêts ; et quand ils n'étaient plus utiles ou qu'ils s'opposaient à sa volonté, il amorçait une persécution à leur encontre qui, bien souvent, se soldait par un emprisonnement. Il n'appréciait aucun type de progrès conquis par les travailleurs mexicains et ne pouvait tolérer que ses employés s'instruisent, probablement par peur d'une influence négative sur son image, révélant finalement son propre manque d'éducation universitaire. Il allait même jusqu'à empêcher les employés à responsabilité de son entreprise – comme les gérants et les directeurs – de mener une existence confortable. S'ils arrivaient à un tel niveau, Ancira pensait (et le disait ouvertement) qu'ils aspiraient à devenir comme lui, des hommes d'affaires arrogants et tout puissants. Il se considérait également comme une figure tellement importante qu'il n'était soumis à aucune règle, ni aucune loi ; pendant des années, il s'est caché en Israël, refusant de rembourser les sommes colossales qu'il devait à ses créanciers, y compris une dette fiscale envers le gouvernement mexicain.

Comme la plupart des propriétaires d'entreprises minières et sidérurgiques mexicaines, Ancira entretenait des liens étroits avec les gouvernements conservateurs de Calderón et Fox, et il a versé d'importantes sommes d'argent au profit de la fondation Vamos México de Marta Sahagún, l'épouse de ce dernier. Sous l'effet de la puissante influence d'Ancira, le gouverneur de Coahuila, Humberto Moreira, a autorisé des actions de répression contre les travailleurs de son État. En 2008, les travailleurs des deux sections syndicales les plus importantes de Monclova, la section 147 et la section 288, tout comme la section 293 de Nava – les trois sections principales à Coahuila – avaient planifié une réunion d'information sur la récente révision des conventions collectives locales. La nuit précédant cette réunion, Ancira avaient envoyé plus de cinq cents vandales – pour la plupart des alcooliques et des drogués des pires lieux de l'État – afin d'attaquer et d'incendier les sièges des sections 288 et 147 de Monclova, ainsi que de la section 293 de Nava. Il pensait ainsi empêcher les membres du syndicat de se réunir et d'exprimer leur opinion vis-à-vis des conventions. Ancira n'aurait pu perpétrer un tel acte sans qu'Humberto Moreiro, le gouverneur de Coahuila, y consente et couvre les faits.

La complicité du gouverneur avec Ancira est honteuse et décevante, notamment au vu du fait que Moreira avait été membre du Syndicat des travailleurs de l'éducation et qu'en 2005, sur sa propre demande, il avait bénéficié de notre soutien dans le cadre de sa campagne de gouverneur. Bien entendu, un an après la tragédie de Pasta Conchos et les premières offensives contre le syndicat et ma personne, il avait dénoncé publiquement Vicente Fox pour avoir tenté de m'emprisonner illégalement. Malheureusement, Moreira avait commencé à s'associer avec Ancira, et l'homme d'affaires avait fini par le convaincre de renier son passé de syndicaliste pour devenir un allié contre les mineurs. À l'image de Larrea, de Bailleres et des frères Villarreal, Ancira était engagé dans une mission de démantèlement de l'organisation pour créer, à sa place, un ou plusieurs syndicats d'entreprise.

Ancira m'a rendu visite au Canada au moins trois fois, durant lesquelles il a tenté de me faire renoncer à la direction du syndicat. À chacune de ses venues à Vancouver – d'abord en 2006, puis en 2007 et enfin à la mi-2008 – il me proposait de nombreux avantages personnels en échange de mon renoncement, et le « lot d'avantages » promis devenait plus généreux à chacune de nos entrevues. En octobre 2006, quelques mois après le début des agressions et des menaces lancées par le gouvernement, Ancira m'avait offert 10 millions de dollars. La deuxième « proposition » en 2007 se montait à plus de 20 millions de dollars.

Bien évidemment, ces entrevues se sont soldées par des échecs ; Ancira aurait dû savoir que je n'accepterais aucune forme de corruption. Plus tard, au mois de juin 2008, il m'a à nouveau appelé, déclarant qu'il était en voyage d'affaires aux États-Unis et qu'il souhaitait venir depuis New-York pour me rencontrer le 23 juin. Je lui ai dit que je ne pourrais pas le voir ce jour-là car c'était l'anniversaire de ma femme et je lui avais promis de passer la journée avec elle. Oralia et moi avions déjà planifié quelque chose de spécial en ce jour, afin d'oublier, le temps d'un instant, toutes les agressions subies durant ces deux dernières années.

Ancira a réitéré sa demande avec insistance. Je me doutais bien qu'il avait conscience de l'importance de cette date pour ma famille et qu'il avait planifié son voyage en conséquence – voici comment se manifeste la perversité des individus de son espèce, jusque dans les moindres détails. Cette quatrième entrevue était d'une importance cruciale, répétait-il. Cette fois, il venait avec une proposition concrète pour clore le conflit, et qui serait acceptable pour toutes les parties.

J'ai finalement accepté – mais à contrecœur – de le rencontrer pour petit-déjeuner avec lui à 9 h 00 à l'hôtel Fairmont WaterFront de Vancouver. À mon arrivée, le restaurant était complet, mais un serveur nous a conduits à une table privée, loin des autres convives. Ancira se montrait extrêmement froid ; aucun de nous deux n'avait réellement confiance en l'autre. Sans trop de préambules, il m'a dit qu'il avait une nouvelle offre beaucoup plus intéressante que celles des années antérieures. Il m'a raconté qu'un groupe de hauts fonctionnaires du gouvernement, dirigés par le ministre du Travail Lozano, s'était réuni avec un

ensemble d'entrepreneurs appartenant à la Chambre minière du Mexique et comptait en son sein Germán Larrea, Alberto Bailleres et les
frères Villarreal. Lozano leur avait demandé de contribuer au montant
conséquent qui me serait versé en échange de mon départ. Il leur avait
dit qu'ils étaient à l'origine de tout ce conflit et qu'à présent que les prix
des métaux atteignaient un niveau élevé, mon leadership représentait
une menace importante pour l'augmentation de leurs profits. S'ils voulaient maintenir une main-d'œuvre bon marché, cette solution était la
plus simple, leur avait-il assuré.

Ensemble, ils avaient pu réunir 100 millions de dollars ; ce montant
était dérisoire si on le comparait à la somme qu'ils économiseraient après
avoir écarté l'obstacle représenté par Los Mineros. Cette fois, Ancira
était venu m'offrir cet argent à la condition que je renonce sans délais
au poste de secrétaire général du syndicat. En contrepartie, je devais
les autoriser à imposer une nouvelle personne à la tête de l'organisation
et ce bien sûr, sans consulter les travailleurs. Son ultime condition était
que je reste en dehors du Mexique pour au moins trois ans en attendant
la fin du mandat de Calderón en 2012. Je pourrais ensuite regagner ma
patrie sans problème et eux retireraient les fausses accusations portées
contre moi.

Pendant qu'il m'expliquait les conditions de l'accord, Ancira
s'appliquait pour ne pas s'inclure au sein du groupe de conspirateurs ;
lui agissait en qualité de « négociateur » – c'est ainsi qu'il se décrivait –
et il voulait me faire croire qu'il avait toujours été fidèle et respectueux
vis-à-vis de mon leadership. Il a réussi à mentionner les mots « amitié
» et « loyauté », des concepts qui, dans l'absolu, ne voulaient rien dire
pour lui. À la fin, il m'a regardé droit dans les yeux et m'a demandé : «
Alors, qu'en dis-tu ? Cents millions de dollars, ce n'est pas une somme
que l'on côtoie tous les jours. Toi et ta famille, vous pourriez mener une
vie confortable et tranquille, sans aucun souci. Tu vivrais en paix et tu
pourrais te consacrer aux voyages, à la lecture, à l'écriture, et même à
donner des conférences, ou à n'importe quoi d'autre ».

J'ai répondu à Ancira sans détour : « Napoleón Gómez Urrutia n'est pas à vendre. Ni le Syndicat des mineurs. » Si lui et ses alliés souhaitaient réellement résoudre le conflit qu'ils avaient créé, ils devaient s'asseoir à la table pour négocier dans le respect et mettre fin aux agressions immédiatement. C'est grâce aux efforts, au compromis, aux sacrifices des travailleurs que ces entrepreneurs engrangent des bénéfices parmi les plus importants de toute l'histoire de leurs entreprises, ai-je souligné. Les mineurs méritent une juste compensation pour les revenus colossaux qu'ils génèrent. Puis je lui ai dit qu'il serait mieux qu'ils prennent les 100 millions de dollars et les distribuent aux travailleurs et à leurs familles, ou bien qu'ils les utilisent pour développer de nouveaux programmes d'éducation, de santé, de logement et d'assurance-vie.

Ancira écoutait tout ce que je lui disais et à la fin, il m'a simplement suggéré de bien réfléchir à cette offre, d'en parler avec ma femme et ma famille. Décliner son offre et ses conditions serait une grande erreur de ma part. Ce à quoi j'ai répondu qu'aucune somme d'argent ne me ferait changer d'avis. Si le conflit leur posait un problème, ils n'avaient qu'à ne pas l'initier. Leur ignorance, leur arrogance, leur manque de vision et leur indifférence étaient responsables de la position dans laquelle ils se trouvaient aujourd'hui. Je lui ai assuré que la seule façon de résoudre le problème était d'instaurer un respect mutuel entre l'entreprise et le syndicat. J'ai également déclaré à Ancira que j'étais plus que disposé à examiner d'autres modes de coopération destinés à augmenter la productivité conformément à nos conventions collectives.

« Napoleón, » a répondu Ancira, « ce type de coopération est une menace pour ces hommes et pour le président qui les cautionne. Tu es face à un grand problème – tu t'es projeté vingt-cinq ans en avant dans ton temps. Tes idées leur font peur : toutes ces questions d'entraînement, de formation et d'éducation au profit des travailleurs, toutes ces idées sur la modernisation et la quête d'un nouvel avenir pour ces gens. En plus, le Mexique n'est tout simplement pas prêt à connaître un leader syndical diplômé de l'université, et même du troisième cycle, qui parle plusieurs langues et qui entretient de bonnes relations à l'international. Et comme si cela ne suffisait pas, Germán te déteste, bien plus qu'un autre. Ce type est fou et il est prêt à faire n'importe quoi, à enfreindre n'importe quelle règle pour te faire tomber. »

Évidemment, je savais que Larrea me détestait, mais je ne croyais pas le reste de ce qu'Ancira venait de me dire. Des dirigeants syndicaux diplômés en économie avaient triomphé dans d'autres pays, à l'image du secrétaire général du Syndicat des travailleurs de Volkswagen en Allemagne qui, avant d'assumer ce poste, avait exercé en tant que ministre de l'Économie de son pays. Ce n'était pas le Mexique qui n'était pas prêt à assumer ce type de changements, c'était ce groupe d'ambitieux, de politiques et d'entrepreneurs malhonnêtes qui n'était pas disposé à ce que le pays avance dans une autre direction.

À présent, Ancira se rendait bien compte que je n'étais pas disposé à accepter son offre, mais notre entrevue ne s'était pas encore terminée. Je profitais de l'opportunité pour soutirer quelques informations. « Pourquoi le président Calderón a-t-il décidé de poursuivre cette offensive ? » lui ai-je demandé. « Si le problème avait vu le jour sous l'administration Fox et qu'au début de son mandat, Calderón avait fait mine de ne pas vouloir jouer sur ce terrain, pourquoi maintenait-il les hostilités ? »

« Je crois que tu connais déjà la réponse à ta question, » avait déclaré Ancira, « Germán Larrea, Alberto Bailleres, les Villarreal, tous ont versé des sommes colossales pour la campagne de Calderón, comme ils l'ont fait pour Fox. En échange, Calderón leur a donné Lozano. » Je savais que cela était vrai, même si mon interlocuteur était un homme sans scrupules. Lozano s'était d'emblée tenu au service de ces hommes. « Calderón doit sa position à ces entrepreneurs, non au peuple en général, et encore moins à la classe ouvrière, » a précisé Ancira.

J'ai répliqué que cela était vrai, mais une fois que le président du Mexique prend ses fonctions, il est légalement habilité à devenir un homme d'État, un monarque ou un dictateur. Calderón aurait pu débuter son mandat en recherchant une véritable solution au conflit. Il aurait pu agir comme un grand négociateur qui fait face et résout les défis et les problèmes posés.

« Et tu attendais cela d'un avorton, laid, et sans personnalité ? Qui plus est un personnage conflictuel ? », avait répondu Ancira d'un ton offensif et méprisant, comme à son habitude. « Tout ce que sait faire Calderón, c'est crier et taper du poing sur la table. Il prend des décisions rapides et mauvaises, simplement pour montrer qu'il est le président. Et si tu ajoutes à cela qu'il aime beaucoup boire quand il prend ces décisions, tu comprends vite pourquoi elles sont si mauvaises. »

Le tableau de Felipe Calderón ainsi brossé par Ancira me rappelait la manière dont Germán Larrea faisait référence à Vicente Fox, comme un homme stupide et ignorant, et à tous les surnoms que Larrea donnait à Lozano. À présent, je ne pouvais même pas imaginer comment Larrea traitait Calderón dans son dos. Nous déplorons l'existence de personnages tels que Calderón, mais il est plus regrettable encore de devoir composer avec d'autres – comme Ancira et Larrea – qui, alors même qu'ils reconnaissent les limites et les échecs des responsables du gouvernement, continuent pourtant à les protéger et à les défendre dans le plus complet cynisme, comme s'ils étaient amis.

« Calderón ne va pas mettre fin à ce conflit de son propre chef, » a poursuivi Ancira. « C'est pour cela que je te recommande sincèrement d'accepter cette offre. Si tu ne le fais pas » – c'est ici que les menaces ont refait surface – « la situation va s'envenimer. Ces hommes vont continuer de t'attaquer en te calomniant, en calomniant ton épouse, tes enfants, tes camarades. Tu sais qu'ils peuvent faire publier n'importe quoi aux médias. En plus », avait-il ajouté d'un ton manifestement complaisant, « ainsi vont les choses au Mexique : la corruption, l'illégalité, les abus d'autorité ; ils peuvent appliquer ou interpréter les lois comme bon leur semble. » Les gens, m'a-t-il dit, sont endormis, aveuglés par la propagande diffusée dans les journaux, à la radio. « Les Mexicains sont effrayés. Ils vivent dans la peur et cette culture a été intentionnellement créée pour contrôler les affaires, l'économie, l'environnement politique. »

« Toi, tu t'es écarté de ce système, » continuait Ancira, « et tu es devenu un problème pour lui, un obstacle. En plus, tu possèdes une éducation et une intelligence que nombreux d'entre nous n'ont pas. L'extrême droite est au pouvoir, et pour ces politiciens du PAN, les leaders sociaux et syndicaux comme toi sont les ennemis de Dieu et de l'Église. Pour eux, les syndicats sont un cancer qui ronge la société et dont il faut se débarrasser. Calderón nous a confessé avoir eu le même ressenti durant sa campagne. »

Je ne pouvais pas faire autrement que de donner raison à Ancira sur ce dernier point.

Depuis vingt ou trente ans à présent, le Mexique était témoin de cette haine corrosive contre les classes inférieures et ouvrières. Le gouvernement du PAN avait relancé ces terribles violations, reflet de son arrogance et de son ambition démesurée.

Ancira insistait : « C'est pour cela que tu devrais accepter l'offre. Si tu ne le fais pas, la situation va se dégrader pour toi, pour ta famille et pour le syndicat. Réfléchis-y. Tu peux te faire de l'argent rapide et facile, puis t'en aller. »

J'ai décliné une nouvelle fois son offre.

Ancira a insisté pour que je prenne son numéro de téléphone et il m'a demandé de bien y réfléchir, avant de m'avertir : « Si tu n'acceptes pas, tu commets une erreur et tu vas le regretter. »

« Est-ce une menace ? » lui ai-je demandé sans détour. « Tu es en train de m'intimider ? Mes collègues et amis du syndicat au Mexique et aux quatre coins du monde sont préparés pour affronter n'importe quoi. Eux ne m'ont jamais abandonné jusqu'à maintenant et ils ne le feront jamais. »

Nous nous étions déjà entretenus depuis plus de quatre heures et il était largement midi passé. Finalement, j'ai dit à Ancira que c'était suffisant et que devais partir. Avant de le faire, j'ai clairement répété ma réponse négative. Je me suis levé de table et j'ai quitté l'hôtel sans me retourner.

Cette nuit-là, Oralia et moi sommes sortis dîner pour fêter son anniversaire. Après un moment, je lui ai raconté que j'avais refusé une offre très importante, mais que je me sentais très serein suite à cette décision. « Ils m'ont offert 100 millions de dollars, » lui ai-je raconté.

« Et en échange de quoi ? », m'avait-elle demandé, impassible.

Après lui avoir conté tous les détails de la réunion avec Ancira, elle m'a dit : « Tu sais quoi ? Tu as pris la bonne décision. Tu es comme ton père, un homme honnête, intègre et courageux. Je sais que jamais tu ne t'abaisserais à leur niveau. Cela te tourmenterait à jamais. Tu sais que tu peux compter sur toute ta famille et que nous allons continuer à te soutenir jusqu'à ce que la vérité soit mise à jour. Il arrive que les choses se compliquent, mais à un moment, la roue tourne.

« La répression, la corruption et l'irresponsabilité de certains ne représentent pas la majorité des mexicains », a poursuivi Oralia ; « quand la roue aura tourné, tu seras là. Il existe peu d'hommes avec du courage, de la décence, de l'habileté et des connaissances, cohérents, honnêtes, qui aiment leur pays et sont prêts à tout donner pour leur patrie. Tu fais partie de ces hommes, tu es un patriote, ça c'est ce que tu es et c'est pour cela que tu seras toujours le meilleur exemple pour moi, pour nos enfants et pour toute la famille. Tu es d'une grande inspiration pour les travailleurs du monde entier. Eux ils ont été à nos côtés et ils le resteront tout au long de cette lutte. »

Les mots d'Oralia m'ont profondément touché. Nous avons passé le reste du repas dans le silence ; jamais je n'avais été aussi heureux de célébrer un an de plus aux côtés de cette merveilleuse femme, incroyablement généreuse.

La visite d'Ancira représentait une tentative de corruption évidente. Jamais je n'aurais cru – et je n'arrive toujours pas à le croire – qu'on puisse traiter un syndicat telle une entreprise, exposée aux pots de vin et aux intérêts personnels. Je ne dis pas cela d'une façon romantique ou idéaliste, mais avec tout le réalisme et la dureté de caractère dont je suis capable.

De nombreuses personnes m'ont demandé pourquoi nous continuions cette lutte. À quoi bon maintenir avec autant d'obstination notre position ? À cela je réponds que nous n'agissons pas par caprice, obstination ou entêtement. Nous avons été disposés à discuter des problèmes à la base même du conflit. Pour nous, ce n'est pas une dispute personnelle avec une personne ou un groupe de politiciens et de chefs d'entreprises. Notre bataille est une lutte pour la justice, le respect, la dignité et l'égalité, des valeurs qui ne devraient pas être jetées par-dessus bord en échange d'une bonne position et d'un compte en banque bien garni.

Jamais je n'ai été tenté par l'un de ces pots-de-vin, même si le rêve de regagner ma patrie est toujours présent. Sans aucun doute, nous avons vécu des moments difficiles à cause de la séparation forcée avec notre cher Mexique. Durant 2009, en proie à une longue maladie, la mère de mon épouse a traversé une période compliquée qui l'a privée de ses capacités physiques. Elle nous disait toujours qu'elle allait attendre la fin du conflit pour que nous puissions revenir au Mexique et être à nouveau réunis. Nous avons maintenu avec elle une communication constante par téléphone et visioconférence, mais cela ne pouvait se substituer au fait d'être à ses côtés et de veiller sur elle. Finalement, ma belle-mère est décédée sans avoir concrétisé son rêve de nous avoir à nouveau à ses côtés au Mexique. Pour nous tous, et tout particulièrement pour ma femme, il était profondément douloureux de ne pas avoir pu la toucher une dernière fois ou lui donner un ultime baiser dans ses derniers moments de vie. Il s'agissait là d'un des prix les plus élevés à payer pour préserver notre intégrité, mais mieux valait payer ce prix que d'abandonner nos principes ou racheter notre retour en vendant les mineurs mexicains. Aussi douloureux qu'il ait pu être d'être ainsi séparés de notre patrie, à aucun moment nous n'avons envisagé une telle trahison.

QUINZE

UN MÉDIATEUR INUTILE

La violence ne résout pas les problèmes sociaux ;
elle en suscite de nouveaux et de plus compliqués.

—MARTIN LUTHER KING

Le 4 novembre 2008, le ministre de l'Intérieur de Felipe Calderón, Juan Camilo Mouriño, accompagné de José Luis Santiago Vasconcelos et d'autres fonctionnaires, se rendaient de San Luis Potosí à Mexico à bord d'un Learjet. Alors qu'ils survolaient Mexico, le pilote a soudainement perdu le contrôle de l'appareil et l'avion s'est écrasé en plein centre, à moins de deux kilomètres de Los Pinos. Une vingtaine de voitures qui circulaient à cette heure de pointe ont été calcinées dans l'explosion provoquée par l'impact. L'accident a coûté la vie à quinze personnes – six piétons et les huit passagers.

Une erreur du pilote aurait été à l'origine du crash mais les spéculations n'ont pas tardé à fuser. Puisque Vasconcelos, et dans une moindre mesure, le ministre de l'Intérieur, étaient des hommes-clé dans la guerre contre le narcotrafic lancée par le gouvernement Calderón, des rumeurs prétendaient qu'il s'agissait d'une attaque terroriste venant de l'un des plus puissants cartels de la drogue au Mexique. Au mois de novembre 2008, cette guerre avait déjà fait des milliers de victimes et la violence contre les fonctionnaires du gouvernement s'était accrue. Mais au-delà des causes de l'accident, le pays était sous le choc après la mort de Mouriño, la figure la plus importante au Mexique après le président.

Mouriño avait été un personnage polémique qui n'appréciait guère les mineurs – il était d'ailleurs soupçonné d'avoir contribué à engager un assassin de militants de gauche, le Général Arturo Acosta, pour venir m'éliminer à Vancouver. Mouriño avait pris ses fonctions courant janvier, suite à la destitution de Francisco Javier Ramírez Acuña, un fonctionnaire provincial et répressif qui, autant qu'il le pouvait, avait fait entrave à la résolution du conflit minier. Certains groupes ont exigé la démission de Mouriño dès sa nomination, arguant qu'il avait permis à l'entreprise de son père de bénéficier de contrats publics alors qu'il était sous-ministre de l'Énergie. Calderón a néanmoins continué de soutenir l'homme qu'il avait choisi et Mouriño est resté à son poste. Après tout, les transactions frauduleuses dont on l'accusait étaient monnaie courante au sein du gouvernement. Par la suite, lorsqu'il est devenu ministre de l'Intérieur, Mouriño n'a rien fait pour résoudre les problèmes rencontrés par le syndicat ; il s'est limité à faire de l'esbroufe en convoquant deux réunions et à échafauder un plan pour m'assassiner, à en croire le témoignage du Général Acosta.

Le jour du crash aérien, les élections présidentielles avaient eu lieu aux États-Unis. Le peuple américain venait d'élire Barack Obama, premier président d'origine afro-américaine et ce changement avait suscité l'espoir de nos collègues américains de la FAT-COI, des Métallos et de l'UAW, ainsi que d'autres organisations qui avaient soutenu sa campagne. Nous avons aussi applaudi cette élection et nous espérions que ce nouveau président aux idées progressistes et respectueuses des droits des travailleurs se joindrait à celui du Canada pour faire pression sur Calderón, et lui demander de stopper la persécution politique et les violations constantes des droits de l'Homme dont nous étions victimes. Après tout, les opérations du gouvernement mexicain enfreignaient manifestement les accords de l'ALÉNA qui garantissaient les droits des travailleurs et la liberté syndicale.

Malgré tout le mal que Mouriño avait fait au syndicat, lorsque j'ai su, quelques jours après l'accident, qui était la personne désignée pour le remplacer, j'ai compris que la situation se corserait. L'homme choisi par Calderón s'appelait Fernando Gómez Mont et, comme de nombreux fonctionnaires des deux dernières administrations du PAN, Gómez Mont était un juriste d'entreprise. Mais pire encore : cet homme – qui faisait partie du cabinet *Esponda, Zinser y Gómez Mont* – avait été, pendant des années, l'avocat pénaliste de Grupo México et, juste avant de prendre ses nouvelles fonctions, il avait été engagé par Germán Larrea pour assurer sa défense.

Au syndicat, nous étions tous consternés. Nous n'arrivions pas à croire que le conseiller juridique de notre ennemi juré – dépourvu de toute expérience politique – avait été choisi pour gérer la politique interne du pays. Tout portait à croire que la persécution allait s'intensifier. Quelques mois auparavant, certains collègues du Comité exécutif avaient été convoqués à une réunion dans le bureau de Javier Lozano, aux côtés de l'avocat Gómez Mont et d'un autre représentant du Grupo México. À cette occasion, ils avaient failli arriver à un accord pour mettre un terme au conflit, mais Gómez Mont a fini par s'opposer à l'une des conditions de l'accord : il refusait catégoriquement que soient retirées les charges pesant sur mes collègues et moi-même. Lorsque la réunion a pris fin, aucun accord n'avait été signé.

Quelques jours après l'arrivée de Gómez Mont au ministère de l'Intérieur, celui-ci a essayé à plusieurs reprises de contacter Marco, et lui a laissé plusieurs messages sur son répondeur pour lui demander un rendez-vous. Il est plutôt rare que le numéro deux du gouvernement vienne frapper à notre porte pour solliciter une entrevue. Intrigué, Me Marco del Toro l'a rappelé et ils ont convenu d'un rendez-vous avec

Alberto Zinser, un des collègues de Mont. Julio Esponda, le troisième associé du cabinet avait été le meilleur ami de Calderón à l'université.

Ils ont fixé le rendez-vous dans un hôtel de Mexico, un dimanche matin – même si Marco savait pertinemment que Gómez Mont ne travaillait jamais, ou presque jamais, le week-end, ou de si bonne heure. Gómez Mont et Alberto Zinser sont arrivés en hélicoptère. Durant la réunion, Marco a été surpris de voir un homme qui avait adopté un tout autre discours à l'égard de Los Mineros. « Écoute, » a dit Gómez Mont à Marco, « maintenant que j'ai été nommé ministre de l'Intérieur, je ne suis plus du côté de Grupo México. Je vais arrêter de suivre ce dossier. Je ne serai même plus au courant de rien. La seule chose que je veux, c'est trouver une solution. »

Gómez Mont a assuré à Marco qu'il avait pris de sérieuses distances par rapport à son ancien travail en tant qu'avocat pour Grupo México, mais que sa relation avec Larrea pourrait leur être utile. Il a ensuite expliqué qu'il souhaitait se positionner comme « relais de communication » entre Grupo México et le Syndicat des mineurs, afin de trouver une solution aux longues grèves de Cananea, Taxco et Sombrerete. Marco l'a remercié, la réunion s'est terminée et le nouveau ministre de l'Intérieur est remonté à bord de son hélicoptère.

Mais nous n'étions pas dupes et il nous était difficile de croire aux déclarations de Gómez Mont. D'ailleurs, lorsque Marco m'a raconté le contenu de l'entrevue, nous avons conclu qu'il avait voulu se rapprocher de nous avant que nous ne dénoncions à la presse sa proximité avec Grupo México. Cela expliquait son empressement à fixer un rendez-vous, et son insistance à dire qu'il était désormais différent et plus juste, dans ses nouvelles fonctions de ministre de l'Intérieur. Il n'avait pas l'intention de nous aider, il voulait simplement nous empêcher de dénoncer ouvertement à quel point sa nomination était scandaleuse.

Gómez Mont n'a pas tardé à confirmer nos soupçons. Durant les semaines qui ont suivi, il s'est réuni plusieurs fois avec les dirigeants locaux de la mine de cuivre de Cananea pour discuter des grèves qui étaient encore en cours. Ces réunions avaient lieu dans ses bureaux, mais lorsque les dirigeants syndicaux arrivaient devant le bâtiment, il les faisait rentrer par la petite porte, afin, disait-il, de ne pas susciter de « faux espoirs ». Nos collègues de Cananea ont assisté à ces réunions avec la volonté de lui donner une chance, même si nous savions parfaitement que Mont ne cherchait pas à négocier de façon honnête avec les membres du Comité exécutif, qui n'avaient d'ailleurs pas été conviés à ces réunions. Ce geste, qui reflétait sa solidarité vis-à-vis de Lozano et son refus de nous remettre la *toma de nota*, témoignait aussi de sa volonté de nous voir démissionner, moi et le reste des membres du Comité. Rencontrer un seul d'entre eux revenait à reconnaître tacitement mon leadership, voilà pourquoi Mont se refusait à faire ce pas.

Mais les actions antisyndicales du nouveau ministre de l'Intérieur ne se sont pas limitées à ignorer l'élection démocratique des dirigeants de l'organisation. Cet homme était sur le point de réaliser, au nom du gouvernement, une des pires atteintes dont nous avons été témoins depuis des années.

Dans les tribunaux de Mexico, où nos avocats avaient réussi à concentrer les charges financières qui pesaient sur nous, les accusations d'Elías Morales ne prenaient pas. Le parquet ne cessait de faire appel en notre faveur, et il devenait de plus en plus clair que les accusations portées il y a presque trois ans n'iraient pas plus loin. Cela énervait profondément nos ennemis.

Les représentants de Grupo México se sont à nouveau réunis pour planifier une nouvelle offensive. Ils ont décidé qu'ils reviendraient à l'accusation principale de fraude financière – celle que la Commission nationale bancaire et des valeurs (CNBV) avait déclaré sans fondement. Dès lors que les accusations étaient exactement les mêmes qu'en 2006, quel facteur aurait pu changer la donne ici ? Dans un pays comme le Mexique, la réponse est très simple : ils ont décidé d'éviter la CNBV, alors même que la loi exige l'obtention du rapport de cette commission. Fin 2008, le PGR a présenté une nouvelle fois les mêmes charges devant un tribunal fédéral. Les demandeurs étaient les mêmes – les serviteurs de Grupo México – Elías Morales, Martín Perales et Miguel Castilleja. Ces trois sujets prétendaient représenter les intérêts de « milliers de travailleurs ». Les accusés n'avaient pas non plus changé : Héctor Félix, José Ángel, Juan Linares et moi. Cette fois, ils n'ont pas impliqué Gregorio Pérez, le coursier qui avait été accusé au début, et qui avait déjà passé un long moment derrière les barreaux. Le rapport de 2006 de la CNBV, qui déclarait la procédure irrecevable du fait de l'absence d'un quelconque délit, n'était pas pris en compte. Le juge du Tribunal du premier district pour les affaires pénales, qui n'était pas au courant du rapport de la CNBV, a rapidement émis quatre mandats d'arrêt.

Le moment était venu pour notre « relais de communication » d'entrer en jeu. Quelques semaines après sa nomination et suite aux nouvelles accusations, Gómez Mont a demandé que tous les comptes bancaires du syndicat et ceux de ma famille soient de nouveau saisis. Nos avocats de la défense avaient livré une longue bataille depuis 2006, et nous avions réussi à reprendre le contrôle de la plupart de nos actifs, mais cette décision nous ramenait au point de départ. Obéissant aux ordres de Gómez Mont, le SIEDO avait décidé de bloquer mes comptes personnels, ceux de ma femme, de mes trois enfants et de ma sœur à Monterrey. Une fois de plus, nous dépendrions de la solidarité et du soutien de Los Mineros et des Métallos. Les comptes des douze membres du Comité exécutif ont eux aussi été saisis, ainsi que les comptes nationaux de toutes les sections syndicales du pays. Nous avons immédiatement présenté un *amparo* contre cette décision, mais nous savions que ce n'était que le début d'une longue bataille. Une fois de plus, ils voulaient nous asphyxier financièrement et réduire notre capacité de lutte, particulièrement à Cananea, Taxco, et Sombrerete, où la grève battait son plein depuis déjà seize mois.

Ces embargos étaient les premières actions de notre médiateur, le soi-disant « relais de communication » entre Grupo México et le Syndicat des mineurs. Le point suivant de son agenda était d'obéir aux ordres de Germán Larrea, en procédant à l'arrestation des membres les plus importants du Comité exécutif.

Au Mexique, il existe deux types de délits : les délits majeurs et les délits mineurs. La seule différence entre les deux est qu'une personne accusée d'avoir commis un délit majeur peut être arrêtée sans avoir droit à la liberté sous caution et peut être mise en détention provisoire le temps que la procédure d'*amparo* soit examinée par un juge. Ainsi, de nombreuses personnes accusées de délits majeurs sont emprisonnées sans que la procédure d'*amparo* ne soit prise en compte – non pas parce qu'elles représentent un danger pour la société mais parce que le crime dont on les accuse relève de la catégorie des *délits majeurs* dans le système judiciaire mexicain. Ces mesures ont instauré un climat propice aux persécutions politiques et aux abus de pouvoir.

Les fraudes financières appartiennent à la catégorie des *délits majeurs* et c'est une des raisons pour lesquelles je me suis vu obligé de quitter le Mexique. Si j'avais été arrêté, mes persécuteurs auraient pu s'arranger pour me garder indéfiniment en prison sans avoir besoin de présenter de preuves. Depuis le début, le nom de Juan Linares, le secrétaire du Conseil général de surveillance et de justice du syndicat, apparaissait dans les accusations portées par Elías Morales. Grâce aux *amparos* présentés par nos avocats, Juan avait pu éviter la prison et avait continué à jouer un rôle très actif au sein de l'organisation. Mais lorsque le PGR a présenté l'accusation à niveau fédéral, fin 2008, et convaincu les juges de lancer les mandats d'arrêt, Juan a compris qu'il valait mieux partir.

En novembre, Juan a quitté Mexico pour se rendre dans l'État du Michoacán, en espérant pouvoir se cacher jusqu'à ce que l'équipe juridique du syndicat mette en place une protection. Les ennemis du syndicat savaient, comme moi, que Juan était un des membres les plus importants du Comité exécutif. Je connaissais Juan depuis vingt ans ; c'était un homme à barbe blanche, fort sympathique. À l'époque, mon père l'avait nommé délégué du Comité exécutif national pour l'État de

Sonora, et il est resté à ce poste après mon élection. Durant mes quatre premières années en tant que secrétaire général, j'avais effectué de nombreux déplacements à Sonora, durant lesquels j'avais eu l'opportunité d'observer la manière dont Juan remplissait ses fonctions de délégué. À une occasion, nous avions organisé une grève à La Caridad, non loin de Nacozari, mais certains travailleurs avaient préféré obéir à Grupo México plutôt qu'agir dans leur propre intérêt, et l'entreprise menaçait d'appeler la police pour disperser la grève. Au milieu de cette situation tendue, j'ai pu observer de mes propres yeux le leadership de Juan : il a parlé aux travailleurs et aux représentants de l'entreprise avec énergie, conviction et courage. Il a refusé de se laisser intimider et de se laisser corrompre, malgré les nombreuses tentatives. Juan a appelé à la solidarité de chacun des travailleurs de La Caridad, et d'un langage ferme et éloquent, il a demandé à tous de s'engager dans la cause de Los Mineros. En d'autres termes, Juan était un pilier du syndicat et c'est pour cela qu'il comptait parmi les principales cibles du PGR.

Les forces de l'ordre fédérales n'ont pas eu de mal à le retrouver à Michoacán. L'après-midi du 3 décembre, Juan jouait au football près de chez lui avec quelques collègues du syndicat, lorsqu'un groupe de policiers est arrivé, a interrompu le match et l'a arrêté. Les policiers l'avaient aisément reconnu à cause de son t-shirt qui portait l'inscription « LOS MINEROS » en rouge. Il a immédiatement été emmené à la maison d'arrêt du nord de Mexico (Reclusorio Norte) où il a été emprisonné – sans droit à la liberté conditionnelle – pendant deux ans, deux mois et vingt jours. À partir de ce moment-là, cet homme innocent est officiellement devenu le prisonnier politique de Felipe Calderón.

Le jour suivant, ils ont capturé un autre membre du syndicat – qui nous a trahis par la suite – le dénommé Carlos Pavón, membre du Comité exécutif et secrétaire des Affaires politiques du syndicat. Le nom de Pavón n'était pas mentionné dans l'affaire Morales, mais Alonso Ancira est intervenu pour présenter de nouvelles charges afin de compliquer davantage la situation et créer des divisions au sein de Los Mineros.

Plusieurs semaines avant la mise en détention de Pavón, Ancira avait déposé plainte contre lui, contre Juan Linares et contre José Barajas, un autre membre du Comité exécutif qui avait exercé en tant que trésorier à partir de 2006 et qui était accusé, tout comme Juan et moi, de fraude financière. La plainte a été déposée par Ancira dans l'État de Coahuila et une juge de Monclova – amie d'Ancira – a lancé le mandat d'arrêt.

Linares, Pavón et Barajas étaient à nouveau accusés parce qu'Ancira savait qu'ils étaient des éléments essentiels au fonctionnement du Comité exécutif. Après mon départ forcé à l'étranger, l'incarcération de ces trois membres perturberait encore davantage les opérations du syndicat. Le mandat d'arrêt se basait sur la dénonciation d'Ancira, qui les accusait d'être responsables d'une fraude à hauteur de plusieurs millions de dollars contre Altos Hornos de México. Cette accusation inventée de toutes pièces – et qu'il était facile de démonter – ressemblait en tous points aux délits dont on nous accusait. Selon Ancira, Altos Hornos avait versé au syndicat la somme de mille pesos par employé et les dirigeants du syndicat s'étaient approprié cet argent. Il voulait faire croire que Pavón, Linares et Barajas avaient accaparé ces fonds pour leur bénéfice personnel, alors que rien n'était plus faux. Mais la plainte ne mentionnait pas, à dessein, que l'argent en question avait bel et bien servi à soutenir des programmes sociaux-éducatifs au profit des mineurs. Cela avait d'ailleurs été clairement établi dans la convention collective qu'Ancira lui-même avait signée. Son accusation n'était qu'un plan machiavélique destiné à inculper ces hommes, pourtant innocents, et les emprisonner jusqu'à ce qu'ils se voient forcés de trahir la cause du syndicat.

Le 4 décembre à Mexico, les forces de l'ordre ont fait irruption chez Pavón. Ils l'ont traîné hors de chez lui en déployant un dispositif de sécurité si démesuré qu'on aurait dit qu'ils arrêtaient un narcotrafiquant. Ils l'ont ensuite conduit à l'aéroport pour l'envoyer à Monclova, dans l'État de Coahuila. Alors même que le mandat d'arrêt avait été émis par une juge de Coahuila, un jet appartenant au gouvernement fédéral l'attendait pour le transférer.

Une fois dans le hangar du PGR, à l'aéroport de Mexico, Pavón a appelé Me Marco del Toro (étrangement, les agents qui l'avaient arrêté ne lui avaient pas encore confisqué son portable). Pavón était terriblement angoissé et a supplié Marco de lui envoyer de l'aide. Puis il m'a également téléphoné, et j'ai senti que la peur le paralysait. Nous lui avons assuré que nous l'aiderions à affronter cette situation et en moins d'une heure, Luis Chávez, un avocat du cabinet de Marco, s'envolait en direction de Coahuila pour l'y retrouver. Marco a dû louer un avion privé pour que Chávez puisse arriver à temps, avant qu'un avocat ne lui soit commis d'office.

Le lendemain matin, Pavón a comparu au tribunal pour faire sa déclaration devant la juge qui avait demandé sa mise en détention. La salle était pleine de journalistes envoyés par Alonso Ancira. Dans les tribunaux mexicains les procès se font généralement par écrit et les juges sont assis à leur bureau pendant que les greffiers prennent des notes des audiences pour les leur remettre ensuite. Le procès de Pavón était différent : Ancira voulait un spectacle. La juge n'a pas seulement assisté personnellement à l'audience de Pavón, mais elle a accordé une interview à un groupe de journalistes à la sortie de la salle. C'était du jamais vu. Lors de cet entretien, elle a annoncé que si je demandais la mise en liberté conditionnelle de Pavón, le montant de la caution s'élèverait à quelque dix millions de pesos. Nos comptes ayant été saisis par le gouvernement mexicain, il nous aurait été impossible de payer une telle somme.

Plus tard dans la journée, Pavón a frôlé la crise de nerfs. Lorsqu'il s'est réuni avec Me Luis Chávez, l'associé de Marco, il a fondu en larmes. Chávez lui a dit de ne pas s'inquiéter, Marco et lui trouveraient bientôt une solution. Il envisageait de demander la liberté conditionnelle à un juge aux affaires d'*amparo,* et non pas à la juge qui présidait l'audience. Comme personne ne s'y attendrait, ils pensaient être capables de convaincre le tribunal des affaires *d'amparos* de réduire la caution à un montant que le syndicat pourrait acquitter. En s'appuyant sur la dénonciation d'Ancira, il serait possible d'obtenir une liberté conditionnelle en payant une caution car le délit ne relevait pas des *délits majeurs*.

Les neuf jours que Pavón a passés sous les verrous l'ont profondément affaibli et transformé. Lorsqu'on le lui autorisait, il appelait Luis Chávez pour lui raconter d'une voix brisée que les ennemis du syndicat – Alonso Ancira, entre autres – étaient venus le voir en prison pour lui proposer de dénoncer le Comité exécutif du syndicat en échange de sa libération et d'une importante somme d'argent. Il disait avoir refusé leurs avances, mais il se mettait soudain à pleurer et à crier bêtement, en nous accusant de l'avoir abandonné. Il disait qu'il était atteint d'une maladie incurable et que la prison finirait par l'achever. Jamais il ne nous remerciait de l'effort que nous faisions pour essayer de trouver l'argent de sa caution. Vers la fin de son séjour en prison, Luis était exténué par la lâcheté et les plaintes continuelles de Carlos Pavón.

Néanmoins, le plan de Marco a fonctionné. Pavón a obtenu la liberté conditionnelle après le paiement de cinq millions et demi de pesos. C'était une somme élevée, mais nous avons décidé de la payer en pensant qu'une fois le procès remporté au tribunal, nous serions remboursés. Pour effectuer ce paiement, nous avons dû puiser dans nos dernières réserves – un fonds destiné aux grèves, que nous utilisions pour soutenir les travailleurs de Taxco, Sombrerete et Cananea, ainsi que les familles des victimes de Pasta de Conchos.

Après sa remise en liberté, Pavón a demandé à être remplacé à son poste pendant une semaine pour aller voir sa famille à Zacatecas. Lorsqu'il est revenu à Mexico, c'était un homme totalement différent, constamment angoissé et méfiant. Durant les réunions du Comité exécutif, il n'intervenait plus que de façon sporadique et confuse. Par ailleurs, la maladie incurable dont il disait souffrir avait mystérieusement disparu. Une semaine après sa libération, Pavón est venu me voir à Vancouver et j'ai pu constater son changement d'attitude. J'étais furieux de voir qu'il reprochait à nos collègues du Comité de l'avoir laissé tant de temps croupir en prison. C'était une accusation injuste et sans fondement, puisque nous avions fait d'énormes sacrifices pour le libérer. Avant son arrestation, Pavón était le porte-parole du syndicat et un des défenseurs les plus engagés de la cause de Los Mineros. Il avait violemment critiqué les conspirations contre le syndicat et avait même insulté en public le ministre du Travail Lozano. À présent, il était méconnaissable : il était devenu un homme faible et aigri. Malgré cela, les avocats de la défense du syndicat ont continué à travailler pour parvenir à un acquittement complet de Pavón.

Durant les mois suivants, nous nous sommes rendu compte que Pavón n'avait pas dit toute la vérité sur son séjour en prison. En réalité, il avait été acheté par nos ennemis, et depuis sa libération il s'était mis à travailler contre le syndicat, tout en étant au cœur de celui-ci. Il avait fini par se plier aux ordres de ceux qui l'avaient jeté en prison : Javier Lozano, Germán Larrea, Alberto Bailleres et Alonso Ancira. Au printemps 2009, nous avons compris qu'il avait cherché à obtenir un accord avec Grupo Peñoles – un accord qui portait préjudice aux travailleurs – et qu'il essayait de créer des divisions au sein de l'organisation. Nous n'avons donc pas eu le choix : il nous a fallu l'expulser en mai 2009.

À partir de ce moment-là, le faux soutien qu'il apportait aux mineurs a complètement disparu. Du jour au lendemain, il avait retourné sa veste. À présent, il déclarait en public que j'étais un obstacle pour le syndicat, que je l'avais laissé en prison sans aucun soutien juridique, et que j'avais volé les 55 millions de dollars du Trust des Mineurs. Il a même osé dire que j'encourageais les grèves de Taxco, Sombrerete et Cananea uniquement pour faire pression sur le gouvernement et exiger le retrait des charges qui pesaient contre moi. À présent, Pavón apparaissait dans tous les médias, colportait des mensonges et s'en prenait constamment à ses anciens collègues et à moi. Pas une seule fois, évidemment, Pavón n'a expliqué pourquoi – si ce qu'il disait était vrai – il avait passé autant de temps à défendre les dirigeants du syndicat.

Alberto Bailleres de Grupo Peñoles l'a rapidement pris sous son aile, car il avait de juteuses affaires dans l'État de Zacatecas, dont Pavón était originaire. L'homme d'affaires lui a offert tout son soutien et le conseil juridique nécessaire pour créer un syndicat d'entreprise qui, à l'image du SUTEEBM de Grupo México, pourrait faire concurrence à Los Mineros. Pavón a alors eu l'impertinence de donner le nom de mon père à sa nouvelle organisation. Sa trahison reste l'une des pires dont nous ayons souffert jusqu'à présent.

Malheureusement, nos avocats avaient déjà mené à bien la défense de Pavón à Coahuila, et celui-ci avait été acquitté dans le cas de la fraude contre Altos Hornos de México. Lorsque nous avons contacté le tribunal pour réclamer la caution, nous avons appris que le tribunal n'était plus en possession de cet argent. Immédiatement après la libération de Pavón, celui-ci s'était rendu à Monterrey pour se présenter devant le tribunal et réclamer cet argent, assurant qu'il avait lui-même versé les cinq millions et demi. Cette somme, qui était destinée à soutenir les mineurs en grève et les veuves de Pasta de Conchos, finissait dans les poches d'un homme vulgaire et corrompu tombé dans les poubelles de l'histoire du mouvement syndical.

Dès que nous avons eu connaissance de ce vol, nous avons porté plainte. Pavón disposait à présent d'une nouvelle équipe d'avocats pour le défendre, payés – comme par hasard – par Grupo Peñoles. Pavón affirmait qu'il avait donné l'argent à un trésorier du syndicat de Zacatecas, mais rien n'était plus faux. La plainte que nous avons déposée contre lui est toujours en cours.

Entre temps, Juan Linares était encore sous les verrous, accusé de délits *majeurs*. Contrairement à Pavón, Juan faisait preuve d'une grande force et d'une totale loyauté. Malgré les mauvaises conditions de détention – il était enfermé dans une cellule hostile et vide, et ne mangeait que des conserves – Linares gardait le moral et était bien décidé à tenir jusqu'à ce que son innocence soit démontrée. Quelques semaines après son arrestation au mois de décembre, Me Marco del Toro lui avait rendu visite dans sa cellule. Après avoir passé un moment à discuter, Linares lui a dit en souriant : « Tu sais, Marco, cette année, Noël n'aura pas lieu.

» « Pourquoi donc ? » a demandé Marco. « Parce que le Père Noël est en prison, » a répondu Linares en caressant sa longue barbe blanche.

Il était évident que la nomination de notre prétendu « relais de communication » n'avait rien résolu ; au contraire, elle avait compliqué la situation. Un jour, Gómez Mont nous promettait de mettre fin au conflit, et le lendemain, il nous dépouillait de tous nos biens et faisait capturer nos collègues. Certes, il avait suivi un cursus en droit, tout comme Javier Lozano, mais il semblait prendre un malin plaisir à pervertir les lois et à déformer l'État de droit. Le ministre de l'Intérieur est en général une personne intègre, habile et qui fait preuve de probité, mais Gómez Mont n'était rien de tout cela. Son attitude reflétait en revanche une misère personnelle et professionnelle ainsi que des complexes.

À aucun moment cet homme n'a cessé d'agir comme s'il était l'avocat de son ancien client. Gómez Mont a continué à défendre les intérêts de Grupo México et ses représentants de façon inébranlable ; la seule différence était qu'à présent, il pouvait utiliser le pouvoir politique que lui conférait sa fonction pour accomplir des actes de complicité et corruption. Il avait trahi sa promesse – aussi fausse que lamentable – d'être un ministre de l'Intérieur impartial. Nous savions bien que cet inlassable défenseur des intérêts privés ne deviendrait jamais un médiateur loyal et honnête.

Durant les années qui suivraient sa nomination, Gómez Mont allait développer un partenariat étroit avec Lozano, pour faire pression sur les juges fédéraux et même sur la Cour suprême de justice, afin de faire prévaloir à tout prix les intérêts de Grupo Mexico. Son combat éhonté contre les droits des travailleurs s'est poursuivi tout au long de l'administration Calderón. En 2009, ils planifieraient ensemble la fermeture de l'entreprise d'électricité propriété de l'État, Luz y Fuerza del Centro. Le jour même où Felipe Calderón a annoncé l'arrêt des opérations, plus de 44 000 mexicains ont perdu leur emploi. Cette décision n'était qu'une manœuvre pour détruire le Syndicat mexicain des électriciens, un des rares syndicats démocratiques et indépendants du Mexique.

Les personnes avec lesquelles Gómez s'associait nous renseignaient sur le caractère de ce politicien – ou plutôt son manque de caractère – et sur ses terrifiantes complicités. Un de ces associés était Roberto Correa, un ancien fonctionnaire du gouvernement qui évolue aujourd'hui dans le milieu des casinos. Cet individu entretient d'étroites relations avec Gómez Mont ainsi qu'avec son cabinet d'avocats. Correa, qui a travaillé comme directeur de *Juegos y Sorteos* au sein du ministère de l'Intérieur sous Calderón, était sous le coup d'une enquête pour avoir cédé quarante-et-un permis d'expansion à la société de paris *Atracciones y Emociones Vallarta*, vingt-quatre heures avant de démissionner de son poste. À l'instar de nombreux autres contrôleurs officiels au Mexique, Correa a aidé les entreprises à trouver des moyens de contourner les lois fédérales de régulation des jeux, en permettant par exemple que, dans les jeux de poker, les joueurs ne reçoivent leur dû qu'après avoir répondu à un quizz.

Un reportage publié en 2011 par *El Universal* expliquait en détail les connexions entre Correa Méndez, son associé Juan Iván Peña, et le cabinet d'avocats *Esponda, Zinser y Gómez Mont*. D'après cet article, ces deux hommes « étaient fiers de la relation entretenue avec des politiciens et des avocats, les plus grands trafiquants d'influence du Mexique, comme Julio Esponda, associé d'Alberto Zinser et de Fernando Gómez Mont, ex-ministre de l'Intérieur ». Correa Méndez et Peña Neder, qui avait aussi été fonctionnaire au ministère de l'Intérieur, sont propriétaires de *Juegos de Entretenimiento* y *Video de Cadereyta* et de *Ferrocarril Endige*, et selon *El Universal*, ils « vendaient à travers ces sociétés des documents, dont certains étaient falsifiés, qui ont servi à l'installation et à l'exploitation illégales de casinos dans plusieurs États ».

Aucun des avocats de *Esponda, Zinser y Gómez* n'a réfuté ces accusations qui établissaient leur relation avec ces propriétaires de casinos sans scrupules. Même lorsqu'ils se dissimulent derrière des masques

de serviteurs du bien public, ces avocats demeurent pourtant les indé-
fectibles serviteurs à la botte des grandes entreprises, au détriment de
leur honneur et de leur profession.

SEIZE

LES FRÈRES LARREA DISPARAISSENT

Trois choses ne peuvent être éternellement cachées : le soleil, la lune et la vérité.

—BOUDDHA

Juan Linares a passé l'année 2009 dans une petite cellule exiguë de la maison d'arrêt située au nord de Mexico. Tout comme Carlos Pavón, on lui avait déjà proposé de le libérer à plusieurs reprises, mais pour cela, il lui aurait fallu trahir Los Mineros. « En trahissant mon syndicat, je pourrais sortir d'ici demain si je le voulais, » a déclaré Juan à des proches venus lui rendre visite en prison, « mais jamais je ne pourrais faire une chose pareille. »

Il était extrêmement douloureux de savoir qu'un de nos collègues se trouvait sous les verrous, tel un criminel, alors qu'il était totalement innocent. Mais comme on avait qualifié son délit de *majeur*, et qu'il avait été emprisonné sur ordre de Grupo México, aucune caution n'avait été fixée. Nous ne pouvions pas faire grand-chose, à part continuer à assurer sa défense. Comme pour Pavón, nous avions réussi à faire acquitter Linares des accusations portées par Ancira à Coahuila — le mandat d'arrêt à son encontre avait été invalidé. Mais les accusations en lien avec le Trust des Mineurs couraient toujours, et Linares ne pouvait donc pas être libéré. (José Barajas, le troisième accusé visé par la plainte d'Ancira, avait évité d'être capturé suffisamment longtemps pour que notre équipe juridique parvienne à bloquer totalement le processus d'arrestation ; on l'avait autorisé à simplement se présenter mensuellement devant un tribunal de Monclova, évitant ainsi la prison.)

Notre équipe juridique était parvenue avec brio à faire lever les accusations portées depuis 2006 contre Linares au niveau de l'État. Longtemps auparavant, nous avions interjeté appel contre le mandat d'arrêt qui avait été émis dans l'État de Sonora, et un an et demi avant son arrestation, en juin 2007, le premier tribunal collégial pour les questions administratives de Hermosillo a accueilli l'appel au motif de l'absence d'un quelconque comportement illégal. Le 14 décembre, moins de deux semaines après sa mise en détention, le tribunal 18 du District fédéral de Mexico, auquel l'État de San Luis Potosí avait transféré un mandat sur la base des mêmes chefs d'accusation, a également déclaré Juan innocent et ordonné sa libération, invoquant l'absence de preuve quant à un quelconque délit. Le PGR a fait appel de cette décision, mais son appel a été rejeté en mai 2009.

Lorsque nous avons commencé à nous battre de façon encore plus vigoureuse contre les nouvelles accusations portées au niveau fédéral début 2009, nous sommes partis du principe que celles-ci allaient être rejetées puisqu'elles se fondaient sur un chef d'accusation identique à celui qui avait été porté contre Juan au niveau de l'État, et que le tribunal avait invalidé. Nous avons également soutenu que les trois accusateurs — Elías Morales, Miguel Castillejas et Martín Perales — n'étaient aucunement habilités à introduire une requête concernant les 55 millions de dollars. D'une part, aucune preuve n'attestait d'un quelconque délit. Et d'autre part, nous savions pertinemment que, contrairement à ce qu'ils prétendaient, ils ne se battaient en aucun cas au nom des centaines de mineurs qui appartenaient à la coopérative d'anciens membres de Los Mineros, Veta de Plata, qui avait été créée par Grupo México Les seuls plaignants étaient en réalité Morales, Castilleja et Perales et, à ce titre, ils ne pouvaient prétendre qu'à la portion du Trust qui, selon eux, leur revenait personnellement.

Cependant, le juge chargé de l'affaire Linares a rejeté nos demandes. Comme le faisait la partie adverse, nous avons alors commencé à prendre contact avec des témoins pour les inviter à se présenter devant le tribunal. Dès le début de l'année 2009, de nombreuses audiences ont eu lieu en lien avec les accusations portées à niveau fédéral. Toutes se sont déroulées dans la maison d'arrêt du nord de Mexico, dans la salle d'audience ouverte d'où partait un long tunnel menant jusqu'aux cellules, où était enfermé Juan. C'est ici que, de longues heures durant — parfois plus de quinze —, le tribunal interrogeait les différents témoins. La procédure avait généré un dossier constitué de soixante-dix volumes. Depuis Vancouver, j'ai suivi chaque étape de l'affaire, en contact quotidien avec Me Marco del Toro par téléphone portable ou radio avec émetteur-récepteur.

Le tribunal avait nommé un premier juge sur cette affaire, Silvia Carrasco, qui en a été dessaisie au terme de quelques audiences pour que l'affaire soit finalement confiée au juge José Miguel Trujillo Salcedo du tribunal du premier district. Le juge Trujillo avait statué sur certaines des procédures d'*amparos* que nous avions initiées — notamment à l'égard de la saisie du domicile de mon fils — et nous avons estimé que ce transfert de dossier était injuste, tout particulièrement au regard du fait que le procès était déjà en cours. Nous avons donc déposé un *amparo* mais celui-ci a été rejeté.

Alors que les juges n'assistent que rarement aux audiences, le juge Trujillo était quant à lui présent à la plupart des procédures menées dans le cadre du procès de Linares, et ce principalement en raison des disputes qui éclataient fréquemment dans la salle, entre Me Marco del

Toro et l'avocat représentant Elías Morales et les autres traîtres de son équipe, sans doute achetés par Grupo México. Cet avocat répondait au nom d'Agustín Acosta Azcón, un homme dont je connaissais très bien le sombre passé. Il était le fils d'Agustín Acosta Lagunes, le directeur général de la Monnaie mexicaine avant ma nomination en 1989. Acosta senior avait assuré une piètre gestion de la Monnaie, qui s'était révélée dictatoriale et minée par la corruption, poussant ainsi les travailleurs syndiqués à se mettre en grève à plusieurs reprises. Lorsqu'il a quitté la Monnaie, il s'est servi de ses relations avec le président José Lopez Portillo pour être propulsé au rang de sous-ministre des Finances avant de devenir, plus tard, gouverneur de l'État de Veracruz. Fort de ces deux casquettes, Acosta Lagunes userait de son pouvoir pour réprimer les agriculteurs, les étudiants et les groupes de gauche.

Durant notre bataille juridique contre Grupo México, nous avons pu constater qu'Acosta junior, Agustín Acosta Azcón, était tout aussi pervers, méchant et corrompu que son père. La carrière du jeune Acosta avait connu un mauvais départ. Quelques jours après la prise de fonctions de Calderón, le nouveau président l'avait nommé à la tête du renseignement financier au sein du ministère des Finances et du Crédit Public, mais Acosta Lagunes a rapidement été mêlé à un scandale. René Bejarano, haut fonctionnaire de la magistrature à Mexico, comptait parmi ses clients ; alors qu'Acosta occupait son nouveau poste depuis quelques semaines à peine, une vidéo s'est mise à circuler, dans laquelle apparaissait Bejarano acceptant un pot-de-vin de la part d'un homme d'affaires de renom. Diffusée à l'origine dans le cadre d'un programme d'information très populaire, animé par le clown Brozo (de son vrai nom Victor Alberto Trujillo Matamoros), ces images floues représentaient l'homme d'affaires en train de remettre au client d'Acosta plusieurs liasses de billets qu'il fourrait dans une mallette, un sac en plastique et dans ses propres poches. Pendant des semaines, cette vidéo était diffusée en bonne place dans l'émission de Brozo. Le scandale a ruiné la carrière de Bejarano et coûté à Acosta sa place au sein du ministère des

Finances. Grâce aux méfaits de son client, Acosta détenait le record de la plus brève durée d'emploi au sein du gouvernement, avec à peine quatre semaines en exercice.

Acosta a ensuite intégré les rangs de Grupo México en qualité d'avocat mercenaire — exerçant ses fonctions tel un indépendant, mais pour servir au mieux les intérêts du groupe. Acosta avait commencé à travailler pour Grupo México dès le début d'année 2007, immédiatement après avoir été expulsé du cabinet de Calderón. L'entreprise l'avait spécifiquement engagé pour traiter l'affaire introduite par Morales, Castilleja et Perales, et conduire l'accusation dans le cadre du procès intenté contre mes collègues et moi-même. Alors que les juges invalidaient les mandats d'arrêt les uns après les autres, Acosta ne lâchait pas prise. Germán Larrea payait ses honoraires, cela aurait dû être évident ; avec leurs salaires, Morales et les autres n'auraient jamais pu s'offrir les services d'un tel avocat, ni même une bataille juridique de longue haleine. Le coût des services d'Acosta équivalait à plusieurs fois les salaires annuels combinés des trois accusateurs. Mais l'interminable bataille juridique saignait aussi à blanc les finances du syndicat — l'un des principaux avocats de Grupo México, Salvador Rocha, s'était approché de Mᵉ Marco del Toro dans un restaurant pour lui déclarer d'un ton cynique : « Continue avec tes *amparos*, Marco. Tu fais de moi un homme riche ! »

À chacune de ses apparitions dans les médias, Agustín Acosta se comportait tel le porte-parole de Grupo México, insultant publiquement le Comité exécutif du syndicat comme s'il était lui-même partie au conflit. On aurait dit qu'il défendait des milliers de mineurs indignés, et non les trois marionnettes d'une entreprise moralement défaillante. À travers Grupo México, Acosta jouissait de confortables relations avec de nombreux juges et magistrats, de même qu'avec le parquet, et il était régulièrement informé du dénouement des affaires avant même les verdicts officiels. Il était fréquent qu'il communique aux journalistes des verdicts qui n'avaient pas encore été prononcés de manière formelle — alors que seul le juge était censé connaître l'issue du procès. Ces « prédictions » à l'intention des médias faisaient de lui une sorte de faux devin.

Au cours du procès de Linares, Acosta n'a pas fait un geste sans consulter la principale société de conseil juridique de Grupo México : *Zinser, Esponda y Gómez Mont*. Acosta a toujours nié toute relation avec ce célèbre cabinet d'avocats aux pratiques plus que contestables, mais il était difficile de masquer la vérité. Un des avocats les plus jeunes du cabinet, Roberto García, était chargé de guider Acosta tout au long de l'affaire Linares. García était présent à chacune des audiences, où il siégeait au niveau des premiers rangs. Bien entendu, le juge ne lui permettait pas de participer puisqu'il n'était pas partie au procès et ne représentait aucune des parties impliquées. Il apparaissait pourtant aux premières loges à chaque audience publique. Me Marco del Toro, pleinement conscient de la relation entre García et Acosta, demandait systématiquement au juge de le faire déplacer vers le fond de la salle, déclarant que García était envoyé par Grupo México afin de soutenir Acosta. À chaque reprise, García reculait vers le fond de la salle, mais lentement et subrepticement, à mesure que la journée avançait, il se rapprochait à nouveau d'Acosta.

Un jour, alors que Marco s'était retourné durant une audience, il a découvert García en train de remettre un bout de papier jaune à Acosta et s'est empressé de le signaler au juge. Telle une enseignante réprimant un élève, le juge Silvia Carrasco a ordonné à Acosta de lui remettre le document. Clairement embarrassé, Acosta s'est exécuté. Il s'agissait en fait d'un post-it sur lequel García avait griffonné plusieurs questions qu'Acosta devait poser à la personne qui allait subir un contre-interrogatoire la même journée. À la demande de Marco, le tribunal a certifié l'existence de cette transaction entre García et Acosta et le post-it a été versé au dossier à charge. Une fois encore, cette preuve irréfutable démontrait que Grupo México était le véritable instigateur de toute cette persécution dirigée contre Juan Linares et, par extension, contre Los Mineros.

Dans le cadre de la défense de Linares, le juge a entendu de nom breuses déclarations confirmant l'innocence de Juan. Les cadres supérieurs de Scotiabank eux-mêmes — anciens fidéicommissaires du Trust des Mineurs — avaient, là encore, déclaré en toute clarté que les finances du syndicat avaient été gérées de façon honnête, ce qu'avaient d'ailleurs confirmé les vérificateurs aux comptes, qu'il s'agisse des experts officiellement nommés à cette fin par le gouvernement ou des auditeurs témoignant pour la défense.

Mais Marco souhaitait voir comparaître un témoin en particulier. Une personne qui comprenait parfaitement le conflit qui avait conduit à l'arrestation de Juan, un homme qui était impliqué depuis plusieurs dizaines d'années et qui avait contribué à la création du Trust des Mineurs, aujourd'hui au cœur du litige. Plus que tout, Me Marco del Toro souhaitait voir comparaître Germán Larrea. Le 9 janvier 2009, avant que le dossier ne soit confié au juge Trujillo, Marco a versé au dossier les témoignages de Germán Feliciano Larrea et de son frère Genaro en tant que preuves. Genaro avait occupé des postes importants au sein de Grupo México et il connaissait également l'affaire. Par sa démarche, Marco allait obliger les deux frères Larrea à s'exprimer formellement au sujet des circonstances entourant l'accusation de fraude — et tout particulièrement à l'encontre de Linares, mais ces charges étaient les mêmes que celles qui pesaient sur moi et sur les autres. Nous avions hâte d'entendre ce que Larrea dirait dans le cadre du contre-interrogatoire mené par Marco, étant donné que Germán lui-même avait signé un document en 1990 qui déclarait sans aucune ambiguïté que les 55 millions revenaient au syndicat, et non aux travailleurs de façon individuelle (et c'est sur cette distinction que s'appuyait la plainte déposée par Morales). Même s'il s'agissait d'une modeste avancée, le fait d'appeler Germán et Genaro à la barre des témoins allait pourtant faire basculer tout le déroulement du procès.

Lorsqu'il a su qu'il allait être cité à comparaître en qualité de témoin devant le juge Trujillo, Germán Larrea a demandé à ses conseillers de tout faire pour empêcher sa comparution. Connu pour être très introverti, il n'a jamais donné d'interview et n'apparait que rarement dans le cadre d'événements publics. En effet, avant que le Syndicat des mineurs n'obtienne une photographie de cet homme et la diffuse (nous allions obtenir légalement une copie de son permis de conduire et de son passeport), rares étaient les gens qui savaient à quoi il ressemblait. Quoique figurant au second rang des personnes les plus riches au Mexique, Larrea mène une existence si hermétique, obscure et anonyme qu'il est même strictement interdit de prendre des photographies de lui ou à ses côtés. Aujourd'hui il est cependant facile de voir des images de lui sur Internet ou sur les documents de l'entreprise.

Le 14 janvier, le tribunal a dépêché un greffier au siège de Grupo México à Mexico afin de remettre les citations à comparaître officielles. Le greffier a été reçu par une secrétaire qui a déclaré que les Larrea travaillaient en fait au quatrième étage, mais qu'aucun d'eux n'était présent pour le moment et elle proposait de leur remettre les documents à leur retour. Elle a pourtant renvoyé les citations à comparaître deux jours plus tard, en expliquant que les Larrea ne travaillaient pas dans le bâtiment en question. Comme nous pouvions nous y attendre, Germán n'allait pas nous faciliter la tâche.

Près d'un mois plus tard, Me Marco del Toro a entrepris quelques recherches au sujet de la femme qui avait reçu le greffier. Elle répondait au nom de Marisol Barragán et travaillait bel et bien pour Grupo México, qui plus est au sein de l'équipe de juristes interne du groupe. Marco a demandé au juge de convoquer cette avocate qui, à la différence de ses patrons, s'est ensuite présentée. Mais au moment du contre-interrogatoire, elle a refusé de coopérer et n'a pas expliqué pour quelle raison elle avait ainsi couvert les frères Germán et Genaro. Finalement, Marco s'est levé pour déclarer au juge que Barragán mentait, que c'était un délit, et qu'il la poursuivrait. Le visage de Barragán est devenu blanc comme un linge, et elle a admis à contrecœur qu'elle travaillait bien comme conseillère juridique au sein de Grupo México.

Barragán était prise dans son mensonge, mais il nous manquait toujours les deux frères. Ils ont tout bonnement ignoré la série d'assignations à comparaître qui allaient leur parvenir au cours des mois suivants, bafouant la loi sans vergogne. Lorsque Germán a été cité à comparaître devant les juridictions américaines, comme ce fut le cas récemment dans une affaire qui impliquait la filiale de Grupo México au Texas, ASARCO, il s'est exécuté. Mais au Mexique, Germán pensait qu'il pouvait quasiment tout se permettre.

Alors que nous tentions de traîner Larrea devant les tribunaux, le parquet lui-même a fini par se mêler de l'affaire, non pas pour le compte du tribunal mais au nom des témoins en fuite. Plutôt que de garantir un procès équitable pour Juan Linares, le procureur général déposait une série d'*amparos* contre l'admission du témoignage des Larrea dans cette affaire. Les raisons qui l'ont poussé à agir ainsi n'ont jamais été révélées, mais nous connaissions bien entendu les véritables motifs — comme à son habitude, le PGR défendait les puissants intérêts des milieux d'affaires.

Fort heureusement, les tentatives du PGR ont été rejetées et le sixième tribunal pour les affaires pénales du premier circuit a confirmé notre droit d'interroger les Larrea. Mais les frères refusaient toujours de coopérer. Au total, ils ont ignoré dix-neuf convocations du tribunal.

Au sein du cabinet *Zinser, Esponda, y Gómez Mont*, les avocats des Larrea se sont également impliqués ; eux aussi avaient déposé des *amparos* contre les citations à comparaître. Ils recouraient à tous les moyens légaux possibles pour éviter aux frères de se présenter devant le tribunal, mais la plaidoirie efficace de Marco a eu raison de ces *amparos*. Les frères accumulaient à présent des amendes en raison de leur non-comparution et, au mois de mars, Marco a demandé au tribunal d'émettre un mandat d'arrêt de trois jours contre les deux frères.

L'article suivant est paru dans le journal *Milenio* le 24 mars 2009 :

Le tribunal pour les affaires pénales du District fédéral a ordonné la détention administrative durant 36 heures du propriétaire de Grupo México, Germán Larrea Mota Velasco, et de l'ancien dirigeant syndical [supposé], Elías Morales Chávez, pour non-respect d'une ordonnance judiciaire.

Selon Me Marco Antonio del Toro, avocat représentant le Syndicat des mineurs, le juge avait cité les deux hommes à comparaître à la maison d'arrêt du nord de Mexico, District fédéral, dans le cadre de l'affaire du Trust des Mineurs et de la malversation supposée des 55 millions de dollars constituant le fonds.

« Des employés de Grupo México ont tenté de cacher Germán Larrea, ce que nous avons démontré devant le tribunal fédéral, et c'est à ce titre que nous requérons l'intervention de la Police fédérale pour l'obliger à comparaître, » a-t-il déclaré.

Dès la parution, Agustín Acosta a pris contact avec le journal pour démentir le contenu de l'article publié dans *Milenio*, agissant, là encore, comme s'il était le porte-parole de Grupo México. La journaliste qui avait rédigé l'article, Blanca Valadez, a alors contacté Me Marco del Toro — craignant d'avoir publié, par mégarde, des informations erronées. Carlos Marín, directeur de la rédaction de Grupo Milenio, l'avait apparemment réprimandée suite à cet article puisqu'il avait reçu de nombreux appels téléphoniques, de la part d'Acosta et d'autres encore, affirmant que Germán Larrea ne faisait l'objet d'aucun mandat d'arrêt. Marco l'a assurée du contraire et Valadez lui a demandé s'il pouvait en apporter la preuve afin d'étayer son récit.

Marco s'est empressé de lui adresser une copie de la décision de justice, qui confirmait expressément la véracité de l'article que la journaliste avait écrit.

Voici le contenu du second article publié par Valadez :

Contrairement aux déclarations faites par le Syndicat des mineurs lundi dernier, Maître Agustín Acosta a nié l'existence d'un quelconque avertissement et encore moins d'un mandat de détention administrative pour une durée de 36 heures à l'encontre de l'homme d'affaires et propriétaire de Grupo México, Germán Larrea Mota Velasco.

Acosta a affirmé que Silvia Carrasco, juge près le tribunal pour les affaires pénales du District fédéral, s'était contentée d'adresser une citation à comparaître et que cette procédure avait été définitivement suspendue dès lors que le Conseil fédéral de la magistrature envisageait de confier au juge José Miguel Trujillo Salcedo l'ensemble du dossier lié à l'enquête relative à la supposée malversation des 55 millions de dollars.

Acosta a ajouté que le juge Trujillo, à qui le dossier avait été envoyé, avait déclaré que la loi ne l'autorisait pas à connaître de l'affaire et qu'il avait dès lors « suspendu toute audience et toute procédure. Le dossier ne contient aucune citation à comparaître, et pas même une copie de citation. La procédure est suspendue. »

*Le nouveau juge s'est lui-même déclaré légalement incapable de traiter l'affaire, étant donné qu'il avait déjà statué sur certaines procédures d'*amparo *précisément initiées par des membres du Syndicat des mineurs.*

Voilà pourquoi l'avocat a indiqué qu'il n'existait ni citation à comparaître, ni décision de justice à l'encontre de Germán Larrea.

Toutefois, Me Marco Antonio del Toro, l'avocat de Napoleón Gómez Urrutia, dirigeant du Syndicat des mineurs, a versé au dossier la preuve n° 140/2008, ordonnant une mise en détention consécutive à la non-comparution de messieurs Larrea.

Voici un exemple choquant qui montre bien comment les nantis peuvent directement influencer la presse pourtant censée être impartiale. Il semble que quelques appels téléphoniques de la part des sbires de Grupo México aient suffi à reléguer notre preuve irréfutable à la toute fin de l'article. Pour brouiller les pistes, ils ne nous ont accordé qu'un maigre paragraphe et n'ont pas même donné de précision sur la preuve incontestable que nous avions apportée. Tout cela s'ajoutant au fait qu'Acosta, une fois encore, n'avait aucune raison de défendre Larrea puisqu'il répétait continuellement que Larrea et Grupo México n'étaient pas ses clients et qu'ils n'avaient rien à voir avec les démarches qu'il initiait pour le compte de Morales, Castilleja et Perales. Tout au long de cette triste affaire, nous avons publié des communiqués de presse au sujet de l'inadmissible non-comparution de Germán Larrea, faisant tout notre possible pour faire éclater la vérité que les médias traditionnels étouffaient.

Près de six mois après notre première demande déposée afin de recueillir le témoignage des Larrea, ni Germán ni son frère ne s'étaient encore montrés. Conformément au jugement rendu par le tribunal, nous avions le droit de solliciter la comparution des deux frères et le PGR était tenu de faire le nécessaire pour qu'ils se présentent à la barre des témoins. Dans l'accomplissement de sa mission, il aurait dû recourir pleinement à l'Agencia Federal de Investigacion (AFI) — une agence fédérale d'enquêtes comparable au FBI américain — d'ailleurs soumise au contrôle du PGR. Mais compte tenu de l'attitude affichée jusqu'à présent par ce dernier, nous doutions de le voir mettre en œuvre de réels efforts pour assurer la comparution de Germán et Genaro.

À la mi-juin, l'agent de l'AFI Mario Martínez s'est présenté au tribunal pour faire part des démarches initiées par l'agence afin de retrouver les frères Larrea et les placer en détention. Après avoir pris connaissance des méthodes totalement inefficaces jusqu'alors employées par l'AFI, le juge Trujillo a déclaré que l'agence n'avait pas accompli un travail professionnel. Leurs procédures médiocres manquaient de sérieux. Avant que Martínez ne quitte le palais de justice, il a été sommé de mettre la main sur les frères Larrea afin que ceux-ci puissent être interrogés au plus tard le 27 juillet 2009. Cette fois-ci, il devrait recourir à des professionnels et faire appel aux autorités locales, si nécessaire. Il était clair qu'aucune excuse ne serait acceptée si les deux individus restaient introuvables à cette date. Cet ordre lui a été donné le 15 juin, laissant ainsi à l'AFI quarante-trois jours pour localiser les Larrea et les traîner devant les tribunaux.

Quand le 27 juillet est arrivé, le juge a pris connaissance non pas du témoignage des Larrea mais d'un document signé de la main de deux agents de l'AFI de l'unité des ordonnances judiciaires et de leur sous-commandant. Il était difficile de prendre au sérieux un tel rapport, affligeant de stupidité et de négligence. Au cours des mois passés, Marco et son équipe s'étaient renseignés auprès de chaque État du pays pour connaître les adresses possibles des Larrea ; nous avions collecté des données sur Internet ; nous avions même obtenu des copies des passeports des deux hommes et la confirmation d'une adresse valable de la part de l'un des principaux responsables de Grupo México, Xavier García de Quevedo. Aucune information ne manquait véritablement. Pourtant, les deux agents de l'AFI chargés du dossier avaient délibérément sapé leur travail — se pliant probablement à des ordres venus d'en haut.

Tout d'abord, le document affirmait que le PGR avait identifié dans sa base de données une adresse répertoriée comme étant celle de Genaro Larrea. Les agents ont indiqué avoir assuré une surveillance quotidienne du bâtiment entre le 16 et le 22 juin, sans qu'aucun des deux hommes ne se présente. Puis, le 23 juin, ils ont interrogé une personne qui se rendait fréquemment sur les lieux. Il s'est avéré que cet homme était avocat et propriétaire du bâtiment, où il avait d'ailleurs installé son cabinet. En d'autres termes, il avait bien fallu huit jours à ces brillants agents pour réaliser que le bâtiment en question n'était pas un lieu d'habitation mais un cabinet d'avocat.

Après cet échec, les agents ont poursuivi leurs recherches en s'intéressant à une autre adresse de la base de données, concernant cette fois un appartement situé au douzième étage d'un immeuble dans un autre quartier de Mexico. Ils ont entamé la surveillance du complexe le 29 juin, et ce jusqu'au 6 juillet. Là encore, aucun signe des frères Larrea. Le 7 juillet, ils ont parlé au réceptionniste de l'immeuble qui leur a fait savoir que l'appartement 1202 était habité depuis cinq ans par une personne louant le bien à Germán Larrea, et que ce dernier vivait aux États-Unis. Les agents ont frappé à la porte de l'appartement 1202 pour tenter d'obtenir confirmation auprès du locataire, mais en vain. Il leur avait à nouveau fallu huit jours pour constater que Larrea n'avait pas mis les pieds dans l'immeuble depuis cinq ans.

Ils se sont ensuite rendus dans la Colonia Roma de Mexico, où ils ont interrogé le réceptionniste d'une troisième adresse en lien avec Larrea. La personne leur a révélé que le bâtiment appartenait en fait à Grupo México, mais qu'il était vacant depuis plus d'un an. Le réceptionniste pensait lui aussi que les frères Larrea vivaient désormais aux États-Unis.

Les agents de l'AFI ont alors mis les voiles vers l'aéroport de Mexico pour tenter de rassembler des preuves démontrant que les Larrea avaient quitté le pays. Ils se seraient entretenus avec les représentants de neuf compagnies aériennes différentes, qui toutes leur auraient refusé l'accès aux informations souhaitées. Mais ils auraient dû s'y attendre ; de tels renseignements auraient été communiqués à un procureur, peut-être, mais certainement pas à un enquêteur. Les agents n'ont pas fait mention du temps passé à rechercher ces informations auprès des compagnies aériennes, ni des raisons pour lesquelles ils n'en avaient fait la demande que verbalement. De même, ils n'ont pas indiqué pourquoi ils s'étaient adressés à seulement neuf des vingt-quatre compagnies présentes à l'aéroport, ni pourquoi ils avaient choisi ces neuf compagnies-là.

Leur ultime conclusion était si stupide que nous n'avons pas douté un seul instant qu'ils cherchaient à nous tromper et à nous faire perdre notre temps. Le rapport disait « Si nous nous rendons à Phoenix, dans l'Arizona, nous pouvons peut-être retrouver les Larrea, » mais n'expliquait pas pour quelles raisons ils pourraient s'y trouver. Nous savions que les bureaux d'Asarco, une compagnie d'exploitation de cuivre contrôlée par Grupo México, se situaient dans l'Arizona, mais il est peu probable que les agents l'aient su — on leur avait simplement dicté ce qu'ils devaient dire.

Cette enquête pathétique et dispersée n'a fait que nous confirmer que le PGR couvrait Grupo México, une fois encore, et tournait en dérision notre système de justice. Notre équipe juridique a demandé à interroger les agents de l'AFI au sujet de l'insuffisance de leur enquête, mais la demande a été rejetée.

Alors que les Larrea manquaient pour la vingtième fois leur ultime délai de comparution, le juge Trujillo a émis une assignation à l'intention des avocats des deux parties, sollicitant de leur part une réponse formelle suite aux vaines recherches de l'AFI. Agustín Acosta a appelé Marco pour savoir s'il avait reçu l'assignation, ce à quoi Marco a répondu par l'affirmative. Acosta l'a alors invité à lui adresser sa réponse par courrier électronique. Marco a accepté et lui a demandé d'en faire autant. Marco a reçu une déclaration assez simple qu'il a transmise à mon fils, qui, comme moi, suivait l'affaire de près.

Peu après, Marco a reçu une réponse d'Alejandro « Tu as lu le mail, plus bas ? ». Marco a alors continué à lire, et a découvert qu'au moment de transférer sa réponse quant à l'assignation du juge, Acosta avait également inclus plusieurs e-mails à la suite de celle-ci, dont un adressé à Roberto García, et un autre aux avocats de Grupo México. Il avait également adressé une copie de sa réponse à García, qui l'avait commentée et à laquelle il avait apporté quelques modifications. Lorsque García a répondu, Armando Ortega, responsable des affaires juridiques au sein

Grupo México, était en copie du message. Mais, Acosta n'était-il pas censé n'avoir aucun lien avec l'équipe juridique de l'entreprise ?

Voici le courrier électronique de García qu'Acosta nous a transmis par erreur :

De : Roberto García González
Envoyé le : vendredi 31 juillet 2009, 19:04
À : Armando Ortega; Agustín Acosta
Objet : GM – COMMENTAIRES RAPPORT AFI

Merci, Agustín, et voici quelques suggestions. Nous verrons bien ce qu'ils en pensent.

Nous avons jusqu'à mardi pour commenter leurs observations. Le procureur m'a invité à le faire pour mardi et il a déclaré que lui préférait le faire lundi.

Je me demande si nous devrions inclure la question au sujet de l'assistance juridique, compte tenu des critiques qui ont été faites, disant que tu n'étais qu'un énième avocat du témoin.

Nous avons jusqu'à mardi. Bon week-end.

Salutations,

RG

En premier lieu, cet e-mail prouve, une fois de plus, qu'Acosta reçoit ses ordres de Grupo México et de ses avocats. Mais il révèle également les rapports étroits entre García, les agents du PGR et le procureur. L'entreprise n'étant pas partie dans cette affaire — les Larrea n'ont été convoqués qu'en qualité de témoins — ses avocats ne sont pas autorisés à échanger avec le PGR au sujet du dossier. Dans la dernière partie de l'e-mail, García doute qu'Acosta doive intervenir sur la question du témoignage de Larrea, considérant que Marco n'a eu de cesse de lui reprocher de se comporter tel un avocat de la défense au service des frères Larrea (ce qui est pourtant le cas). Le rôle d'Acosta a toujours été de défendre Larrea. Nous n'en avons jamais douté, mais l'e-mail le prouvait de façon irréfutable.

Alors qu'un certain temps s'était écoulé depuis les vaines recherches diligentées par l'AFI et que les frères avaient échappé à près de vingt reprises à une comparution devant le tribunal, nous avons finalement appris que Genaro Larrea s'était enfin montré et qu'il allait se présenter devant le juge. Bien évidemment, c'est entouré d'une légion d'avocats, avec à leur tête Roberto García (qui, cette fois-là, avait une raison valable d'être présent), qu'il s'est présenté dans la salle d'audience de la prison. Lorsque Genaro et son équipe sont arrivés, Me Marco del Toro a pris la parole pour faire une annonce qui a stupéfait l'ensemble de la salle : « Nous ne procéderons pas au contre-interrogatoire de M. Genaro Larrea. » Des cris de surprises ont retenti. « Nous avons demandé aux deux frères de témoigner. » a poursuivi Marco. « Si je procède au contre-interrogatoire de cet homme, il communiquera immédiatement mes questions à son frère. « Nous n'en ferons rien ! » Marco avait raison et son argument a été reçu par le juge. Germán était celui à qui nous devions absolument parler, et nous n'allions pas nous contenter de son frère. Quand Genaro a quitté la salle entouré de son armada juridique, il a hoché la tête et murmuré : « Je ne comprends plus le Mexique. »

Peu après cet événement, le juge Trujillo, alors même qu'il avait émis un mandat d'arrêt à l'encontre des frères Larrea — et sans tenir compte du non-respect de cet ordre par les deux hommes — est finalement revenu sur la sanction qui leur avait été infligée, à savoir le mandat de détention pendant trois jours, auquel il a substitué une simple amende. Autrement dit, Trujillo se refusait à toute autre tentative d'arrêter les frères Larrea pour les obliger à comparaître en personne dans le cadre du procès de Linares. Cette décision favorisait clairement les plaignants et Juan Linares s'en trouvait terriblement désavantagé. Au mois d'octobre 2010, à l'appui de cette action partiale, nous avons engagé des poursuites pénales à l'encontre du juge Trujillo, pour crimes contre l'administration de la justice.

Sans tarder, celui-ci s'est récusé de l'affaire. Pour justifier d'un tel acte, il a présenté une copie de la plainte que nous avions déposée au pénal, alors même que la loi ne l'autorisait pas à accéder à ce document. Comme il devait parfaitement le savoir, la confidentialité d'une enquête pénale est un paramètre essentiel, et le fait qu'il ait eu connaissance de notre plainte était un crime. Il a néanmoins soutenu que, suite à cette plainte, il ressentait à présent une certaine inimitié à l'égard de Juan Linares et il était donc inapproprié qu'il reste lié à l'affaire. Emprisonné à tort, Juan n'avait plus qu'à attendre que le dossier soit déféré à un autre juge.

DIX-SEPT

UNE NOUVELLE VICTIME

Quiconque n'a pas affronté l'adversité ne connaît pas sa propre force.

—BEN JONSON

Bien que Grupo Peñoles ait probablement été la seule entreprise métallurgique du pays à n'avoir pas directement participé à la vague de privatisations obscures des années 80 et 90, ce groupe n'a jamais cessé de s'opposer au syndicalisme. Lorsqu'en 2009, nous avons lutté pour annuler les mandats d'arrêts lancés à notre encontre, son président, Alberto Bailleres, a pris part aux agressions directes contre le Syndicat des mineurs en se servant de ce traître de Carlos Pavón, tout comme Larrea l'avait fait avec Elías Morales.

Il faut dire que l'entreprise, gérée à ses débuts par Raúl, le père de Bailleres, ne pouvait pas se targuer d'un glorieux passé. Lors de sa venue à Vancouver, Jorge Leipen Garay, ancien sous-ministre des Mines et ancien directeur de Sidermex (le conglomérat national qui contrôlait de nombreuses autres compagnies comme Altos Hornos de México avant sa privatisation), m'a raconté les affaires louches dans lesquelles trempait Raúl Bailleres. Selon Leipen Garay – aujourd'hui disparu – la famille Bailleres avait construit sa fortune avant et pendant la Seconde Guerre mondiale. Bien que le Mexique se soit aligné sur les forces alliées, Bailleres vendait secrètement du mercure aux japonais qui s'en servaient pour fabriquer des armes chimiques redoutables destinées aux puissances de l'Axe. Le mercure, extrait dans les mines de Huitzuco, dans l'État de Guerrero, était acheminé en camion jusqu'au port d'Acapulco, puis transporté en bateau à quinze ou vingt miles de la plage, où les japonais attendaient pour l'acheter à prix d'or. Le trafic clandestin de mercure mis en place par Raúl Bailleres permettait aux forces de l'Axe de s'approvisionner en cette précieuse – et dangereuse – ressource extraite du sol mexicain. Leipen Garay m'avait remis un exemplaire du livre de Juan Alberto Cedillo, *Los Nazis en Mexico*, et même si le nom de Bailleres n'y figurait pas, il montrait comment lui et d'autres sympathisants du nazisme appartenant au secteur minier et métallurgique avaient réussi à mettre en place un véritable marché du minerai à l'intention des ennemis du Mexique et de la démocratie.

Leipen disait qu'Alberto Bailleres avait hérité de son père la déloyauté, même s'il était loin d'être le seul homme d'affaires mexicain dépourvu de toute éthique. On raconte que lors d'un dîner entre Alberto et son ami Carlos Trouyet – l'entrepreneur le plus prospère des années 60, 70 et 80 – celui-ci aurait confié à Bailleres qu'il envisageait d'acheter la chaîne de magasins *El Palacio de Hierro*, alors aux mains de l'espagnol Grupo García Cisneros, et aurait mentionné le prix qu'il proposait. En apprenant que son ami prévoyait d'acheter cette chaîne, Bailleres a immédiatement envoyé un de ses associés en Espagne pour proposer une meilleure offre. Bailleres a donc pris possession d'*El Palacio de Hierro* en trahissant la confiance de son ami.

Lorsque Carlos Pavón est sorti de prison en emportant la caution payée par le syndicat, Alberto Bailleres l'a chargé d'encourager la dissidence au sein de l'organisation en l'envoyant à Fresnillo, dans l'État de Zacatecas, non loin de Sombrerete, où faisaient grève les employés de

Grupo México. La section 62 du Syndicat des mineurs s'était installée sur le site de Fresnillo, la plus grande mine d'argent du pays, exploitée par Fresnillo PLC, une filiale de Grupo Peñoles. Les travailleurs de ce site avaient interrompu temporairement le travail après avoir appris les détentions révoltantes de Pavón et de Linares, au mois de décembre 2008. À présent, l'homme pour lequel ils s'étaient soulevés revenait, mais avec d'autres idées en tête. Depuis sa libération, il profitait de toutes les occasions pour discréditer Los Mineros et ma personne dans les médias.

Se pliant aux ordres de Grupo Peñoles et du ministère du Travail de Calderón, Pavón a réussi à créer, en un rien de temps, un syndicat de façade au sein de l'entreprise qui opérait à Fresnillo. Pour ce faire, Grupo Peñoles l'a aidé à causer des divisions internes en soudoyant les travailleurs fidèles à Los Mineros et en les menaçant violemment de les licencier s'ils ne soutenaient pas Pavón.

Les travailleurs de la section 62 et les dirigeants du syndicat étaient révoltés par ces menaces et ces tentatives de corruption, mais cela n'a pas empêché certains mineurs comme le secrétaire général local David Navarro de céder aux pressions et de se soumettre au nouveau syndicat. Pour répondre à ces actions, des membres de Los Mineros venant de tout le pays ont convoqué une réunion le 10 juin 2009 afin de démasquer Pavón et les traîtres de Fresnillo, qui avaient violé les principes d'unité et de démocratie du syndicat. Ils espéraient, au cours de cette réunion, rétablir les liens de solidarité entre la section et le Comité exécutif de Los Mineros, et démontrer que Pavón n'était que la nouvelle marionnette de Bailleres.

Devant cette tentative de dialogue pacifique au sein du syndicat, Grupo Peñoles a réagi en envoyant à Fresnillo un groupe paramilitaire, soutenu par une bande de drogués et d'assassins, pour supprimer les mineurs restés fidèles à Los Mineros. Dirigés par Pavón, par son frère Héctor et par David Navarro, les assaillants ont attaqué les mineurs qui s'étaient rendus à Fresnillo pour discuter du nouveau syndicat organisé par Pavón. Le 10 juin, à 7 h du matin, les sbires de Bailleres ont pris par surprise le parking à l'entrée de la mine.

Les assaillants s'étaient armés de bâtons, de battes de base-ball et de tubes métalliques avec lesquels ils ont agressé les membres du syndicat. Ils avaient aussi des armes à feu, mais ils n'ont fait que tirer en l'air pour intimider les travailleurs syndiqués. S'ils les avaient utilisées réellement, cela aurait attiré l'attention d'observateurs, qui auraient compris quelle était l'origine réelle de ces agressions : le gouvernement et Grupo Peñoles.

Les assaillants ont sauvagement agressé les représentants de Los Mineros et ils ont brûlé les autobus qui avaient transporté ces derniers. Notre collègue Juventino Flores Salas a trouvé la mort après avoir été roué de coups à la tête, et dix syndicalistes ont été gravement blessés, parmi eux Alejandro Vega Morales, qui souffre encore aujourd'hui de graves lésions cérébrales. Les dirigeants de Grupo Peñoles voulaient faire comprendre à Los Mineros qu'ils n'avaient pas intérêt à revenir à Fresnillo.

Pour la direction du syndicat, il était évident que ces agressions avaient été préméditées, et que les assaillants avaient été préparés par l'entreprise : les tubes et les battes dont ils s'étaient armés étaient tous identiques, et l'assaut était bien trop organisé pour qu'il s'agisse d'un mouvement spontané. En outre, comme nous avons pu le constater durant les jours et les semaines qui ont suivi, cette attaque avait reçu le soutien total du gouvernement, tant au niveau fédéral qu'au niveau de l'État.

Lorsque les autres sections du syndicat ont appris la mort de Juventino, elles ont haussé le ton et les membres du Comité exécutif se sont immédiatement rendus au bureau du gouverneur de Zacatecas, Amalia García Medina, pour lui demander de procéder à l'inculpation des responsables. Devant l'insistance de nos travailleurs, García, membre du Parti de la Révolution Démocratique (PRD) – et donc à priori de gauche – a ouvert une enquête. Elle a lancé un appel à témoins et recueilli des preuves pour déterminer qui étaient les responsables : récits de témoins oculaires, témoignages d'experts, photographies, articles de presse. Au début, García semblait disposée à mener l'enquête jusqu'au bout car elle souhaitait que « la justice tombe là où elle doit tomber ».

Finalement, Amalia García n'a pas tenu parole et n'a absolument rien fait pour arrêter les assassins de Juventino. Les mois ont passé sans qu'aucune action n'ait été prise contre Pavón et sa bande de traîtres. À l'automne 2009, plusieurs mois après l'attaque, nous avons perdu patience. Lors d'une réunion avec les délégués de toutes les sections syndicales du pays, aussi bien le Comité exécutif que le Conseil général de surveillance et de justice du syndicat ont décidé qu'une délégation voyagerait à Zacatecas pour demander au gouvernement de cet État de rendre justice.

Le 25 novembre 2009, plus de quatre cents mineurs ont entrepris un voyage en autobus pour protester contre les agressions envers Los Mineros et contre la mort de Juventino Flores Salas. Cependant, aux abords de la ville de Zacatecas, ils ont été arrêtés par un groupe d'agents fédéraux et de policiers fortement armés, et traités comme des criminels dont la mission était de prendre d'assaut la ville, et non comme des travailleurs qui exerçaient leurs droits constitutionnels de liberté syndicale et de liberté de mouvement.

Les forces de l'ordre ne les ont pas seulement empêchés de continuer leur route, elles ont aussi bloqué pendant des heures les portières des autobus pour empêcher quiconque de sortir, ne serait-ce que pour manger, boire ou aller aux toilettes. Des photos de cet acte de répression se sont alors mises à circuler dans le pays et dans le monde entier. Après quinze heures infernales, le gouverneur a enfin daigné envoyer un message pour permettre aux délégués de rentrer dans Zacatecas, à la condition de quitter les lieux dès le lendemain. Le jour suivant, les délégués ont rejoint d'autres collègues qui manifestaient sur la place principale, augmentant ainsi la visibilité de la manifestation.

À deux reprises, j'ai téléphoné au gouverneur pour demander des explications au sujet de l'accueil indigne qu'avaient reçu les membres

de notre syndicat qui ne faisaient que réclamer justice suite à la mort de
Juventino. J'ai exigé que toute la lumière soit faite sur cet assassinat et
que soient respectés nos collègues, en ajoutant que nous n'allions pas
permettre que de tels actes restent impunis. Elle m'a donné raison, du
moins en paroles, sur le fait que la justice devait prévaloir, mais elle a
précisé qu'elle ne voulait aucune forme de violence. Je lui ai assuré que
nos collègues n'étaient là que pour exprimer pacifiquement leur solidarité envers les victimes de l'agression du 10 juin. Ella a promis de s'en
tenir à la loi et de faire justice.

Mais une fois encore le gouverneur de Zacatecas n'a respecté ni ses
engagements, ni les dates convenues pour rendre une décision au sujet
des agresseurs. Le temps a passé, et rien n'a été fait. Nos collègues, instal-
lés sur la place principale, ont alors décidé d'y rester pour manifester
de façon permanente et quotidienne en distribuant des tracts visant à
dénoncer les actes arbitraires commis contre nos collègues et condamner la complicité entre le gouvernement de Zacatecas et Grupo Peñoles.

Le sit-in pacifique a duré quinze jours, mais comme Noël approchait,
le gouverneur leur a promis que s'ils quittaient la place, toute la justice
serait faite sur l'affaire avant les fêtes. Les membres du Comité exécutif
lui ont fait confiance et ont accepté de partir. Elle leur a indiqué qu'en
agissant ainsi, ils acceptaient l'accord selon lequel les responsables
seraient jugés avant Noël.

Mais Noël est arrivé et il ne s'était rien passé. Le nouvel an est passé,
et rien n'avait changé. Cependant, durant la première semaine de 2010,
et ce par l'entremise d'un juge, le gouvernement de Zacatecas a décidé de
rejeter les mandats d'arrêt émis suite aux plaintes déposées à l'encontre
de Carlos Pavón, de son frère Hector, de David Navarro et de sept autres
sbires responsables de l'assassinat de Juventino Flores.

Ce même juge a également nié que des dommages matériels aient été
causés, alors même que les vidéos, les photographies et les témoignages
aussi bien oraux qu'écrits prouvaient le contraire. Il était évident que
le gouverneur García, craignant de susciter la colère de Bailleres, avait

décidé de protéger le groupe de criminels pour que le poids de la loi ne retombe pas sur eux. Comme bon nombre de gouverneurs mexicains, elle agissait sans se soucier de l'État de droit. Si ces derniers avaient eu la force, la décence et l'intégrité de se dresser contre les agresseurs, la plupart des répressions dont nous avons souffert n'auraient pas eu lieu.

À partir de ce moment-là, la situation dans la mine d'argent de Fresnillo, contrôlée par le syndicat de façade de Pavón, n'a fait qu'empirer. Comme personne n'était là pour surveiller ce qui se faisait, le site s'est mis à ressembler à un camp de concentration. Jaime Lomellín, PDG de Fresnillo PLC, a supervisé des installations où les conditions étaient très proches de l'esclavage ou de la torture, tout cela avec l'approbation du nouveau syndicat. Dans cette mine, on punissait les travailleurs rebelles en les exposant nus au froid de la nuit et en les obligeant à s'agenouiller devant leurs collègues en guise de punition. En 2011, le Syndicat des mineurs a officiellement déposé plainte contre la dégradation des conditions dans la mine de Fresnillo, mais notre dénonciation est arrivée devant les autorités fédérales et gouvernementales sans obtenir de réponse.

Malgré l'incarcération injuste de Juan Linares, malgré les attaques continuelles de Grupo México, de Grupo Peñoles et d'Altos Hornos de México, le Syndicat des mineurs a continué à négocier aux côtés de soixante-dix autres entreprises avec lesquelles des conventions collectives étaient conclues et il a obtenu les augmentations salariales les plus élevées du pays, avec une moyenne de 14 pour cent annuels pour ses membres. Au cours de 2012 et de 2013, nous avons obtenu des augmentations similaires pour la septième et huitième année consécutive. En outre, nous avons maintenu en jeu notre élément-clé dans la lutte contre la corruption des entreprises et la complicité du gouvernement : la grève dans la mine de cuivre à ciel ouvert de Cananea. Dans cette mine, où était né le syndicalisme mexicain et où nos prédécesseurs avaient lutté en 1906 pour instaurer la journée de huit heures, défendre les conventions collectives et éliminer l'exploitation infantile dans les mines, la majorité des travailleurs ont fidèlement poursuivi la grève malgré les agressions incessantes de Grupo México et la position du JFCA qui déclarait cette grève illégale.

Depuis le premier jour de grève, le 30 juillet 2007, tout s'était fait de façon légale. Lorsque des travailleurs affiliés entament des négociations avec n'importe quelle compagnie, ils doivent rédiger une liste de toutes leurs requêtes. Dans ce document, il est stipulé que, conformément à la convention collective, les travailleurs ont le droit d'organiser une grève en l'absence d'accord au terme d'une date précise. Si à cette date, la compagnie refuse toujours de négocier, nous présentons un préavis de grève devant le JFCA. Nous avions respecté cette procédure, et avions eu raison de faire grève, car aux dires de nombreux mineurs, cette mine était un « Pasta de Conchos en puissance ».

Ignorant le fait que nous avions respecté les procédures établies, Grupo México a fait tout son possible pour que la grève soit déclarée illégale. Les représentants de l'entreprise ont remis au JFCA de faux documents déclarant que nous n'avions pas commencé la grève dans les temps impartis et que nous n'avions pas suivi la procédure. Selon la législation du travail mexicaine, la grève doit débuter au moment prévu par le préavis, et un notaire doit être présent pour observer et prendre acte des faits. Nous avions suivi ces spécifications au pied de la lettre, mais l'entreprise s'est évertuée à mentir au tribunal du travail. Nous avons également rencontré des complications car la *toma de nota* ne m'avait pas été remise. Après le refus de Lozano de me reconnaître, au mois de juin 2008, Grupo México pouvait aisément contester la légitimité de la grève, arguant que je n'étais pas doté de l'autorité morale pour l'approuver. Face à ce problème, nous avions décidé qu'un de nos avocats ou un des membres du Comité ayant leurs *tomas de nota* respectives, signerait les déclarations d'intention de grève. Deux membres fidèles au syndicat, Javier Zúñiga et Sergio Beltrán, officiellement reconnus, se sont donc chargés de la plupart des documents concernant la mine de Cananea.

Chaque fois que Grupo México présentait de fausses preuves, le JFCA croyait aux mensonges de l'entreprise et déclarait la grève illégale, suite à quoi nos avocats présentaient un *amparo* contre cette décision. Ce manège s'est répété plusieurs fois.

En janvier 2008, la police fédérale a pris de force la mine pour tenter d'expulser les mineurs de Cananea. Nous avons immédiatement présenté un *amparo* qui nous a permis de rester sur place jusqu'à ce qu'une décision définitive soit prise et le gouvernement a été obligé de retirer ses troupes. Mais en mai 2008, certains représentants de Grupo México ont violé la convention collective en convoquant une réunion du personnel de l'hôpital Ronquillo pour annoncer la fermeture des installations. Cela voulait dire que la communauté des mineurs de Cananea perdrait le seul moyen qu'elle avait de recevoir des soins médicaux. En 1990, Grupo México avait fermé la *Clinica de los trabajadores*, de façon unilatérale et sans avoir consulté le syndicat. Cette décision avait privé quelque dix mille personnes – les mineurs et leurs familles – de soins médicaux. Nombreux étaient ceux qui souffraient de handicaps graves et de maladies, comme le cancer et la silicose, directement liées aux mauvaises conditions de la mine. Conformément à la convention collective signée par l'entreprise, les membres du syndicat avaient le droit de bénéficier de ces soins médicaux dans le cadre des avantages liés à leur emploi. Mais Grupo México ne s'en souciait guère, protégé qu'il était par les autorités et le gouvernement. L'entreprise a également refusé de transporter les malades – même ceux qui avaient besoin d'une dialyse – vers l'hôpital le plus proche, à Hermosillo, à quelques heures de distance. Les patients qui avaient besoin d'une assistance médicale d'urgence étaient obligés de faire du stop sur la route. Tout cela s'ajoutait aux supplices qui pesaient déjà sur les travailleurs de Cananea et leurs familles suite à la décision de l'entreprise de mettre fin aux services de gaz, d'électricité, d'eau et d'éducation.

Début juillet pourtant, nous avons reçu une réponse favorable des tribunaux, qui révoquaient la deuxième décision du JFCA déclarant la grève illégale. Mais Grupo México n'allait pas accepter cela si facilement. Le 30 juillet 2008, au premier anniversaire du déclenchement de la grève, l'entreprise a fait appel de la décision de la Cour et deux mois plus tard, le sixième tribunal spécialisé dans le droit du travail du premier circuit – présidé par les juges Genaro Rivera, Carolina Pichardo et Marco Antonio Bello – a révoqué la décision du juge du quatrième district et concédé l'*amparo* à l'entreprise. Pour la troisième fois, le JFCA allait écouter les arguments de Grupo México contre la grève. Au terme de l'audience, il a de nouveau déclaré la grève illégale. C'était une décision inconcevable, et durant les mois qui ont suivi, nous avons lancé la procédure que nous connaissions déjà. L'*amparo* nous a été accordé en janvier 2009 et la troisième tentative du JFCA de mettre fin à la grève a été écartée sans aucun problème.

Notre équipe d'avocats spécialisés en droit du travail, dirigée par Néstor et Carlos de Buen, avait systématiquement gagné les batailles, démontrant à chaque reprise que la grève était légitime. Malgré les amis haut-placés de Germán Larrea au sein des ministères du Travail et de l'Économie, celui-ci n'avait pas réussi à manipuler l'ensemble du système juridique ni à reprendre le contrôle de Cananea. À chaque reprise, les juges se sont rendus compte des manœuvres de Larrea et de ses avocats. De Buen a donné une bonne leçon aux avocats de l'entreprise en matière de pratique du droit du travail.

Grupo México, qui s'est alors retrouvé sans aucun moyen de rendre la grève de Cananea illégale, a mis en place une nouvelle stratégie, montée de toutes pièces par l'esprit pervers et cynique de Germán Larrea et son fidèle « toutou » Javier Lozano, le ministre du Travail. Au mois de mars 2009, l'entreprise a demandé à la Direction générale des mines du Mexique, affiliée au ministère de l'Économie, de réaliser une inspection des installations de Cananea car, selon elle, « les installations et les machines, essentielles au bon fonctionnement du site, présentent des signes de détérioration et de destruction si graves que la fermeture immédiate de la mine et l'arrêt complet de ses activités s'impose ».

L'entreprise soutenait que les travailleurs avaient commis des actes de vandalisme pendant la grève, alors que nous n'avions jamais touché aux équipements appartenant au groupe. C'était leur négligence qui avait mis les mines dans un état si lamentable, comme le prouvait le long rapport des quatre cents médecins tri-nationaux des *maquiladoras*. Grupo México continuait d'assurer que ces dommages constituaient un cas de *force majeure* – la seule clause contractuelle qui libérait l'entreprise de ses obligations en cas de désastre climatique, de guerre, d'inondation ou de tremblement de terre. En se basant sur cette clause, la compagnie annonçait, non sans cynisme, qu'après trois ans de grève, l'exploitation du cuivre était devenue impossible et qu'il fallait donc annuler la convention collective.

Mais le fait est que dans la Loi fédérale du travail, une clause de *force majeure* ne peut s'appliquer si l'entreprise a permis, par avarice ou négligence, la détérioration de ses installations. Il s'agissait donc d'une manœuvre frauduleuse et sans précédents, dont le seul objectif était de mettre fin à la grève. Comme les tribunaux avaient confirmé sa légitimité à trois reprises, ils jouaient là leur dernière carte.

Le directeur général des mines, que je ne connaissais même pas, a cédé aux demandes de Grupo México en faisant inspecter les installations de Cananea. Le 20 mars 2009, il a émis une résolution dans la précipitation dans laquelle il déclarait que, conformément aux rapports et déclarations des inspecteurs et à la documentation fournie par Grupo México, les dommages causés aux installations empêchaient effectivement à Grupo México d'exploiter la concession minière qui lui avait été attribuée à Cananea. Tout cela était faux, évidemment, car aucune inspection n'avait eu lieu. La résolution du directeur stipulait que les dommages causés aux installations et aux équipements étaient « si graves qu'ils rendaient impossible la poursuite des opérations dans les conditions établies par la Loi sur l'extraction minière ». En conclusion du rapport, il était dit que les dommages causés par de tierces personnes constituaient un cas de *force majeure* conformément à l'article

70, alinéa IV du Règlement de la Loi sur l'extraction minière. Non seulement l'article 70 ne s'appliquait pas à la situation de Cananea, mais les résultats de la direction générale des Mines n'étaient que pure invention. Toute la documentation concernant cette inspection inexistante avait été préparée dans les bureaux de Grupo México.

Ce même jour, le groupe a entamé une procédure spéciale devant le JFCA avec l'objectif de mettre un terme à la relation professionnelle avec Los Mineros et tous les membres basés à Cananea, sur la base de cette clause de *force majeure*. Après l'audience, durant laquelle les travailleurs étaient à nouveau accusés d'avoir saccagé et détruit les équipements et les installations de la mine, le tribunal a déclaré l'arrêt immédiat des contrats de travail avec le syndicat. Grupo México a ainsi licencié d'un coup tous ses employés, avant de se rapprocher de ceux qui n'avaient pas été « contaminés » par le syndicalisme. L'entreprise a ensuite recruté des centaines de travailleurs intérimaires venant d'autres régions du Mexique et même d'Amérique centrale – tous sans préparation suffisante – et elle a repris ses activités. Mais n'avait-elle pas affirmé que la mine se trouvait dans un état désastreux ? De toute façon, l'entreprise n'avait jamais eu honte d'afficher ses supercheries. Elle avait d'ailleurs déjà opéré une manœuvre similaire pour mettre un terme à la grève de Taxco : Larrea avait présenté à la Bourse mexicaine des valeurs un rapport qui faisait état de réserves minérales d'environ quarante ans pour cette mine d'argent, alors qu'il avait déclaré aux tribunaux que les réserves étaient épuisées et que, pour cette raison, il fallait mettre un terme aux contrats de travail des mineurs.

Les neuf cents mineurs de Cananea, remplacés de façon arbitraire et malhonnête, étaient bel et bien déterminés à poursuivre la grève. Après l'approbation de l'annulation des contrats par le JFCA, nous avons présenté un *amparo* avec l'objectif de réintégrer les travailleurs. Malheureusement, les tribunaux ont mis presqu'un an à traiter notre requête. Lorsque le deuxième tribunal collégial a rendu son verdict le 11 février 2010, le juge s'était rangé du côté de Grupo México et notre *amparo* a été refusé. Pour le tribunal, l'accord avec l'entreprise avait cessé, ce qui signifiait que la grève, elle aussi, était arrivée à sa fin.

Mais nous n'étions pas prêts à nous rendre devant une telle démonstration d'illégalité et de corruption. Nous avons fait appel pour que l'affaire soit déférée à la Cour Suprême, cependant, le 17 mars 2010, un an après la manœuvre de la *force majeure*, notre appel a été refusé. Grupo México était disposé à envoyer les forces de l'ordre pour nous expulser de Cananea.

Le Conseil de coordination politique du Mexique, un organe directeur de la Chambre des députés, a compris que l'expulsion violente de Cananea était un risque bien réel, et a fait un effort pour éviter que Grupo México ne mette le feu aux poudres. En avril, le Conseil a demandé formellement au gouvernement d'éviter d'employer la force pour expulser les grévistes, et l'a même prié d'envisager la possibilité de mettre fin à la concession donnée à Grupo México. Le Conseil argumentait que cette entreprise était clairement incapable d'administrer les ressources de la mine avec compétence. Le Conseil a demandé une suspension de trente jours suivie d'une reprise des négociations entre les travailleurs et Grupo México.

Peu de temps après, le Tribunal international de la liberté syndicale a complété une longue étude sur la situation de Cananea, et a rendue publique son opinion. Le tribunal remettait en question la décision de la Cour qui approuvait l'annulation des contrats avec les mineurs et il soulignait le caractère partial des décisions du gouvernement, qui étaient toujours en faveur de l'entreprise.

Nous savions cependant que Calderón, Lozano et Gómez Mont feraient la sourde oreille. L'entreprise continuait à se plaindre ouvertement de la grève, déclarant que le conflit minier lui avait coûté un total de 4 milliards de dollars, selon Xavier García de Quevedo, alors PDG d'Industrial Minera México. Le ministre de l'Intérieur, Gómez Mont, voulait aider son « ancien » client à récupérer ses pertes et, en conséquence, il a aidé la compagnie à organiser une attaque puissante. Le 6 juin 2010, un groupe d'environ quatre mille hommes appartenant aux forces fédérales et à l'État de Sonora ont envahi la mine de Cananea. Ils ont violemment expulsé les travailleurs qui se trouvaient à l'intérieur, en ont poussé d'autres vers les locaux du syndicat où ils les ont arrosés de gaz lacrymogènes alors même que des femmes et des enfants étaient présents.

Par chance, personne n'est mort dans cette attaque. Ce même jour, j'ai appelé nos camarades de Cananea et je leur ai supplié de ne pas faire face aux attaquants et de ne pas céder devant leurs provocations, car les mineurs étaient dans une situation clairement désavantageuse : un mineur pour quatre assaillants. Mais les mineurs de Cananea ne se sont pas rendus aussi facilement. Ils ont fait tout leur possible pour résister sans violence, et bon nombre d'entre eux ont été blessés. Les travailleurs et leurs familles ont finalement été expulsés de la mine dans un climat de terreur absolue. Cinq mineurs ont été brutalement agressés et vingt autres, soupçonnés d'être des dirigeants locaux, ont été arrêtés. Les forces armées recevaient des ordres des fonctionnaires haut-placés du gouvernement, parmi lesquels le président Calderón lui-même. Ces complices irresponsables n'avaient jamais respecté les lois et manquaient de tout principe humain et moral.

Tous les mineurs arrêtés ont été immédiatement libérés, faute de preuves, à l'exception de Martín Fernando Salazar Arvayo, qui vivait alors une situation médicale et familiale difficile à Hermosillo, et qui est encore détenu à Agua Prieta, dans l'État de Sonora. L'entreprise a également porté plainte contre bon nombre d'entre eux. Enfin débarrassé de Los Mineros, Grupo México a annoncé qu'il investirait 120 millions de dollars pour améliorer et amplifier la mine de cuivre de Cananea, tandis que l'Etat de Sonora promettait un investissement de 440 millions de dollars à la ville de Cananea.

Une fois que Grupo México a repris le contrôle total de ses installations, l'entreprise a fait appel à des centaines de briseurs de grève qui ont été affiliés au syndicat de façade de l'entreprise. La ville de Cananea ressemblait à une base militaire, avec des milliers d'hommes armés postés tout autour de la mine pour écarter les grévistes.

Même si cela semblait être notre ultime défaite dans la lutte pour Cananea, nous n'allions pas céder aussi facilement devant les abus et les actes criminels de Germán Larrea. La plupart des membres du syndicat ont résisté, refusant même les indemnités de licenciement et les propositions pour revenir travailler sous les couleurs du syndicat de l'entreprise. Le 11 août 2010, deux mois après l'invasion, le juge du neuvième district de Sonora – Victor Ausencio Romero Hernández – a déclaré que la grève pouvait continuer. Nous avions été expulsés de force, mais notre grève était toujours reconnue sur le plan légal, même si le gouvernement n'était pas disposé à faire respecter la décision du tribunal.

En août 2010, tandis que nous gérions encore les conséquences de l'attaque de Cananea, j'ai reçu un appel d'un collègue syndicaliste chilien. Il m'a dit qu'une explosion dans la mine de San José de Atacama, près de Copiapó, venait de piéger trente-trois mineurs à près de 700 mètres sous terre. Personne ne savait s'ils étaient vivants ou morts. J'ai immédiatement témoigné ma solidarité au nom de Los Mineros et je lui ai proposé d'envoyer deux collègues du Comité exécutif pour collaborer aux opérations de sauvetage. Très vite, des reportages sont parus dans la presse nationale à ce sujet. Cette histoire nous préoccupait beaucoup car il nous était impossible de ne pas faire le rapprochement avec ce qui était arrivé à Pasta de Conchos.

Au Chili, le gouvernement était conservateur, comme le nôtre, mais il a déployé de grands efforts pour déterminer le sort des mineurs ensevelis, et dix-sept jours après le début des opérations de sauvetage, les mineurs ont été retrouvés vivants dans un refuge de la mine. Pendant plus de deux mois, l'ensemble du pays a concentré tous ses efforts pour sauver la vie de ces mineurs. Nous avons observé une collaboration conjointe entre tous les syndicats de mineurs, les communautés, les directeurs de la Minera San Esteban Primavera, les autorités provinciales d'Atacama, et le président Piñera lui-même.

Le sauvetage des trente-trois mineurs chiliens a mis en évidence l'énorme culpabilité qui pesait sur les épaules des hommes d'affaires mexicains et des politiciens du pays après l'homicide industriel survenu le 19 février 2006 dans la mine de Pasta de Conchos. Jusqu'à ce jour, les corps des soixante-trois mineurs sont toujours ensevelis à 120 mètres de profondeur, sur un terrain moins hostile et moins montagneux que le paysage rocailleux du Chili. Là-bas, un effort sérieux et constant s'est maintenu deux mois après l'accident, alors qu'à Pasta de Conchos, Grupo México, sous la direction de Germán Larrea et avec la complicité de Xavier García de Quevedo, a décidé de fermer la mine et de suspendre les opérations de sauvetage, cinq jours à peine après l'explosion, condamnant à mort les éventuels survivants.

D'autres différences peuvent encore être citées : aux mineurs chiliens, on a proposé des compensations allant jusqu'à un million de dollars par personne, alors qu'au Mexique, les familles n'ont reçu que la misérable somme de sept mille dollars par victime, alors que cette année-là, en 2006, Grupo México venait d'engranger 6 milliards de dollars de bénéfices.

Lorsque vingt-neuf mineurs ont péri lors d'un accident tragique dans une mine de charbon en Virginie occidentale, au mois d'avril 2010, le président Barack Obama s'est rendu, personnellement et à deux reprises, sur le site de l'accident. Il a exigé qu'une enquête soit menée pour identifier les responsables de la tragédie, et a immédiatement initié des reformes destinées à prévenir de nouveaux homicides industriels dans le pays. Enfin, les familles des victimes ont chacune reçu un versement de trois millions de dollars.

La prise en charge de ce genre de tragédie dans d'autres pays met en évidence la mauvaise gestion des gouverneurs mexicains et des propriétaires des industries minières de notre pays. Ni le président Fox, ni Germán Larrea n'ont rendu visite aux familles des victimes, ils n'ont pas non plus présenté leurs condoléances et n'ont offert aucun soutien technique, financier ou matériel pour effectuer une opération de sauvetage digne de ce nom. Le président Fox n'a jamais daigné se rendre à Pasta de Conchos durant son mandat et il continue de nier sa responsabilité dans cette affaire.

L'égoïsme et l'indifférence ont continué sous Calderón, qui n'a jamais rien fait pour récupérer les corps des victimes, pour proposer un soutien financier à leurs familles, et n'a pris aucune mesure pour traduire en justice les responsables de la catastrophe. Comme il fallait s'y attendre, ni Grupo México ni les gouvernements de Fox et de Calderón n'ont voulu reconnaître les véritables causes de l'explosion, car cela aurait mis à jour les abus, l'irresponsabilité et la négligence criminelle de l'ensemble des représentants de Grupo México, qui auraient alors pu être poursuivis.

Ainsi, c'est le cœur lourd que nous nous sommes joints au reste du monde pour célébrer le sauvetage de nos collègues chiliens. Que serait-il arrivé si le ministère du Travail avait obligé Grupo México à effectuer les opérations de sauvetage pendant au moins dix-sept jours, au lieu de cinq ? Comme nous ne pourrons jamais répondre à cette question, la seule chose qu'il nous reste à faire est de lutter sans relâche, jour après jour, et avec toutes nos forces, pour exiger que les criminels responsables de la mort des mineurs soit jugés et que l'avarice des hommes d'affaires et les mensonges du gouvernement ne fassent pas de nouvelles victimes parmi les mineurs.

DIX-HUIT

LE PIÈGE

*C'est une chose étrange, que la facilité avec laquelle les
coquins croient que le succès leur est dû.*

—VICTOR HUGO

Le 24 septembre 2009, Felipe Calderón a nommé un nouveau pro
cureur général à la tête du PGR. Son choix s'est porté sur un de ses
amis proches, Arturo Chávez Chávez, ancien ministre délégué au
ministère de l'Intérieur d'Abascal. Il manquait à Chávez les capacités et
l'expérience pour exercer en tant que procureur général, et il avait été
partie dans la décision de déployer l'armée contre les travailleurs grévistes de l'usine de Sicartsa, située à Lázaro Cárdenas, en 2006. Il était par
ailleurs très critiqué dans la presse pour avoir mal géré l'enquête relative
aux meurtres de femmes de Ciudad Juárez. Une information divulguée
par Wikileaks en 2011 révèlerait que les États-Unis avaient considéré la
nomination de Chávez comme « totalement inattendue et inexplicable
». Pour nous, elle semblait absurde mais pas inexplicable. Chávez béné-
ficiait du soutien de Grupo México. Alors même que Calderón savait
que son ami n'était pas qualifié pour ce poste, l'entreprise l'a contraint à

nommer Chávez. Comme toujours, il semblait que Grupo México détenait le président en otage, et le groupe a réussi à imposer un nouveau
chef du parquet qui allait protéger ses intérêts.

En dépit de la nomination de fonctionnaires antisyndicaux à des postes
de haut niveau, malgré les injustices à Cananea et l'emprisonnement
de Juan Linares, le système judiciaire — avec toutes ses imperfections
— nous avait aidés à résister aux attaques des grandes sociétés et des
hommes politiques réactionnaires. Je suis fier de pouvoir dire que certains juges mexicains agissent *encore* en toute indépendance vis-à-vis
d'individus corrompus tels que Germán Larrea et Javier Lozano, et
œuvrent au maintien d'une administration judiciaire impartiale. Pour
que justice soit rendue au Mexique, le processus est lent et épuisant,
mais la vérité finit par l'emporter. En 2009 et 2010, nous avons commencé à récolter les fruits tant attendus de notre bataille juridique.

Le 13 mars 2009, le dix-huitième tribunal pour les affaires pénales du
District fédéral, qui avait hérité des accusations pour fraude bancaire
émises à San Luis Potosí, a refusé d'émettre un mandat d'arrêt contre
ma personne au motif de l'absence de preuve quant à une quelconque
activité illégale. Le PGR a fait appel de l'annulation du mandat d'arrêt
mais les trois juges du second tribunal pour les affaires pénales de la
Cour suprême ont confirmé la décision en ma faveur au mois de septembre. Grâce à l'excellent travail de Me Marco del Toro et du reste de son
équipe, un des trois chefs d'accusation au niveau de l'État était déclaré
nul.

Le cinquante-et-unième tribunal pour les affaires pénales du District fédéral, qui avait hérité des accusations émise à Sonora, a refusé
d'accéder à notre requête et mettre fin aux poursuites pénales à notre
encontre. Mais nous avons fait appel de la décision et obtenu gain de
cause. L'acquittement a été prononcé, et la décision est encore valide.
Le 6 juin 2010, les juges de la neuvième chambre pour les affaires pénales
de la Cour suprême du District fédéral ont reconnu avec fermeté que ma
défense s'appuyait sur de solides fondements. Ils ont donc mis un terme

aux poursuites criminelles et ordonné l'annulation du mandat d'arrêt. Une fois de plus, j'étais acquitté et déclaré innocent.

Le dénouement auprès du trente-deuxième tribunal du District fédéral était similaire. Nous avons demandé à ce qu'il soit mis fin aux poursuites engagées à Nuevo León et à ce que le mandat d'arrêt soit supprimé. Un juge honnête a déclaré mes arguments valides et s'est exécuté, mettant un terme aux accusations qui pesaient contre moi. Bien entendu, le PGR a fait appel de cette décision mais en vain, et mon acquittement a été confirmé officiellement au mois de juillet 2010.

Ainsi, tous les mandats d'arrêt qui avait été émis dans les États de San Luis Potosí, Sonora et Nuevo León étaient invalidés. Les trois tribunaux déclaraient enfin, et de façon ferme, qu'il n'y avait ni crime, ni dommages, ni victimes — et que ceux qui s'étaient présentés en tant que victimes (Morales et les autres) ne répondaient pas aux critères leur conférant un tel statut. Il nous a fallu œuvrer sans relâche pendant trois ans, mais nous avons finalement été lavés de toutes les accusations de fraude bancaire qui pesaient sur nous au niveau de l'État.

Par ailleurs, nous avons progressé sur la question des comptes bancaires du syndicat qui avaient été saisis au lendemain du désastre de Pasta de Conchos, puis par le SIEDO en décembre 2008, à la demande de Gómez Mont. On ne peut, hélas, pas en dire autant des comptes personnels puisqu'ils sont encore gelés à ce jour. Si tôt la deuxième saisie ordonnée, le syndicat a déposé une demande d'*amparo* contre l'action illégale du SIEDO, devant le cinquième tribunal d'*amparos* pour les affaires pénales du District fédéral. Du fait de l'extrême lenteur du système judiciaire, le juge n'a statué sur cet appel que le 13 mai 2009. Son refus nous a démoralisés.

Nous avons évidemment fait appel de cette décision le 13 août 2009, et les juges ont cette fois émis un jugement en notre faveur. Le tribunal accordait l'*amparo* que nous avions demandé suite à la mise sous séquestre. Dès lors, le PGR, par l'entremise du SIEDO, était tenu de se conformer au jugement et de débloquer les comptes. Malheureusement, ce n'est pas ainsi que cela se passe au Mexique, et tout particulièrement lorsque de puissants individus s'y opposent.

Le SIEDO s'est conformé au jugement le 25 août 2009, mais il a émis une nouvelle ordonnance de mise sous séquestre ce même jour, pour des raisons prétendument différentes de celles qui avaient été invoquées à l'origine. Nous avons donc porté plainte et au mois d'octobre 2009, le tribunal statuant sur les recours d'*amparo* a exigé du SIEDO qu'il se plie au jugement initial. Tout comme la première, cette seconde mise sous séquestre ne reposait sur aucun élément valable. Comme s'il s'agissait d'un jeu, le SIEDO a pourtant émis une nouvelle ordonnance de mise sous séquestre quelques jours plus tard. Nous avons présenté un *amparo* et, après plusieurs mois, un troisième jugement a été rendu en notre faveur.

La procédure a été répétée une quatrième fois. Aussi incroyable que cela puisse paraître, la directrice du SIEDO, Marisela Morales Ibáñez, avait déclaré que les fonds devaient rester sous le contrôle du gouvernement car son organisation « suspectait » les mineurs d'utiliser l'argent pour acheter de la drogue. Les médias du monde entier ont évoqué cet argument léger et particulièrement scandaleux, dont peu de Mexicains, pourtant, ont eu connaissance. Trois semaines après la fuite publiée par Wikileaks qui remettait en question la capacité de Chávez à occuper le poste de procureur général, Calderón le jetterait dehors et le remplacerait par Morales Ibáñez. Après avoir fait preuve de tant d'agressivité envers les mineurs, comme en atteste cette outrageuse accusation, elle obtenait l'aval de Grupo México.

Nous avons remporté un quatrième procès contre la mise sous séquestre des comptes bancaires, les juges ayant statué en notre faveur à l'unanimité. Pour ajouter au grotesque de la situation, une nouvelle mise sous séquestre a été demandée. Nous n'avions pas d'autre choix ici que d'intenter une action contre l'État et les fonctionnaires qui permettaient ces procédures infondées. Le 6 septembre 2011, le SIEDO a finalement obtempéré et annulé la dernière de ses mises sous séquestre, sans plus émettre de nouvelle ordonnance. Après près de trois années d'un combat juridique intense, le syndicat a finalement repris le contrôle de ses comptes en banque.

Alors que les accusations avaient été démontées les unes après les autres au niveau de l'État, nous devions à présent faire face aux accusations reconduites au niveau fédéral. En 2009, le PGR avait relancé les charges pour fraude bancaire (dénonçant la dissolution illégale du Trust des Mineurs, et donc des 55 millions de dollars qui le composaient) en dissimulant l'existence du rapport de la commission bancaire et en portant plainte à nouveau contre trois membres du Comité exécutif et moi-même. C'est ce mandat d'arrêt qui avait conduit Juan Linares tout droit en prison. Mais la même année, le PGR — via le SIEDO — a également décidé de relancer une accusation pour blanchiment d'argent. Puisque nous avions soi-disant liquidé de façon illicite le Trust des Mineurs, tout usage des fonds obtenus à travers cette transaction devenait un usage de fonds « acquis de manière illégale », ce qu'ils considéraient comme du blanchiment d'argent.

Le SIEDO s'était déjà essayé sur le terrain du blanchiment d'argent en 2006, mais le juge statuant sur la question avait rejeté les mandats d'arrêt, arguant que « non seulement les indices prouvant l'origine illégale des actifs étaient inexistants », mais qu'en plus « les preuves démontraient qu'ils étaient d'origine légale », et que « nous pouvons en tout cas affirmer que les documents attestaient de ce que les actifs appartenaient au Syndicat national des travailleurs des mines, de la métallurgie, de l'acier et affiliés du Mexique ». Mais ici, le SIEDO s'est bien gardé de signaler au tribunal cette décision de 2006 et il a à nouveau sollicité des mandats d'arrêt contre nous. Contre toute logique, le tribunal fédéral du neuvième district a accédé à sa demande et émis les mandats.

En réponse, nous avons présenté une procédure d'*amparo* devant le tribunal d'*amparos* du dixième district pour les affaires pénales du District fédéral et Mᵉ Marco del Toro a révélé les nombreuses preuves dont nous disposions pour démontrer le caractère inconstitutionnel du mandat. Le 26 février 2010, le juge chargé du dossier lui a donné raison et déclaré le mandat inconstitutionnel. Bien évidemment, le SIEDO a interjeté appel, mais la procédure a été initiée par des avocats engagés par Grupo México, et non par ses propres représentants. Nous ne pouvons y apporter d'explication décente — l'équipe juridique d'une société privée n'a pas à intervenir pour le compte du SIEDO ou de quiconque au sein du bureau du procureur.

Le 14 décembre 2010, les juges du premier tribunal collégial pour les affaires pénales du troisième circuit ont rejeté l'appel du SIEDO et un mois et demi plus tard, le mandat d'arrêt contre ma personne était annulé conformément à la décision rendue. Indépendamment de cette annulation, le PGR a une fois encore fait appel — et toujours avec le soutien des avocats de Grupo México. Tout ceci n'a été qu'une affaire démentielle de persécution politique et c'est une histoire qui n'en finit pas.

Les progrès juridiques réalisés au Mexique étaient encourageants, mais la lenteur du système était désespérante. Pour obtenir plus rapidement la reconnaissance du caractère infondé des accusations, j'ai dit à Me Marco del Toro que je souhaitais comparaître en personne devant les juridictions canadiennes et répondre des crimes dont on m'accusait. Je savais qu'ainsi je pourrais aisément démontrer que je subissais une persécution politique de la part du gouvernement mexicain. Conformément à ma demande, Marco a élaboré une stratégie qui n'avait encore jamais été testée mais qui, selon lui, était notre meilleur espoir. Lorsque j'ai pris connaissance de son plan, je lui ai donné mon feu vert.

Pour démontrer que j'étais victime de persécution politique, je devais amener le gouvernement à demander mon extradition officielle afin de répondre de mon crime au Mexique. Ils avaient soi-disant tenté de m'extrader en 2006, au début du conflit, mais ils n'avaient jamais adressé au Canada les chefs d'accusation sur lesquels s'appuyait la demande d'extradition — en dépit des mensonges constants des représentants du gouvernement, qui affirmaient le contraire dans les médias. Pour pouvoir m'extrader, le gouvernement mexicain savait qu'il devait convaincre un juge canadien de ma culpabilité ; selon mes avocats David J. Martin et Richard C. C. Peck, il n'oserait jamais aller jusque-là car ses accusations avaient été largement invalidées par les autorités canadiennes. Apparemment, ils ne souhaitaient pas devenir la risée de la communauté internationale. Les fonctionnaires du gouvernement ont également tout fait pour que je sois expulsé en vertu de la législation sur l'immigration, car avec cette tactique, ils n'avaient pas besoin de prouver que j'avais commis un crime. Mais leurs efforts ont fini par échouer lorsque le Canada, constatant que j'étais clairement victime de persécution politique, a émis un visa humanitaire en ma faveur avant de m'octroyer, en 2011, le statut de résident permanent.

Marco proposait de présenter un *amparo* dénonçant le non-respect, par le gouvernement mexicain, de son obligation de demander l'extradition. Puisqu'ils savaient précisément où je me trouvais et qu'il existait un traité d'extradition entre le Canada et le Mexique, le gouvernement agissait en violation de mes droits constitutionnels en ne me permettant pas de me confronter à mes accusateurs devant un tribunal canadien. Le gouvernement n'est pas en mesure de demander l'extradition à sa propre discrétion, a précisé Marco ; il s'agit d'une obligation légale. « Ils n'ont pas demandé l'extradition, » a déclaré Marco dans une interview avec le journaliste Javier Solórzano, « parce qu'ils ont parfaitement conscience de la faiblesse de leurs arguments ».

Cette procédure d'*amparo* était tellement inhabituelle que ni Grupo México ni le PGR ne l'ont vue venir. En règle générale, un *amparo* se présente à l'encontre d'une procédure d'extradition ; je suis le premier citoyen à utiliser ce système dans le cas d'une extradition qui n'a pas été demandée. J'ai défié le gouvernement afin d'être extradé. L'affaire a été portée devant le dixième tribunal d'*amparos* pour les affaires pénales du District fédéral sous la référence de dossier n° 16/2009, et elle a été confiée au juge Gilberto Romero. Romero était perplexe devant l'absurdité de l'affaire intentée contre moi ; il a dit à Marco que, même dans un tribunal fédéral de Mexico, c'était l'affaire la plus étrange qu'il avait jamais vue. Ce juge était un homme honnête ; il m'a accordé l'*amparo* et a exigé du gouvernement mexicain qu'il demande officiellement mon extradition. Le gouvernement s'est exécuté peu de temps après, mais sa demande a immédiatement été rejetée. Le juge canadien qui examinait les mandats d'arrêt en suspens a rapidement constaté que je n'étais pas un criminel ; il a déclaré que les allégations de mes accusateurs n'étaient pas crédibles. Les autorités mexicaines ont été forcées d'admettre qu'elles n'étaient pas en mesure de me contraindre à regagner le Mexique parce que les fonctionnaires canadiens avaient vu clair dans leur jeu. Le Canada a refusé de m'extrader sur la base de crimes inventés de toutes pièces à Los Pinos et dans les bureaux de Germán Larrea. C'est ainsi qu'un statut de résidents permanents nous a été accordé, à ma famille et à moi-même — sans avoir eu à demander l'asile politique. Dans un courrier à mon attention, le bureau canadien de l'immigration a déclaré : « Après examen des informations/documents disponibles à ce jour, aucun élément valable, selon moi, ne prouve que vous ayez commis au Mexique un acte qui constitue une infraction en vertu de la législation mexicaine et qui, s'il était commis au Canada, serait passible de poursuites (...) En conséquence, la procédure de demande de résidence permanente suit son cours. »

Malgré l'échec essuyé au Canada, le PGR a convaincu Interpol de me poursuivre. Si l'organisation est active dans plus de 130 pays, le Mexique ne compte pas officiellement parmi ses membres — ce qui signifie que toute action intentée par elle enfreint directement la législation mexicaine. Notre pays a adhéré à Interpol non pas sous l'effet d'un traité approuvé par le Sénat mexicain, ainsi que le requiert la loi, mais à travers un accord signé par l'ambassadeur mexicain en France. Et pourtant, Interpol opère au Mexique à travers l'AFI et en coordination avec le PGR.

Sur la base des accusations pour fraude émises à Sonora et San Luis Potosí, le PGR avait appelé Interpol à publier une alerte internationale sur l'affaire qui me mettait en cause. Interpol s'appuie sur un ensemble de notices de sept couleurs différentes et le PGR a demandé une notice rouge dans mon cas, qui implique l'arrestation provisoire d'une personne avant son extradition. Selon le ministère de la Justice américain, la notice rouge est « l'instrument qui se rapproche le plus d'un mandat d'arrêt international ». Par ailleurs, près de 80 pour cent de ces notices rouges émanent de gouvernements corrompus qui tentent de persécuter des dissidents politiques. Bien que le Canada ait reconnu mon innocence et refusé de donner suite à l'alerte lancée par Interpol, l'existence de cette mesure illégale entrave sérieusement tout voyage vers un autre pays.

J'ai présenté un *amparo* contre l'implication d'Interpol dans cette affaire, notamment au regard du fait qu'elle était toujours en cours alors que plus de deux années s'étaient écoulées depuis l'invalidation des mandats d'arrêts sur lesquels elle reposait. Malgré tout, les autorités mexicaines ont refusé d'annuler l'alerte, qui a par la suite été annulée par un tribunal collégial de façon unanime au mois de mars 2013. D'ailleurs, le secrétaire général et le comité de contrôle d'Interpol International, basé à Lyon, en France, a décidé d'annuler la « notice rouge » que le gouvernement mexicain avait arbitrairement sollicité, car elle ne respectait pas le règlement et n'avait pas été utilisée convenablement. Il a prévenu tous les pays que si le Mexique redemandait l'application d'une notice rouge à mon encontre, il devait au préalable se mettre en relation avec le Secrétariat général. Cette résolution d'Interpol International était une honte historique pour le gouvernement mexicain. C'est comme si un tribunal international condamnait le Mexique pour avoir utilisé de fausses informations afin de poursuivre politiquement des personnes, pervertir l'application de la justice et mentir au monde entier en violant les droits fondamentaux de ses citoyens.

Dans le domaine judiciaire, je suis arrivé à la conclusion que le Mexique était un pays de lumières et d'ombres, teinté de nuances de gris ; il n'est ni noir ni blanc. Certains juges tremblent face aux ordres émanant de Los Pinos, du ministère de l'Intérieur, ou des hautes sphères du PGR. D'autres encore ont le goût de l'argent facile, qui sort des poches de Germán Larrea et ses sbires. Mais il existe aussi de véritables juges mexicains, des personnes intègres respectant la loi, qui ne s'écroulent pas sous la pression et ne se laissent pas acheter. J'ai rencontré des juges dans chacune de ces catégories. Si seulement nous pouvions faire appel aux juges honnêtes pour superviser nos affaires, cette mascarade judiciaire n'aurait probablement pas autant duré.

Pendant que je me battais contre les accusations illégales portées par le gouvernement, notre collège Juan Linares était toujours sous les verrous. Sa mise en détention illégale avait provoqué un tollé international de la part du mouvement ouvrier et de nombreux militants des droits de l'Homme. Les Métallos le soutenaient tout particulièrement, en menant des campagnes de sensibilisation et en récoltant des sommes conséquentes à travers la vente de t-shirts « Libérez Juan Linares » et les donations émanant des membres. Je serai toujours profondément reconnaissant envers Steve Hunt, directeur du District 3 du Syndicat des Métallos, qui est à l'origine de cette idée, et envers l'ensemble de ses collègues et de son personnel, qui se sont comportés telle une véritable famille tout au long de notre séjour en Colombie-Britannique ; il en va de même pour Ken Neumann et Leo Gerard, respectivement directeur national du Syndicat des Métallos pour le Canada et président international du Syndicat des Métallos.

Le refus de Germán Larrea de témoigner au tribunal a entravé les efforts entrepris par notre équipe de défense au nom de Juan. Il avait ouvertement ignoré les citations à comparaître, et le juge José Miguel Trujillo avait pourtant réduit sa peine pour outrage à la cour : son mandat de détention de trois jours était devenu une simple amende, qui n'était bien entendu qu'une bagatelle pour le troisième homme le plus riche du Mexique et l'actionnaire majoritaire d'une société telle que Grupo México. À l'appui de la décision du juge Trujillo, Juan a porté plainte contre ce dernier, arguant que le refus de placer les témoins en détention le privait d'un procès équitable. Trujillo s'est alors récusé. Mais en janvier 2011, l'affaire Linares a été relancée par un nouveau juge : Jesús Terríquez.

Le juge Terríquez avait examiné le cas et, comme ses prédécesseurs, il avait ordonné aux frères Larrea de se présenter à la maison d'arrêt du nord de Mexico, leur laissant pour cela jusqu'au 18 janvier 2011. Par ailleurs, il a imposé une peine plus lourde en cas de non-comparution, rétablissant une mise en détention pendant trente-six heures dès lors que la sanction pécuniaire ne permettrait en rien de les forcer à se présenter. Là où le juge Trujillo avait lamentablement échoué, Jesús Terríquez avait accompli un travail extraordinaire. Avant d'émettre les citations, il a confirmé l'adresse du domicile et du bureau des Larrea, vérifié les informations renseignées sur leurs permis de conduire et adressé des demandes judiciaires aux autorités fiscales, de même qu'aux sociétés de téléphonie et d'électricité, ainsi qu'au ministère des Affaires étrangères. Les avocats de Grupo México et le PGR avaient tous deux tenté d'éviter à Larrea de témoigner en lançant une procédure d'*amparo*, mais Marco avait plaidé avec succès contre cette intervention — cette fois, ils ne pourraient pas échapper à la justice. Il semblait enfin que nous étions proches du but ; Germán Larrea serait bientôt mis en détention.

Lorsque le 18 janvier est arrivé, Germán Feliciano Larrea ne s'était toujours pas présenté au tribunal. Dans un article publié le jour-même, *La Jornada* a fidèlement relaté cette nouvelle dérobade de la part de Larrea :

> « *L'homme d'affaires Germán Larrea, propriétaire de Grupo México, et son frère Genaro Federico, ont été cités à comparaître à dix-neuf reprises par les autorités judiciaires sans toutefois se*

*présenter à la barre des témoins dans le cadre du procès de Juan
Linares Montúfar, secrétaire du Conseil général de surveillance
et de justice du Syndicat des mineurs. En conséquence, le juge du
douzième district pour les affaires pénales a ordonné hier leur
mise en détention en cas de non-comparution des deux hommes
aujourd'hui, à la maison d'arrêt du nord de Mexico.*

*Cités à comparaître ce jour, ils ne se sont pourtant pas
présentés au tribunal.*

*En foi de quoi il a été résolu que les deux hommes d'affaires
avaient fait entrave à la justice par l'intermédiaire de tiers,
notamment en empêchant un fonctionnaire judiciaire d'accéder
à la propriété de Grupo México afin d'éviter que Germán et
Genaro Larrea puissent être convoqués, ainsi qu'en renvoyant
les citations à comparaître ; désormais, les deux frères n'ont pas
d'autre alternative que de se présenter au tribunal, sous peine
d'être placés en détention pendant trente-six heures. »*

À présent que Germán Larrea risquait la mise en détention et n'avait
pas d'autre choix que de se présenter devant le juge, il réalisait la gravité
de son problème. Il opterait pour une échappatoire très glauque, mais
qui nous donnerait une occasion en or pour lui rendre la monnaie de sa
pièce.

En janvier 2011, peu après que Terríquez émette le mandat d'arrêt
contre Larrea, Juan Rivero Legarreta, l'ancien partenaire de Me Marco
del Toro, a rendu visite à Juan Linares dans sa cellule de la maison d'arrêt
de Mexico. Chez Los Mineros, Rivero était un traître légendaire — nous
l'avions renvoyé de notre équipe de défense près de trois ans plus tôt
pour avoir tenté de nous trahir. En mon absence, il avait essayé de convaincre mes collègues de céder sous la pression exercée par le ministre
du Travail Lozano et il semblait même qu'il se préparait à prendre ma
place au sein du syndicat. Il s'était révélé être un pion d'Alonso Ancira,

un homme qui, sous couvert de nous servir d'avocat, usait en fait de sa position dans son propre intérêt mais aussi dans l'intérêt des hommes d'affaires qui le soutenaient.

Rivero refaisait surface dans un nouveau rôle — celui d'avocat pénaliste pour Grupo México — et venait soumettre une proposition inconvenante à Juan Linares. Lors de sa visite, Rivero a déclaré à notre collègue qu'il pourrait être libre dans une quinzaine de jours, mais sous certaines conditions. L'avocat a indiqué qu'il avait « fait une collecte » et qu'un groupe d'hommes d'affaires étaient disposés à lui offrir 2 millions de dollars en échange d'une déclaration de Juan révélant qu'après tout, j'avais effectivement mal géré le Trust des Mineurs. Une fois qu'il m'aurait trahi, Juan serait un homme libre, et riche.

Lorsque Juan m'a appelé pour me parler de l'accord, nous avons immédiatement contacté Marco qui a suggéré à Juan de jouer le jeu de Rivero pour découvrir ce qu'il souhaitait précisément. Selon lui, pour sortir Juan de prison aussi rapidement, une seule possibilité s'offrait à Rivero : son client, Grupo México, devait réussir à convaincre Elías Morales, Miguel Castilleja et Martín Perales de se rétracter devant le juge. Ceci était tout à fait possible, bien entendu ; nous avions toujours su que ces trois-là n'étaient que des pions pour Grupo México. Et comme ils représentaient les trois seules parties citées dans la plainte, la procédure s'annonçait relativement simple.

Juan a suivi le conseil de Marco et a continué à voir Rivero. À mesure qu'il en apprenait plus au sujet de l'accord, nos soupçons se sont confirmés. Rivero a indiqué que Morales et ses deux complices allaient se rétracter envers Linares, conformément aux consignes reçues des entreprises qui avaient rassemblé les 2 millions de dollars afin de le soudoyer : Grupo México, Grupo Peñoles et Altos Hornos de Mexico.

Au bout de quelques entrevues, Rivero s'est rendu auprès de Juan en prison pour lui soumettre un contrat finalisant l'accord. Il était stipulé que Juan fournirait un service peu précis — il apporterait une contribution qui permettrait d' »instaurer la paix dans le secteur minier ».

Rivero, dont le nom apparaît sur le contrat en tant que partie bénéficiaire du service, a expliqué à Juan que cette phrase renvoyait à son obligation de se conformer à Morales, Castilleja, Perales, Pavón, Zúñiga,
ainsi qu'aux autres traîtres, et de dénoncer publiquement ma culpabilité
dans la mauvaise gestion des 55 millions du Trust des Mineurs. Selon
les termes du contrat, Juan recevrait un premier versement dès sa sortie de prison, et le solde des 2 millions serait ensuite échelonné sur une
période de deux ans, en supposant qu'il se soit associé aux autres pour
m'incriminer.

Marco del Toro a conseillé à Juan de signer. Il savait que l'accord
serait nul et non avenu puisque Juan avait été soudoyé et emprisonné
injustement pendant plus de deux ans. Pour permettre sa libération,
nous allions devoir marcher dans leur propre jeu et appliquer les mêmes
règles malhonnêtes. Au retour de Rivero, Juan a signé le contrat.

Quelques jours plus tard, Rivero s'est rendu dans la maison d'arrêt du
nord avec un autre document, déclarant cette fois que Juan révoquait la
nomination de Me Marco del Toro en tant qu'avocat assurant sa défense,
et qu'il nommait Rivero à sa place. Avec Marco, nous avons vivement
insisté pour qu'il signe également ce document.

Une semaine plus tard, le 23 février 2011, Juan a été averti par Rivero
que Morales, Castilleja et Perales présenteraient leur rétractation dans
la journée. Après quelques heures, Rivero est arrivé à la prison d'où il
a gagné le tribunal du douzième district pour les affaires pénales du
District fédéral. Accompagné d'un avocat de son cabinet, il a attendu
patiemment la venue des trois traîtres qui allaient annuler leur plainte
contre Juan. Mais Rivero n'avait pas réalisé que deux avocats de Marco
— alors en voyage d'affaires au Québec — étaient également présents.
Ils ont attendu que la procédure se fasse, et se sont cachés à l'extérieur
du tribunal.

Les lâches n'ont pas tardé à arriver : Morales s'est présenté, puis
Castilleja, et enfin Perales. Ils ont retrouvé Rivero, avant d'entrer dans
le tribunal pour présenter leur document au juge. Juan venait d'être «

pardonné » pour son crime imaginaire et il pourrait être libéré sans délai. Les traîtres ont quitté le bâtiment en riant et en se réjouissant de leur coup, et Rivero semblait particulièrement jovial.

Mais si tôt leurs véhicules regagnés, les collègues de Marco se sont précipités dans la salle pour soumettre leur propre document. Déjà signé de la main de Juan Linares, celui-ci expliquait au juge comment Rivero avait tenté de le soudoyer et détaillait les efforts déployés par l'avocat au nom de son client, l'entreprise qui cherchait à me piéger pour fraude. Le document précisait également que la procédure de grâce tout juste achevée était une procédure juridique qui, une fois ratifiée, ne pouvait plus être révoquée.

Dans l'intervalle, Juan Linares, toujours incarcéré, avait reçu un appel d'un Rivero apparemment très fier de lui. L'avocat lui a dit d'un ton arrogant qu'il était en route pour le faire sortir de prison et lui remettre son premier versement. Ils sortiraient ensemble pour parler à la presse, et c'est à ce moment-là que Juan ferait les premières déclarations contre moi.

Mais à peine Rivero avait-il fini de parler que Juan lui a déclaré : « Je ne veux plus jamais avoir affaire à toi à l'avenir. » Et il a raccroché, aussi sec. Deux heures plus tôt, Juan avait officiellement renommé Marco pour sa défense.

Il était près de 2 h 00 du matin le 24 février 2011, quand Linares a quitté pour toujours la maison d'arrêt du nord de Mexico. Il avait été incarcéré pendant plus de deux ans, mais le juge avait maintenu la grâce demandée par Morales et ses complices. Si tôt la procédure terminée, Juan m'a appelé, comme nous en étions convenus, et je l'ai vivement félicité. A l'extérieur de la prison, des camarades mineurs étaient venus l'attendre en grand nombre. Juan Linares a quitté la prison la tête haute, après avoir prouvé sa loyauté envers Los Mineros — et défendu la vérité — jusqu'au dernier instant.

De son côté, Rivero avait enfreint le droit mexicain de façon flagrante, coupable de manquements graves et caractérisés aux devoirs de la charge de magistrat. D'abondantes preuves —lettres, documents, plaintes officielles et déclarations — attestaient des fautes graves commises par cet avocat, ancien défenseur du syndicat, devenu un de ses attaquants les plus hargneux.

Le conflit en cours entre Los Mineros, les compagnies minières mexi caines et le gouvernement national a révélé pour certains leur lâcheté et leur faiblesse de caractère — Elías Morales et Carlos Pavón étant de parfaits exemples — et pour d'autres, une infaillible loyauté. Tel a été le cas pour Juan Linares, dont l'engagement envers ses collègues lui a permis d'endurer les terribles conditions de son incarcération pendant deux ans, deux mois et 20 jours. Juan a toujours dit qu'il resterait en prison aussi longtemps qu'il le faudrait, jusqu'à ce que je sois rétabli dans mes fonctions de secrétaire général du syndicat et que ce conflit soit derrière nous.

À sa libération, Linares a repris son travail sans délai, prêt à rejoindre la lutte afin de préserver l'indépendance de l'organisation. Son exemple vient contraster avec celui de nombreux autres, devenus les acteurs de l'offensive contre Los Mineros et qui, à travers leurs actes, ont démontré leur lâcheté et leur hypocrisie. Bon nombre d'entre eux se disent au service de nobles idéaux et prétendent respecter les travailleurs mexicains, alors même qu'ils agissent directement contre eux, en acceptant par exemple les pots-de-vin offerts par des entreprises richissimes dont les caisses se remplissent grâce aux sacrifices des mineurs. Malgré tout, les mineurs vrais et authentiques restent reconnaissants envers le noyau de ses plus fidèles défenseurs, composé d'individus qui agissent pour porter haut leurs idéaux, et affichent leur courage et leur engagement à défendre et lutter pour la justice, le respect et la dignité.

DIX-NEUF

L'EXIL

Peu importe combien de temps dure la tempête, le soleil reviendra toujours briller derrière les nuages.

—GIBRAN KHALIL

Depuis sept ans que le conflit minier dure, et même s'il est encore loin d'être résolu aujourd'hui, nos efforts nous ont souvent conduit au triomphe malgré les tragédies et les obstacles. Je suis fier d'avoir dirigé Los Mineros tout au long de ce combat de David face à Goliath contre les abus du capitalisme et je suis toujours frappé de voir autant de mineurs risquer leur vie pour défendre leur droit à la dignité, à la sécurité et à un salaire juste. Nous exigeons toujours, et de façon intransigeante, que nos membres aient le droit d'élire leurs propres dirigeants, sans l'ingérence de fonctionnaires soutenus par le secteur privé, et nous ne nous tairons pas tant que Grupo México et ses collaborateurs n'auront pas assumé leur responsabilité dans la tragédie de Pasta de Conchos. Notre combat a coûté cher à chacun des membres de notre organisation, et certains ont même perdu la vie en défendant la cause de leurs collègues : Mario Alberto Castillo et Héctor Alvarez Gómez, assassinés lors de l'assaut à

Lazaro Cardenas, Reynaldo Hernández, abattu dans la mine La Caridad à Nacozari, Juventino Flores Salas, frappé à mort par la bande de traîtres de Carlos Pavón, envoyée par l'entreprise dans la mine de Fresnillo.

À l'heure qu'il est, sévissent encore au Mexique les agressions et les actes criminels de Grupo México, de Grupo Peñoles, de Grupo Villacero et d'Altos Hornos de México. Concurrents sur le marché de l'énergie, ces groupes font cause commune lorsqu'il s'agit de lutter contre le syndicalisme démocratique. La situation à Cananea est loin d'être parfaite et la lutte continue dans cette mine, tout comme dans celle de Taxco et de Sombrerete. Alors que le 30 juillet 2013 marque le sixième anniversaire de la grève dans les trois sections du syndicat, aucune mesure n'a été prise, ni par le gouvernement, ni par Grupo México pour proposer une solution. Ces trois grèves auront été les plus longues et les plus tenaces de toute l'histoire du Mexique. Les travailleurs de ces sections continuent de protester, intraitables, unis et solidaires avec l'ensemble de Los Mineros. Ils savent que nous avons tenu nos engagements de façon digne et honnête et que jamais nous ne les abandonnerons. Comment ne pas admirer l'héroïsme de ces mineurs ? Tous les 30 juillet, nous organisons des réunions à travers le pays pour leur témoigner toute notre solidarité car résoudre la situation de ces trois grèves et forcer Grupo México à reconnaître ses obligations devant ses employés, est notre prochain défi. Cananea se soulèvera de nouveau.

Pendant ce temps, l'inefficacité des syndicats d'entreprise se confirme. Dans les quelques sections qui ont décidé de se séparer du syndicat – sous les menaces et les pressions de l'entreprise et du gouvernement – les abus ont augmenté de façon inacceptable. En 2011, dans la mine de Fresnillo où les travailleurs sont représentés par Pavón, six travailleurs sont morts, élevant le nombre de décès dans les exploitations de Grupo Peñoles à un total de vingt-quatre pour la seule année 2011. Nous gardons encore l'espoir de récupérer ces sections, qui ont été contraintes par l'intimidation à plier devant ces syndicats corrompus et impuissants.

Les membres de Los Mineros ont fait de grandes avancées en termes de représentation des travailleurs et la plupart d'entre eux est restée fidèle. En premier lieu, notre syndicat ne s'est jamais effondré, comme le souhaitaient nos ennemis, et même s'il m'a fallu diriger le syndicat depuis l'étranger suite aux persécutions politiques dont j'ai été victime, les membres de l'organisation ont toujours soutenu ceux qu'ils avaient élus. Ils sont parfaitement conscients qu'il serait désastreux de laisser le ministère du Travail leur imposer des dirigeants. Depuis le début du conflit, j'ai été réélu secrétaire général de l'organisation à six reprises, et à l'unanimité, lors des Conventions annuelles. Aux dernières élections, en 2012, j'ai été élu président et secrétaire général. Cela prouve que les travailleurs du syndicat ne sont pas dupes et qu'ils savent reconnaitre les mensonges et les calomnies du gouvernement. Ils savent que ce ne sont que les manœuvres d'une structure de pouvoir terrifiée à l'idée qu'un mouvement syndical libre et démocratique se déchaîne.

En réponse aux fausses accusations qui ont débuté avec « l'accusation mère » en 2006, nous avons décidé de nous défendre par la voie juridique. Ni moi, ni mes collègues n'avons commis de délit, et nous ne pouvons pas permettre que des hommes politiques et des hommes d'affaire corrompus sapent une organisation qui représente plusieurs milliers de travailleurs résolus à ne plus tolérer l'exploitation et l'arrogance. Nous avons l'obligation de nous opposer à leur ambition et à leur avarice : il n'est pas question de reculer.

Pourtant, sept ans après la première accusation, les fameux 55 millions de dollars servent encore à discréditer de façon infâme les opposants de la droite mexicaine. Pendant la campagne présidentielle de 2012, les adversaires d'Andrés Manuel López Obrador, le candidat du PRD, ont cherché à le discréditer en déclarant que sa campagne avait été financée avec l'argent du Trust des Mineurs. Cela, évidemment, était un mensonge.

D'un autre côté, la justice suit lentement son cours, grâce à notre excellente équipe de conseillers juridiques. Me Marco del Toro a su être un expert aussi habile qu'éthiquement irréprochable. Lui et son équipe ont travaillé de concert avec nos avocats spécialisés en droit du travail, Nestor de Buen et Carlos de Buen, qui ont aussi fait un travail extraordinaire. Leur réputation d'hommes honnêtes et talentueux est amplement méritée. Nos avocats fiscalistes, du cabinet *José Contreras y José Juan Janeiro* ainsi que notre spécialiste en droit civil Jesús Hernández et son fils Juan Carlos nous ont protégés grâce à leur expertise et leur professionnalisme durant les audits frauduleux et face aux abus du gouvernement mexicain. Les membres de notre équipe juridique, aussi bien au Mexique qu'au Canada, se sont admirablement chargés des affaires liées à l'extradition. David Martin, Richard C.C. Peck, Q.C, Tamara Duncan, Erick Gottardi, Lorne Waldman et Ryan Rosemberg, ont tous été de fervents défenseurs de la justice et des partisans zélés de notre cause. Ils ont fermement tenu leur engagement en refusant de laisser la corruption du système judiciaire mexicain s'infiltrer au Canada. Le coût politique des actions des gouvernements d'extrême droite de Vicente Fox et de Felipe Calderón sera énorme dans les années à venir.

En janvier 2011, nos avocats ont réussi à annuler le mandat d'arrêt lancé en 2009 à l'encontre de mes collègues et de moi-même, pendant la deuxième vague d'accusations pour blanchiment d'argent. Il s'agissait d'une énorme victoire juridique pour le Syndicat des mineurs. Cette annulation permettait d'entamer la procédure pour que je puisse retourner au Mexique. Dans un communiqué de presse diffusé le 2 février 2011, nous avons confirmé que les huit mandats d'arrêts avaient été définitivement annulés dans les différents tribunaux. Le 27 avril 2011, le juge Miguel Angel Aguilar López a confirmé une fois de plus que j'étais lavé des accusations de blanchiment d'argent. En mai 2012, deux autres sentences ont été prononcées : les dernières charges dont on m'accusait étaient annulées et la Cour suprême a finalement rendu son verdict au sujet de la plainte déposée contre le ministre du Travail, Lozano : ce dernier avait agi de manière illégale en refusant de me remettre la *toma de nota* en 2008. Cela a pris quatre ans, mais j'étais enfin reconnu officiellement secrétaire général de Los Mineros.

Indépendamment de nos victoires légales, j'écris ce livre avec sérénité car je suis convaincu d'être innocent. Si j'ai été poursuivi, c'est uniquement parce que j'ai été fidèle à mes idéaux et que j'ai osé hausser le ton à Pasta de Conchos pour révéler que Germán Larrea avait caché la vérité avec l'aide des fonctionnaires du gouvernement. C'est l'Histoire qui aura le dernier mot. Ce genre d'attitude ne peut pas être dissimulé pour toujours et dans cette guerre, Larrea court à l'échec. Tôt ou tard, lorsque ses mensonges le rattraperont, je serai là à l'attendre pour crier victoire.

Nous avons choisi la voie légale car nous ne pouvons pas croiser les bras à l'heure où un système de corruption et d'impunité s'empare de notre pays. Nous voulons montrer au monde entier que nos actions vont bien au-delà des discours sur les principes et les valeurs progressistes et que nous sommes honnêtes et intègres aussi bien dans notre vie publique que privée. Nous voulons que le Mexique soit un pays où la loi prévale sur les déclarations démagogiques et où le respect, la justice et l'égalité soient garantis à l'ensemble de la population.

Les actes de ces individus arrogants sont une honte qui marquera leur vie à jamais. Pour les travailleurs et pour le peuple, ils resteront ce qu'ils sont : des criminels. Mais ces atteintes aux droits de l'Homme n'ont pas lieu qu'au Mexique, elles ont lieu partout où sont implantées les multinationales – comme Grupo México – qui exploitent des travailleurs du monde entier.

Mon séjour au Canada est, de toute façon, une situation très particulière. Après avoir analysé de façon exhaustive la demande d'extradition envoyée par Calderón, les autorités canadiennes ont conclu que je n'étais coupable d'aucun délit. Je n'ai pourtant pas encore pu sortir du pays, en partie à cause de la notice rouge d'Interpol, toujours en cours. Le Canada m'a ouvert ses portes et je suis libre de circuler sur son territoire, mais je ne suis pas sûr de pouvoir rentrer au Mexique. Ma famille et moi avons été obligés de nous adapter progressivement, mais nous savons bien qu'on ne peut pas permettre à la corruption et au mal de triompher.

Être séparé de ma patrie a été très difficile, mais le soutien que j'ai reçu de la part d'Oralia n'a pas de prix ; elle a beaucoup apporté à la cause des travailleurs. Elle a quitté sa vie paisible et sa carrière professionnelle pour nous rejoindre dans cette aventure qui parfois s'est avérée amère et frustrante. Les membres de Los Mineros l'apprécient, la comprennent et la respectent profondément. Cela faisait longtemps qu'aucune femme n'était acceptée pour travailler dans les mines et bien souvent, elles étaient exclues de ce genre de travail si dangereux et si masculin. L'exemple d'Oralia a contribué à faciliter l'acceptation des femmes dans notre secteur. Aujourd'hui, les femmes sont bien reçues et elles sont même encouragées à prendre part aux activités et à intégrer les fonctions dirigeantes des syndicats. Un jour peut-être, Los Mineros accueillera sa Première secrétaire générale. Récemment, Oralia a accepté d'être nommée présidente d'honneur du Front des femmes en lutte pour la dignité des travailleurs du Mexique et du monde, une organisation née de la solidarité des veuves et des travailleuses des sections en grève de Cananea, Taxco et Sombrerete. Aujourd'hui, les actions de ce Front ont gagné d'autres sections du pays et d'autres organisations syndicales, comme le Syndicat mexicain des électriciens (SME), les habitants d'Atenco, et des organisations d'autres pays.

La tristesse et la rage que nous avons ressenties après la tragédie de Pasta de Conchos ont été atténuées grâce au soutien international que nous avons reçu, et qui nous a redonné du courage pour continuer le combat, malgré la répression continuelle que subit Los Mineros. En avril 2011, j'ai eu l'honneur d'être sélectionné pour recevoir le prix le plus important du monde syndical : le prestigieux Prix International George Meany-Lane Kirkland des Droits de l'Homme, attribué à tous ceux qui défendent les droits de l'Homme et la justice sociale, par un des syndicats les plus importants au monde, la Fédération Américaine du Travail – Congrès des Organisations Industrielles (FAT-COI). Par la suite, au mois de mai 2011, mes collègues Jyrki Raina, secrétaire général de la FIOM, et Manfred Warda, secrétaire général de la Fédération Internationale des Travailleurs de la chimie, de l'énergie, des mines et des industries diverses (ICEM en anglais), m'ont nominé pour recevoir le prestigieux prix Arthur Svensson en Norvège, rappelant notre lutte sans relâche pour l'autonomie et la liberté au Mexique, et notre engagement afin de triompher sur un gouvernement qui opprime les citoyens et les travailleurs. J'ai également été nommé pour recevoir le prix Harold Edelstam en Suède, qui récompense ceux qui ont le courage de défendre les droits de l'Homme. »[1]

Durant les sept dernières années, nous avons reçu avec une reconnaissance infinie le soutien et l'amitié de collègues du monde entier – particulièrement le soutien de Leo Gerard et du Syndicat des Métallos, avec qui nous explorerons toujours la possibilité de consolider une organisation globale pour la défense des droits des travailleurs au Mexique, au Canada, aux États-Unis et dans les Caraïbes. Les Métallos, la FIOM, l'ICEM et d'autres organisations à travers le monde, ont inondé le gouvernement mexicain de lettres en faveur de notre cause. Plus récemment, en juin 2012, à Copenhague, j'ai été le premier mexicain élu à l'unanimité par 1 400 délégués afin d'intégrer le Comité exécutif du syndicat le plus puissant du monde, IndustriALL Global Union, qui représente plus de 50 millions de travailleurs dans 140 pays. Le soutien de cette organisation nous motive et nous encourage toujours dans notre effort pour défendre la dignité des travailleurs du monde entier.

Mais malgré l'hospitalité que j'ai reçue au Canada et le soutien de collègues venant des quatre coins du monde, je garde encore l'espoir de revenir un jour chez moi, au Mexique. J'ai toujours la balle de baseball que j'avais ramassée dans le parc du syndicat de Piedras Negras, à Coahuila, la semaine suivant la tragédie de Pasta de Conchos, quelques jours avant mon départ pour le Texas, et je tiens encore ma promesse de

---

1 www.edelstamprize.org

revenir un jour dans ce parc. Même si je pensais que ce moment arriv-erait plus vite, je suis déterminé à tenir parole.

Au cours de ces sept dernières années, Los Mineros a progressé et s'est développé de façon extraordinaire ; ces années d'adversité nous ont rendus plus forts et soudés que jamais. Nous nous sommes efforcés de rester ouverts au changement et aux idées nouvelles ; comme lorsqu'il nous a fallu nous adapter aux nouvelles technologies et aux moyens de communication internes très efficaces pour pallier la dispersion géographique qui caractérise notre organisation, chose que bien peu de syndicats ont réussi à faire. Nous sommes fiers de dire que grâce à Inter-net, à la visio-conférence, aux téléphones portables et aux moyens de diffusions modernes de journaux, de revues, de tracts, d'annonces, de communiqués de presse et d'informations au sujet des réunions prévues, des manifestations et des mouvements sociaux, nous sommes à l'avant-garde du syndicalisme mexicain.

Nous avons également réussi à créer des alliances à l'étranger, du jamais vu au Mexique jusqu'alors. Ces liens ont permis de former une armure quasiment impénétrable contre les agressions du gouvernement mexicain et les entreprises irresponsables. Sans cette protection, il est probable que Los Mineros aurait déjà été détruit. En outre, ces organisa-tions nous ont témoigné une solidarité à une échelle que nous n'aurions jamais pu atteindre par nous-mêmes. Elles ont ravivé en nous l'espoir de voir naître un jour un mouvement international des travailleurs. Dans le monde entier, les gouvernements qui appuient la répression de leurs travailleurs devraient tirer les enseignements de ce conflit.

Alors que nous affrontions les persécutions politiques, nous nous sommes focalisés sur le maintien de relations constructives avec plus de soixante-dix entreprises avec lesquelles nous avons signé des accords, car notre mission est d'amener la société mexicaine à ne plus considérer les syndicats de travailleurs comme des organisations corrompues et hostiles. En sept ans, nos conventions collectives ont été reconduites chaque année avec des augmentations d'environ 14 pour cent sur les salaires et sur les avantages, ce qui représente une croissance quatre ou cinq fois supérieure au taux d'inflation et aux niveaux des salaires des autres syndicats mexicains. Ces progressions dépassent largement les 3,5 pour cent de l'augmentation moyenne nationale consentie par le gouvernement aux compagnies – afin d'atténuer l'inflation, disent-ils. Dans bien des cas, nous avons réussi à doubler les salaires en l'espace de cinq ans. Ces avancées indiquent que la vaste majorité des entreprises reconnaissent notre syndicat et prennent au sérieux notre leadership en matière de défense des droits des travailleurs.

Les négociations récentes entre le Syndicat des mineurs et ArcelorMittal – le plus grand producteur privé d'acier du monde – sont un bon exemple des progrès que nous avons accomplis. ArcelorMittal est l'actuel propriétaire du complexe sidérurgique à Lazaro Cárdenas, ayant hérité du très mauvais système d'administration mis en place par son ancien propriétaire, Grupo Villacero. Deux négociations ont suffi pour arriver à un accord « raisonnable et efficace » dans lequel il était établi qu'une seule entreprise absorberait les quatre structures qui opéraient auparavant à Lazaro Cárdenas. La première réunion consécutive à la fusion des entreprises, tenue en mars 2010, nous a permis de rassembler les travailleurs et d'améliorer la productivité. Durant la seconde négociation, qui a eu lieu en août de la même année, ArcelorMittal a accepté d'accorder une augmentation des salaires et des avantages sociaux de 14 pour cent. Ces deux négociations ont pris place au Canada, réunissant les dirigeants du syndicat ainsi que le PDG d'ArcelorMittal, William Chisholm. Le ministère du Travail mexicain n'est pas intervenu.

En février 2011, nous avons également négocié l'arrêt d'une grève qui durait depuis huit mois dans la mine d'El Cubo, à Guanajuato. Les travailleurs de la section 142 du syndicat demandaient à Gammon Gold, l'entreprise canadienne exploitant la mine, de respecter la convention collective et de reverser aux mineurs leur part des bénéfices. Nous sommes arrivés à un accord qui a permis une amélioration globale de la convention : la part des bénéfices due aux mineurs a été augmentée et l'entreprise a accepté de régler 100 pour cent des salaires non payés durant les 225 jours de grève. Nous avons également négocié la libération des trois dirigeants syndicaux qui avaient été emprisonnés par les autorités, accusés à tort par l'entreprise.

La coopération entre le syndicat et des compagnies comme Arcelor-Mittal et Gammon Gold prouve bien qu'un groupe de travailleurs et une entreprise peuvent arriver à des accords productifs et avantageux, qui visent aussi bien la productivité que le respect des droits des travailleurs et ce, malgré la persécution antisyndicale du gouvernement et d'un petit groupe d'hommes d'affaires au caractère despotique. C'est avec mes collègues du Comité exécutif national et de la commission chargée de réviser les conventions de chacune des sections locales du syndicat que nous avons mené à bien les négociations avec les entreprises. Tous ces progrès ont été atteints sans l'intervention du ministère du Travail ou de Javier Lozano Alarcón, dont le désir le plus profond – bien que frustré – était de rayer de la carte le Syndicat des mineurs. Dans la plupart des cas, les conventions collectives ont été reconduites au Canada, directement avec la compagnie et sans avoir eu besoin d'y inviter Lozano. Cela ne l'a pas pourtant pas empêché de chercher à compliquer nos négociations, comme lors des accords au sujet d'El Cubo. Lozano avait essayé, sans toutefois y parvenir, de nous arracher des mains la convention collective pour la remettre à des traîtres comme Elias Morales et Carlos Pavón. Tous ses efforts ont été vains.

En 2010, Fernando Gómez Mont a été forcé d'abandonner le cabi net de Calderón. Accusé d'incompétence, comme bon nombre de ses prédécesseurs, il est revenu chercher refuge dans son cabinet d'avocat qui défendait Germán Feliciano Larrea. Ce comportement honteux se reflètera dans celui de beaucoup d'autres politiciens et hommes d'affaires, tandis que le peuple mexicain commence à prendre conscience des mensonges et des supercheries des gouvernements de Fox et de Calderón, qui ont agi contre ses intérêts en faisant croire qu'ils avançaient vers la liberté et la démocratie. Après avoir lancé leur campagne de persécution politique contre les mineurs du Mexique, les fonctionnaires du gouvernement, avec la complicité de Grupo México, ont été incapables de trouver une solution au conflit sans que soient révélés leurs propres méfaits.

Alors qu'il a souvent reproché au PRI son clientélisme – en raison des 71 années de victoires consécutives aux élections – le PAN s'est pourtant révélé bien pire que son rival : au moins, le PRI s'arrangeait pour sauvegarder la stabilité politique et économique du pays, ainsi que son image à l'étranger, contrairement au PAN qui s'est évertué à les démolir. Les enquêtes révèlent que bien peu de gens continuent à croire aux mensonges de ces politiciens de droite et que leur niveau de popularité a régulièrement jusqu'à arriver à quelque 20 pour cent.

Maintes fois nous avons demandé à Calderón de résoudre les problèmes qui avaient été à l'origine des trois grèves et du conflit entre notre syndicat, la coalition d'entreprises minières et les fonctionnaires du ministère du Travail, mais le président s'est contenté de faire la sourde oreille. En 2007, première année du mandat de Calderón, nous avons sollicité quatre réunions pour trouver une solution conforme à la loi qui maintienne le respect des droits des travailleurs du syndicat et de leurs familles. En 2008, nous avons rappelé Calderón encore trois fois, puis en 2009, nous avons fait trois nouvelles tentatives. En 2010, nous avons essayé à deux reprises de le rencontrer. Nous ne voulions pas accepter les accords que Larrea et son « toutou » Lozano avaient à nous proposer. Se contenter d'autre chose que de la complète reconnaissance de la négligence du ministère du Travail et de Grupo México revient à cautionner tacitement les actes illégaux commis par les administrations Fox et Calderón. Nous sommes disposés, comme nous l'avons toujours été, à résoudre le conflit mais dans les limites de la loi : nous refusons catégoriquement de laisser leurs crimes impunis.

Au mois de février 2011, j'ai envoyé une lettre au président Calderón, accompagnée d'un document que j'avais rédigé quelques mois auparavant avec l'aide de mes collègues, dont le titre était : « Plan national de productivité, de création d'emploi et de gestion responsable du nouveau syndicalisme minier ». Au fil des cent vingt pages de ce dossier, nous présentions une vision du syndicalisme du XXIème siècle. Le texte insistait sur deux concepts principaux et étroitement liés : l'accroissement de la productivité et la création d'emplois, qui fonctionneraient avec le soutien d'un nouveau syndicalisme libre et indépendant. Ce dossier a été remis en mains propres à Calderón et je suis persuadé qu'il l'a reçu. Mais, évidemment, il n'y eu aucune réaction de sa part.

Lorsque le 19 février 2011, un groupe de journalistes a interrogé Javier Lozano au sujet des déclarations du célèbre évêque Raúl Vera López de Saltillo, qui a, à l'instar de notre syndicat, demandé de façon digne et courageuse que les corps des soixante-trois mineurs soient récupérés, Lozano a catégoriquement refusé en déclarant : « Nous n'allons pas mettre des vies en péril pour aller récupérer des cadavres. » Je lui avais répondu publiquement que sa déclaration était une offense et qu'elle n'était pas digne d'un ministre. Aurait-il répondu la même chose si, parmi les corps abandonnés, se trouvait celui de son père ou de son fils ? Il n'a jamais répondu à ma question.

Quelques mois auparavant, le 14 octobre 2010, Raúl Plascencia Villanueva, président de la Commission Nationale des Droits de l'Homme (CNDH), a répondu publiquement à une des questions de la presse en relation avec la responsabilité de Grupo México dans la tragédie de Pasta de Conchos. Selon Plascencia Villanueva, cette compagnie était effectivement responsable et il a expliqué que, de son avis de professionnel, les propriétaires de la mine et les fonctionnaires des différents ministères impliqués dans la supervision de Pasta de Conchos étaient tous responsables.

Au lendemain de la publication de cet entretien dans *El Universal*, Me Marco del Toro a porté plainte devant la CNDH, en disant que le PGR avait détenu les enquêtes préliminaires sur la responsabilité du désastre de la mine, et que cette action était une atteinte aux droits de l'Homme. Même si sa plainte suivait parfaitement l'opinion que Plascencia avait rendue publique vingt-quatre heures auparavant, la CNDH n'a absolument rien fait pour y donner suite, ni pour obliger le PGR à reprendre les enquêtes qui s'étaient subitement arrêtées en 2007.

Revenir au point de départ de toutes les agressions et récupérer tous les corps abandonnés au fond de la mine sont deux éléments-clé pour résoudre le conflit. Le dernier cas où des travailleurs mexicains n'avaient pas été remontés du fond de la mine a eu lieu au siècle dernier, en 1889. Après cette date, les corps de mineurs ensevelis ont toujours été remontés à la surface. Nous exigeons aussi qu'une compensation juste soit attribuée aux familles de chacun des soixante-cinq mineurs. Nous exigeons, comme nous l'avons déjà dit à plusieurs reprises dans les communiqués de presse et les déclarations, que les enfants des mineurs aient droit à une éducation jusqu'au niveau universitaire, et qu'elle soit entièrement financée par la compagnie. Nous exigeons également que chacune des familles ait un logement digne, et que les enfants de chaque foyer aient la garantie de recevoir des soins médicaux gratuitement jusqu'à leur majorité. Enfin, nous exigeons qu'une enquête soit diligentée pour identifier les responsables de ces décès et punir les coupables, car personne au Mexique n'a le droit d'être intouchable et d'échapper à la justice.

Pendant de nombreuses années, le Syndicat des mineurs a revendiqué la promulgation par le Mexique d'une loi qui pénalise l'irresponsabilité et la négligence criminelle des entreprises. Nous avons évoqué le sujet avec plusieurs groupes de députés, des sénateurs et des membres de différents partis politiques, sans qu'aucune modification n'ait été apportée aux lois pour protéger la vie et la santé des travailleurs.

Pendant plus de sept ans, nous avons cherché à mettre fin au conflit minier. Mais comment pouvons-nous résoudre la persécution politique sans précédent contre le syndicat et ses dirigeants ? Comment pouvons-nous en finir avec la série d'offenses graves commises contre les mineurs, leurs familles et toute la population du Mexique ? La seule façon de résoudre le conflit est la suivante :

- Les entreprises doivent garantir le respect de la sécurité, de la liberté et de l'intégrité de tous les membres des syndicats et de leur famille, ainsi que des dirigeants syndicaux. Elles doivent nous considérer comme des collaborateurs actifs et nous traiter avec respect et dignité. Elles doivent reconnaître la valeur du travail et comprendre que c'est ce travail qui est à l'origine de leurs richesses.

- Les entreprises doivent reconnaître les dirigeants syndicaux élus librement et démocratiquement, et accepter que seuls les travailleurs aient le droit d'élire leurs représentants.

- Les entreprises doivent permettre des négociations pour mettre fin aux grèves en cours. Elles doivent revoir toutes les propositions et les revendications des travailleurs et respecter les engagements pris lors des accords de négociation.

- Une compensation pour dommages matériels et moraux causés aux travailleurs, à leurs familles et au Comité exécutif du syndicat, suite à la tragédie de Pasta de Conchos et aux persécutions subies par nos membres. Les entreprises doivent renoncer aux fausses accusations qui ont servi de prétexte pour nous poursuivre et elles doivent faire tout leur possible pour réparer le déshonneur infligé aux personnes victimes de leurs calomnies, y compris moi-même.

- Les entreprises et le gouvernement doivent construire une relation de respect avec le syndicat, en incorporant une politique de non-intervention en relation avec les affaires internes de l'organisation. Le syndicat n'a jamais tenté de s'imposer dans les décisions concernant leurs plans de croissance ou leurs plans d'investissement. Nous avons toujours respecté l'autonomie des entreprises qui emploient nos membres et c'est exactement ce que nous exigeons en échange. Nous n'interférons pas dans leurs affaires, et nous ne permettrons pas qu'elles interfèrent dans les nôtres.

Malgré la guerre brutale dans laquelle nous avons été engagés, je crois qu'il est possible d'arriver à un accord dont nous sortirons tous gagnants. Mais ce n'est qu'une fois que les conditions précédentes auront été respectées et accomplies que nous pourrons commencer à travailler à une solution conforme à la loi et au principe de la justice. Tout est une question de volonté politique. Il faut se défaire des préjugés et comprendre que les travailleurs font partie intégrante des processus de production.

Ce livre raconte notre lutte pour la justice, pour le respect et la dignité. Il relate des événements qui n'auraient jamais dû avoir lieu et qui ne devraient jamais plus se répéter, ni au Mexique, ni ailleurs. Ces évènements ont mis à l'épreuve le courage et la résistance du grand syndicat qui est le nôtre, et de ses dirigeants. Nous avons affronté un secteur privé rétrograde et un groupe de politiciens égoïstes, assoiffés d'un pouvoir absolu qui les a corrompus. Au cours des douze premières années du XXIème siècle, le Mexique a vécu une réalité infestée de pratiques pernicieuses et obsolètes. Le mensonge et la démagogie ont défiguré le pays et ses gouverneurs. Mais le Mexique n'est pas le seul pays à souffrir ce genre de situations car aucun pays ne sort indemne des défis que lui pose l'Histoire. Ce qui est important, c'est d'être prêt à réagir, en refusant si cela est nécessaire. Il nous faut triompher dans chaque action et dans chaque décision que nous prenons pour notre propre bien-être et celui de nos familles, mais aussi pour notre dignité et notre désir de nous surpasser et de réaliser tous nos projets.

J'espère que ce livre montrera au lecteur que nous devons lutter sans relâche pour un monde meilleur, afin de sauver le bien le plus précieux de l'humanité : ses valeurs et ses principes fondamentaux. J'espère également que le courage et la ténacité des mineurs de notre syndicat sera une source d'inspiration pour les travailleurs du monde entier, comme ils l'ont été pour moi. Lors de ma première élection à la tête du syndicat, mon père était le héros et le modèle qui me guidait ; aujourd'hui, mon exemple et mon inspiration sont les mineurs eux-mêmes – même si je repense souvent à lui et je sais qu'il observe notre lutte d'un œil satisfait. Notre combat aura été une épreuve de survie extrême qui se transformera en une victoire bien réelle sur la pauvreté mentale des ennemis du changement et de cette infâme minorité qui ne se soucie que de satisfaire ses intérêts personnels.

J'ai l'intime conviction que ce livre deviendra un témoignage important de l'histoire du mouvement ouvrier et des luttes sociales au Mexique, à l'heure où le néolibéralisme nous est imposé de force. Nombreux sont ceux qui n'ont pas eu l'intelligence de voir que c'est le système dans son ensemble qui s'effondre, et qu'il entraîne dans sa chute de nombreux pays. Malheureusement au Mexique, une minorité rétrograde et égoïste s'évertue à maintenir la grand majorité dans cette situation, et ce contre sa volonté.

Le Mexique a la possibilité – et le devoir – de changer. Les Mexicains méritent mieux que ce qu'ils ont à présent. Nous devons apprendre que nous avons la capacité et le véritable potentiel pour transformer nos organisations, nos gouvernements, nos corporations, nos entreprises, et même la mentalité des individus. Mais nous devons surtout travailler à rendre plus humains ces hommes politiques et ces hommes d'affaires si fiers d'exploiter les travailleurs du pays. Le Mexique a besoin d'apprendre et de suivre le modèle des nations développées, non seulement en matière d'emploi, mais aussi en matière d'éducation, de développement social et de croissance économique. Même si nous ne pouvons pas suivre totalement leurs traces, nous pouvons apprendre de ce qu'ils ont réussi à faire et lutter pour que cela soit possible aussi chez nous.

Cette tragédie et ce conflit doivent nous encourager à chercher le changement. Et même lorsque Los Mineros aura triomphé sur ses opposants, notre lutte se poursuivra. Chacun de nous a un rôle à jouer dans le combat pour la dignité et le respect des travailleurs, même si tout ce que nous pouvons faire c'est raconter cette lutte.

Le temps d'un instant, que le lecteur se mette à la place d'un mineur qui s'enfonce quotidiennement dans les profondeurs et l'obscurité de la mine. Il ressent une chaleur intense dans son corps, il respire un air sans oxygène, saturé de poussière et de gaz toxiques. Il est seul et sent l'imminence du danger au-dessus de sa tête. Que le lecteur s'imagine devoir vivre ces sensations pendant huit ou dix heures par jour. Qu'il s'imagine mettre toute son énergie à extraire des minéraux précieux des entrailles de la terre – des minéraux qui aideront au développement de son pays. Qu'il s'imagine attendre avec impatience le moment où il pourra de nouveau sortir de la mine, voir la lumière du jour et rejoindre sa famille, qui dépend entièrement de son salaire pour survivre.

Aujourd'hui encore, de nombreux mineurs n'ont pas la certitude de sortir vivants de la mine dans laquelle ils travaillent ; ils n'ont pas non plus la certitude de pouvoir subvenir aux besoins de leur famille avec le salaire qu'ils reçoivent de leurs employeurs. Nous avons l'obligation de travailler ensemble pour changer leurs abominables conditions de travail, car c'est là une nouvelle forme d'esclavagisme déguisé, au moyen duquel les riches propriétaires des entreprises engrangent leurs bénéfices. Mais ces effroyables conditions ne sont pas le seul sort des mineurs mexicains, elles s'étendent à l'ensemble de la classe ouvrière mondiale.

Comme l'a dit la célèbre June Calwood, écrivain et activiste canadienne : « Si vous voyez qu'une injustice sociale est commise, vous cessez d'être un spectateur et vous devenez un acteur qui ne peut que faire partie de ce qui se déroule sous ses yeux ». Nous devons tous nous soulever pour protester lorsque sont commises des injustices contre des travailleurs, dans n'importe quel domaine et dans n'importe quel pays. Le droit à la liberté et à la dignité sont des droits qui appartiennent à tous, sans exception, que ce soit des syndicalistes, des étudiants, des paysans, des entrepreneurs, des intellectuels, des hommes politiques ou des hommes d'affaires. Nous devons devenir les promoteurs de ces droits, où qu'ils se trouvent menacés. Seul ce type de changement peut permettre aux individus, au pays et à l'humanité entière de progresser.

L'AVENIR DES SYNDICATS

L'union fait la force ; la force et la solidarité nous donnent le
pouvoir de vaincre et de transformer.

—LEITMOTIV DES MÉTALLOS ET DE LOS MINEROS

Le combat de Los Mineros, qui dure depuis plus de sept ans, n'est pas une affaire de vengeance. Au contraire, il reflète l'éternelle lutte des classes qui a lieu au Mexique et dans tous les autres pays où sont commis des abus contre la classe ouvrière. Car toute la richesse se concentre au sommet de la hiérarchie, tandis que les pauvres deviennent de plus en plus pauvres. Si de nombreux riches ignorent dans quelles conditions vit le reste de l'humanité, certains autres en revanche, comme les PDG des grandes entreprises qui nous ont si vilement poursuivis –affichent toute leur agressivité et leur cupidité afin de maintenir le *statu quo*, le retard et la stagnation.

Tout être humain a le droit universel de trouver un travail digne qui soit justement rétribué. L'objectif d'un syndicat est de contribuer à ce que tous aient accès à ce droit. Un syndicat ne peut pas disparaître seulement parce qu'une entreprise ou un gouvernement le désire. Les syndicats sont la barrière qui protège les travailleurs de l'exploitation éhontée. En dépit de la description qu'en donnent de nombreux hommes d'affaires, les syndicats n'ont pas pour objectif de causer la perte du secteur privé ; ils ne sont pas les adversaires des entreprises. Le véritable objectif d'un syndicat est de faire contrepoids. De fait, un syndicat peut donner à ses employés la capacité et la force nécessaires pour apporter des bénéfices à l'entreprise. Ces travailleurs qui se rendent à la mine tous les jours sont – contrairement aux gérants, aux superviseurs et aux cadres de l'entreprise – directement liés aux processus de production. Lorsque les travailleurs sont soutenus par un syndicat fort, ils deviennent des alliés de l'entreprise et cessent d'être de simples pions. Dans ces circonstances, le travailleur se sent la liberté de faire des suggestions constructives pour apporter, améliorer, développer et rendre plus efficace l'entreprise, ou réaliser tout autre changement qui puisse avoir un impact positif sur le flux de travail et sur les résultats de l'entreprise. En conséquence, le travailleur ne se sent plus marginalisé, exploité, frustré. Bien au contraire : il est respecté et il se sent lui-même indispensable au processus de production.

Lorsque les travailleurs sont traités avec respect et dignité, les deux parties, les employés autant que l'entreprise, en sortent gagnants. Voilà pourquoi nous essayons constamment de mettre en place des programmes sociaux globaux qui contemplent l'accès au logement, à l'éducation, à la santé et à l'assurance-vie. Notre objectif n'est pas de saigner à blanc les caisses des cadres, mais de garantir les droits fondamentaux des travailleurs.

Aujourd'hui, à l'heure où la défense des droits des travailleurs est devenue un combat permanent, non seulement pour nous mais aussi pour les générations suivantes, nous insistons sur le fait que les organisations doivent renforcer chez leurs travailleurs la capacité à diriger. Nous avons proposé la création d'un institut d'entraînement et de formation au leadership syndical, dans lequel peuvent être formés des jeunes et de futurs dirigeants du mouvement syndical. Nous avons créé le groupement politique Cambio Democrático (CADENA), qui vise à augmenter l'engagement des travailleurs sur la scène politique. Nous avons aussi encouragé la création du Front des femmes en lutte pour la dignité des travailleurs du Mexique et du monde, qui a déjà livré d'importantes batailles. Oralia a joué un rôle-clé au sein de cette organisation, qui s'étend chaque jour un peu plus sur le territoire national comme à l'international.

Cependant, la lutte pour les principes fondamentaux du syndicalisme – unité, loyauté et solidarité – doit aller au-delà de notre propre syndicat. Au moment où les multinationales cherchent à tout prix à exploiter les travailleurs, il devient crucial de défendre ces valeurs sur tous les fronts. Sans elles, l'esclavage et l'exploitation de masse séviront et les classes sociales les plus défavorisées perdront tout espoir. Un mouvement syndical fort est le seul moyen de contrer la croissance excessive du pouvoir et des ressources des multinationales, ainsi que les menaces croissantes à la sécurité de la part du crime organisé.

Une telle situation apportera des bénéfices à toute la population dans son ensemble. Lorsqu'un syndicat responsable, honnête et bienveillant repousse l'avarice et l'arrogance de la minorité qui se trouve en haut de la pyramide, toute la société bénéficie d'une meilleure stabilité et devient plus égalitaire. Au contraire, si l'on permet à l'avarice et à l'arrogance de se répandre, la pauvreté s'installe dans la société en même temps qu'un sentiment de frustration. Mais lorsque les dirigeants syndicaux et les responsables des entreprises travaillent main dans la main, dans un respect mutuel et un engagement commun pour aboutir à des accords entre employeurs et employés, l'entreprise aussi en tire bénéfice.

Il est important de noter que les pays où le pourcentage de syndicalisation est le plus élevé, avec plus de 80 pour cent de travailleurs affiliés, à savoir la Suède, la Norvège, la Finlande et le Danemark, sont aussi ceux qui ont le plus grand indice d'efficacité opérationnelle et de productivité dans le monde. Ce n'est pas non plus une coïncidence si ces pays ont les

taux de corruption les plus faibles de la planète. La distribution équitable des richesses, bien plus évidente dans les pays scandinaves que dans
le reste du monde, est liée à leur niveau élevé de syndicalisation. Nous
pouvons donc en déduire que les syndicats ne sont pas un obstacle à la
productivité, à l'efficacité, à l'égalité et à la paix sociale. Bien au contraire, ce sont eux qui contrôlent et veillent à ce que chaque citoyen soit
traité de façon égalitaire, que sa sécurité et sa dignité soient garanties, et
qu'il puisse avoir confiance en son avenir.

Tout cela pourrait être possible au Mexique, aux États-Unis, au Canada, en Amérique latine et dans le reste des pays du globe. Mais pour en
arriver à un tel point, nous avons besoin de syndicats forts qui encoura-
gent les hommes d'affaires à collaborer de manière juste avec les travailleurs, afin d'augmenter la productivité et l'efficacité des entreprises sans
réduire leur salaire et commettre toutes sortes d'abus contre eux. Fin
2012, Gina Rinehart, PDG d'une entreprise minière australienne et une
des femmes les plus riches du monde, a fait une déclaration dans le Syd-
ney Mining Club pour proposer une réduction drastique des salaires des
mineurs de son pays afin que son entreprise puisse faire concurrence à
des entreprises minières qui ne rémunèrent leurs travailleurs que 2 dollars par jour. Mais avant de faire cette proposition, elle avait déclaré que
si les gens étaient « jaloux » de ceux qui ont de grandes fortunes, ils «
devraient se consacrer à faire plus d'argent et arrêter de fumer, de boire
et d'être en société pour consacrer plus de temps à leur travail ». Ce
genre de remarques absurdes reflète l'étroitesse d'esprit des personnes
auxquelles les syndicats doivent faire contrepoids.

Malheureusement, et malgré tous les bénéfices qu'apportent les
syndicats, le nombre d'affiliés dans le monde est en train de reculer. De
plus en plus d'employeurs refusent de collaborer avec eux, car le syndicalisme est trop souvent stigmatisé et vu comme un facteur qui freine
le développement et encourage la corruption. Même s'il est vrai que
certains dirigeants syndicaux ont abusé de leur pouvoir et ne se sont
pas montrés à la hauteur des travailleurs qu'ils représentent, la presse a

eu tendance à grossir l'affaire pour montrer qu'ils étaient un problème inhérent aux syndicats, alors que rien n'est plus faux.

Nous, Los Mineros, et les travailleurs du monde entier, avons décidé de relever le défi d'un Nouveau Syndicalisme qui protège les droits des travailleurs, où qu'ils se trouvent. Nous devons trouver des leaders forts au sein de notre organisation, des leaders ayant une autorité morale qui n'ont pas peur de combattre les abus, où qu'ils se présentent. Nous devons également promouvoir les valeurs démocratiques et la transparence à l'intérieur de nos organisations, de façon à ce que les gens nous voient comme des organisations honnêtes et responsables et que personne ne puisse nous accuser du contraire. Nous devons montrer à notre entourage l'importance du mouvement syndical et la façon dont celui-ci peut nous protéger de la décadence sociale, de la misère, et de toutes les formes de corruption. Jamais nous ne devrons reculer devant les menaces des représentants d'entreprises ou des gouvernements corrompus.

J'espère que les héros qui ont tout sacrifié dans cette lutte seront un exemple de résistance et d'engagement en faveur de notre cause. Nous devons tous montrer la même ténacité et la même intégrité qu'eux pour rendre possible l'avènement d'une nouvelle ère pour le syndicalisme, une ère qui porte haut la dignité des travailleurs du Mexique et du reste du monde.

Même après ce long combat contre la tyrannie exercée par une minorité, nous n'avons pas encore assisté à l'éclosion d'un monde meilleur et plus juste, dans lequel les membres de toute la société vivent plus heureux, loin des abus qui piétinent constamment les droits fondamentaux des êtres humains. Mais je suis convaincu que notre monde foisonne de personnes comme nous, des gens aux idées saines et aux principes solides, disposés à lutter jusqu'à atteindre cet idéal de dignité.

Index Onomastique

L'AUTEUR

La lutte de Napoleón Gómez Urrutia pour la démocratie syndicale et le respect et la dignité des travailleurs est connue à niveau international. Il a été élu à l'unanimité Secrétaire Général du Syndicat des Mineurs du Mexique en 2002, puis réélu en 2008. Il a ensuite été élu Président du Syndicat en 2012. Napoleón est un Economiste diplômé de l'Université d'Oxford et avec mention honorable de l'Université Nationale Autonome du Mexique. Il a été Directeur Général de la Monnaie mexicaine pendant douze ans et a été le premier mexicain à être nommé Président de la Conférence Internationale des Directeurs de la Monnaie pour une durée de deux ans.

En 2014 il a reçu le Prix International Arthur Svensson pour les Droits Syndicaux en Norvège. En 2011, Gómez se voit décerner par la FAT-COI le prestigieux Prix International des Droits de l'Homme Meany-Kirkland. Cette même année, il a été nominé pour le prestigieux Prix Harald Edelstam de Suède. Napoleón est aussi membre du Comité Exécutif d'IndustriALL Global Union, le plus grand et puissance fédération syndicale mondiale de l'industrie. Il travaille en étroite collaboration avec des dirigeants syndicaux de nombreux pays, en particulier avec le Syndicat des Métallos.

« Napoléon est un héros qui n'a jamais cessé de lutter pour la vie et le bien-être des travailleurs mexicains et de leurs familles »
—RICHARD TRUMKA
Président de la FAT-COI, Fédération Américaine du Travail et du Congrès des Organisations Industrielles